Die Energiewende aus wirtschafts- soziologischer Sicht

Sebastian Giacovelli

(Hrsg.)

Die Energiewende aus wirtschaftssoziologischer Sicht

Theoretische Konzepte und empirische Zugänge

Herausgeber
Sebastian Giacovelli
Institut für Soziologie
Justus-Liebig-Universität Gießen
Gießen, Deutschland

ISBN 978-3-658-14344-2   ISBN 978-3-658-14345-9   (eBook)
DOI 10.1007/978-3-658-14345-9

Die Deutsche Nationalbibliothek verzeichnet diese Publikation in der Deutschen National-
bibliografie; detaillierte bibliografische Daten sind im Internet über http://dnb.d-nb.de abrufbar.

Springer VS

Lektorat: Cori Mackrodt, Monika Mülhausen
Produktion: Sylvia Schneider, Surabhi Sharma

Gedruckt auf säurefreiem und chlorfrei gebleichtem Papier

Springer VS ist Teil von Springer Nature
Die eingetragene Gesellschaft ist Springer Fachmedien Wiesbaden GmbH
Die Anschrift der Gesellschaft ist: Abraham-Lincoln-Str. 46, 65189 Wiesbaden, Germany

Inhaltsverzeichnis

Einleitung

Sebastian Giacovelli

Wir befinden uns inmitten einer industriellen Revolution,
die die Energiewirtschaft global auf den Kopf stellt.
Heiko von Tschischwitz[a]

Was wir derzeit mit der Energiewende erleben, ist typisch.
Ein Projekt, das zum Wohl zukünftiger Generationen
gedacht war, wird von den Gegenwartsinteressen über-
schattet. Industrieprivilegien und Konsumentenkosten, das
ist es, was zählt.
Bernward Gesang[b]

Für hilfreiche Hinweise zur Präzisierung der Einleitung danke ich den Autorinnen und Autoren dieses Sammelbandes.

[a]„Energiewende weltweit auf der Überholspur", in: WWF Deutschland, 30.6.2015, http://www.wwf.de/2015/juni/energiewende-weltweit-auf-der-ueberholspur/ (Zugriff am 15.12.2015).

[b]„Gesucht: Der Job des Klima-Anwalts", in: Klimaretter. Das Magazin zur Klima- und Energiewende, 18.6.2014, http://www.klimaretter.info/meinungen/standpunkte/16591-qgesucht-der-job-des-zukunfts-anwaltsq (Zugriff am 15.12.2015).

S. Giacovelli (✉)
Institut für Soziologie, Schwerpunkt Allgemeiner Gesellschaftsvergleich, Justus-Liebig-Universität Gießen, Gießen, Deutschland
E-Mail: Sebastian.Giacovelli@sowi.uni-giessen.de

© Springer Fachmedien Wiesbaden 2017
S. Giacovelli (Hrsg.), *Die Energiewende aus wirtschaftssoziologischer Sicht,*
DOI 10.1007/978-3-658-14345-9_1

Die beispielhaft angeführten Zitate von Heiko von Tschischwitz, Vorstandsvorsitzender und Gründer der LichtBlick SE[1], und Bernward Gesang, Professor für Wirtschaftsethik an der Universität Mannheim, markieren das Spannungsfeld, das die sogenannte Energiewende charakterisiert. Auf der einen Seite sind umfangreiche politische Weichenstellungen, ein Wandel der Produktionsweise und eine im Wandel befindliche Marktstruktur zu beobachten. Auf der anderen Seite treten beharrende Kräfte in Erscheinung, die dem Wandlungsprozess entgegenwirken. Und gerade hinsichtlich der Höhe der EEG-Abgabe, mit der der Wandel der Stromproduktion finanziert wird, geraten in der öffentlichen Diskussion die um das Vielfache höheren Subventionen für die atomar-fossile Stromproduktion nur allzu gern aus dem Blick.[2] Nahezu täglich ist in den Medien über das Für und Wider, über Geschwindigkeit, über kaum überblickbare Folgen von Entscheidungen, die jetzt oder doch besser in der Zukunft getroffen werden, über technische Voraussetzungen, Risiken und Ausmaß der Energiewende zu hören und zu lesen.

Das Spannungsfeld zwischen Wandel und Beharrung ist genau das Themenfeld, dem sich der vorliegende Sammelband widmet. Dies geschieht aus einer wirtschaftssoziologischen Perspektive, die mal einen stärker empirischen Fokus, mal eine stärker analytisch-konzeptionelle Perspektive einnimmt. Bei den unterschiedlichen Zugängen zum Thema ist den Beiträgen gemeinsam, dass sie den besonderen Fokus auf *strukturelle Konflikte* legen, und damit Konflikte, die der breiten Etablierung eines Ökostromhandels und damit einer nachhaltigen Energieversorgung in Deutschland grundlegend im Wege stehen. Und diesbezüglich besteht in der Wirtschaftssoziologie Nachholbedarf. Denn trotz ihrer gesellschaftlichen Relevanz werden die Energiewende und ihre wirtschaftlichen Konsequenzen von WirtschaftssoziologInnen bislang weitgehend ausgeblendet.

---

[1]LichtBlick SE ist ein Energieversorgungsunternehmen, das hauptsächlich Strom aus regenerativen Quellen anbietet.

[2]So kommt etwa eine Studie im Auftrag der Greenpeace Energy eG und dem Bundesverband WindEnergie e.V. zu dem Ergebnis, dass unter Berücksichtigung staatlicher und externer Kosten der im Jahr 2012 erhobenen EEG-Umlage in Höhe von 3,59 ct/kWh Kosten von 10,2 ct/kWh auf Seiten der konventionellen Energieträger (Atomenergie, Stein- und Braunkohle) gegenüberstehen – würde man diese analog zur EEG-Methodik explizit auf die nicht-privilegierten, also nicht von Vergünstigungen profitierenden, Stromabnehmer umlegen (Küchler und Meyer 2012, S. 3–4).

Andere Disziplinen, insbesondere die Wirtschaftswissenschaften, sowie einige Spezielle Soziologien, etwa Technik-, Konsum- oder Kultursoziologie, haben sich dagegen längst den nachfolgenden vier Themenkomplexen zugewandt:

1. So setzen sich eine Reihe von Beiträgen mit technik- und umweltsoziologischen Fragen zur Energiewende, eng gekoppelt mit gesellschaftlichen Voraussetzungen einerseits und Folgen andererseits, auseinander (exemplarisch: Groß und Mautz 2014; Mautz und Rosenbaum 2011, 2012; Mautz et al. 2008; Ramesohl et al. 2002). Mautz et al. zeigen etwa auf, dass Windkraftanlagen zunehmend von Windparks und Solaranlagen von Freiland-Solarparks abgelöst werden, die „Zentralisierung des Dezentralen" also mittlerweile dem ursprünglichen Leitmotiv einer nachhaltigen dezentralen Energieproduktion entgegenläuft (Mautz et al. 2008, S. 104 ff.). Auch die Innovation und Transition Studies nehmen die Energiewende in den Blick. Dabei stehen mit Blick auf den soziotechnischen Wandel etwa die Beharrlichkeit des atomar-fossilen Regimes (Geels 2014; Turnheim und Geels, 2012) oder etwa die Rolle von Pfadabhängigkeiten und die Einnahme von Marktnischen (Geels und Schot 2007, 2008) im Mittelpunkt.
2. Weitere Arbeiten, die in der Governance- und Lobbyismusforschung zu verorten sind, untersuchen den Wandel der politischen Agenda, Governancemechanismen und Lobbyismusstrategien im Kontext der Energiewende (exemplarisch: Geels 2014; Adamek und Otto 2013; Miliband 2011; Dagger 2009; Michalowitz 2007). Irina Michalowitz macht etwa auf die Art und Weise aufmerksam, wie etablierte Energiekonzerne über Verbände, über Arbeitsgruppen oder über Kontakte zu Funktionsträgern auf unterschiedlichen Ebenen in der Europäischen Kommission Einfluss auf die europäische Umweltpolitik nehmen (2007, S. 132–135). Und Steffen Dagger arbeitet in einer umfassenden Untersuchung der Novellierung des Erneuerbare-Energien-Gesetzes im Jahr 2009 heraus, welche Akteure sich mit welcher Motivation an der Gestaltung der Novelle beteiligten (2009). Auch hier sind Unternehmen der etablierten Energiewirtschaft und Vertreter großindustrieller Stromabnehmer am Gesetzgebungsverfahren maßgeblich beteiligt.
3. Eine Gruppe weiterer Arbeiten nimmt gesellschaftliche Ungleichheiten im Kontext des Klimawandels, des Konsumverhaltens und der gesellschaftlichen Akzeptanz der Energiewende in den Blick (vgl. Moss 2014; Jacobs et al. 2014; Beck und van Loon 2011; Urry 2011; Welzer et al. 2010; Besio und Pronzini 2010; Dennis und Urry 2009; Beck 2008, 2010; Giddens 2009). So konstatiert beispielsweise Ulrich Beck, dass, wenn sich die Soziologie mit dem Klimawandel befasse, eine Auseinandersetzung mit der Macht- und

Konfliktdynamik sozialer Ungleichheiten unausweichlich sei (Beck 2010, S. 36, 2008, S. 25–36; Beck und van Loon 2011, S. 121–124). Die Besonderheit der gegenwärtigen klimaschädlichen Energieproduktion liege, Anthony Giddens zufolge, darin, dass die Folgen des aktuellen Handelns erst in der Zukunft spürbar sein werden. Dies bezeichnet er als „Giddens-Paradox" (2009, S. 2). Und John Urry identifiziert insbesondere die Verkehrsmobilität in den westlichen Staaten als bedeutenden Emissionstreiber und rät beispielsweise zum Ausbau der Bahnnetze, um den mit dem Straßenverkehr verbundenen CO_2-Ausstoß zu reduzieren (2011, S. 122 ff.; Dennis und Urry 2009).

4. Die wirtschaftlichen Aspekte der Energiewende sind bislang die Domäne der Wirtschaftswissenschaften. Hier interessieren insbesondere die makroökonomische Frage nach den durch die Energiewende verursachten zusätzlichen Kosten für die Volkswirtschaft (vgl. Stern 2007) und die mikroökonomische Frage nach Strategien, um von dem Handel mit erneuerbaren Energien zu profitieren (vgl. Graeber 2014; Bontrup und Marquardt 2010, 2015). Ein sehr prominentes Beispiel für den erstgenannten Zugang ist Nicholas Sterns „The Economics of Climate Change" (2007), auf das auch Ulrich Beck, John Urry und Anthony Giddens Bezug nehmen. Stern sieht in der globalen Erwärmung ein besonders deutliches Beispiel für Marktversagen in Form von externen Effekten, da Umweltverschmutzungen nicht verursachungsgerecht eingepreist würden (Stern 2007, S. XVIII). Die Besonderheit der durch externe Effekte verursachten Kosten bestehe darin, dass sie in der Zukunft anfielen und dass ärmere Staaten und ärmere Menschen stärker betroffen seien als wohlhabendere Staaten und Menschen (Stern 2007, S. XVII); eine Ansicht, die ohne weiteres an soziologische Ungleichheitsüberlegungen anschließt.

Erstaunlich ist, dass sich die Soziologie in der Vergangenheit nur in den ersten und den dritten Themenbereich eingebracht hat. Die einzigen soziologischen Beiträge, die dem vierten, hier im Mittelpunkt stehenden Themenkomplex zugeordnet werden können, sind Arbeiten über den Emissionszertifikatehandel (vgl. Knoll 2012; Engels 2006, 2010; MacKenzie 2009; Engels et al. 2008; Voß 2007).

An dieser Dominanz der Ökonomik bezüglich der wirtschaftlichen Seite der Energiewende sind zwei Aspekte besonders brisant: Erstens ist zu beobachten, dass, wie zu Zeiten der Pax Parsoniana, wirtschaftliche Kernthemen den ÖkonomInnen überlassen werden und SoziologInnen zugleich die Dominanz der Ökonomik beklagen, statt die eigene Expertise einzubringen (Urry 2011; Lohmann 2010). Und nicht weniger heikel ist zweitens, dass der Wandel mit einer nicht nur aus soziologischer Sicht wenig überzeugenden individualistisch-rationalen

Akteursperspektive erklärt wird. Bemerkenswerterweise räumt auch Nicholas Stern Unzulänglichkeiten des ökonomischen Modells mit Blick auf Marktversagen und die schwache Erklärungskraft der Rationalitätsprämisse ein (2007, S. 429 ff.). Genau dann, wenn das Modell des vollkommenen Marktes scheitert (Bowen und Rydge 2011, S. 72–73), wenn Ungewissheit gerade bei sich ändernden Rahmenbedingungen von zentraler Bedeutung ist, sind Marktmodelle notwendig, die Ungewissheit in den Mittelpunkt stellen und eine Affinität gegenüber Marktwandel aufweisen, statt auf Modelle zu setzen, die per definitionem keinen empirischen Anspruch haben, sondern mit mathematisch-ahistorischen Idealtypen operieren (vgl. Ortlieb 2006; Giacovelli und Langenohl 2016a, b; Giacovelli 2016).

Ein Beitrag der Soziologie ist aufgrund des Ausblendens sozialer Strukturen in der ökonomischen Analyse von Marktprozessen folglich dringend erforderlich – und zwar ein Beitrag, der sich insbesondere mit wirtschaftlichen Kernthemen wie Marktkonstituierung, Marktwandel, Hemmnissen eines Marktwandels, Preisbildung, Knappheit, den wettbewerblichen und/oder kooperativen Verhältnissen zwischen Marktakteuren und der Beziehung zwischen Energiemärkten und Energiepolitik auseinandersetzt.

Während also WirtschaftssoziologInnen ein gesellschaftlich relevantes empirisches Feld bislang ausblenden und ÖkonomInnen Konzepte mit modelltheoretischer Begrenztheit zur Anwendung bringen, spitzt sich die Lage im empirischen Feld zu. Denn spätestens mit der Novellierung des Erneuerbare-Energien-Gesetzes im Jahr 2014 (EEG 2014) sind die Bestrebungen in der Energiepolitik deutlich zu erkennen, von der bisherigen Subventionierungspraxis erneuerbarer Energien schrittweise Abstand zu nehmen und die Ökostromproduzenten zunehmend in eine Direktvermarktung zu drängen. Der Markt soll es also wieder einmal richten. Im Hinblick auf das Gelingen der Energiewende unter diesen neuen Bedingungen ist es umso wichtiger, sich minutiös mit den strukturellen Konflikten in den Märkten der erneuerbaren Energien auseinanderzusetzen. Denn letztlich wird sich nicht nur in der Politik, sondern vor allem in den Märkten zeigen, ob ein Paradigmenwechsel in der Energieversorgung gelingen kann.

Mit dem vorliegenden Sammelband soll ein erster Schritt vollzogen werden, um diese Forschungslücke zu schließen. Es werden hierbei eine theoretische und eine empirische Zielsetzung verfolgt. Das *theoretische* Ziel besteht in der Diskussion von Konzepten, die einen geeigneten theoretischen Rahmen anbieten, um die Konstituierung von Ökostrommärkten beziehungsweise den Wandel der Energiemärkte systematisch zu analysieren. Darunter sind Konzepte zu verstehen, die eine besondere Sensibilität für das Verhältnis von Politik und Wirtschaft sowie zwischen ungleich positionierten Marktteilnehmern aufweisen. Die Beiträge sollen dabei möglichst die Vielfalt aktueller wirtschafts-/marktsoziologischer Konzepte widerspiegeln. Das *empirische* Ziel besteht in der Präsentation erster wirtschaftssoziologischer Analysen, die bei der Untersuchung einzelner Aspekte der Energiewende insbesondere strukturelle Bedingungen sowie mögliche strukturelle Konflikte zwischen den verschiedenen Interessensgruppen der Energiewende berücksichtigen.

Energiewende und strukturelle Konflikte – Acht Perspektiven
Das Projekt Energiewende ist ein politisches Projekt. Bei der Frage danach, was man unter dem Begriff *Energiewende* konkret zu verstehen hat, findet man sich reflexartig auf der Internetseite des Umweltbundesamtes wieder. Dort ist nachzulesen, dass mit der Energiewende zunächst vier Hauptziele angestrebt werden: erstens der Ausstieg aus der Atomenergie bis zum Jahr 2022, zweitens der stetige Ausbau der Erneuerbare-Energien-Produktion, drittens die Steigerung der Energieeffizienz sowie viertens die Erhöhung des Klimaschutzes durch die Reduktion der Treibhausgasemissionen. Von diesen Hauptzielen werden, so heißt es weiter, quantitative Ziele abgeleitet, wie etwa die Erhöhung des Anteils der Erneuerbaren Energien am Bruttostromverbrauch auf mindestens 50 % im Jahr 2050 oder die Senkung des Primärenergiebedarfs von Gebäuden um 80 % ebenfalls bis zum Jahr 2050.[3]

Aus den hier präsentierten Beiträgen ergeben sich aufgrund des jeweils spezifischen theoretischen oder empirischen Zuschnitts etwas anders gelagerte Interpretationen des Energiewende-Begriffs:

Um die Veränderungsprozesse des deutschen Strommarktes nachvollziehen zu können, wählen **Gerhard Fuchs** und **Ulrike Fettke** die Theorie der strategischen Handlungsfelder von Neil Fligstein und Doug McAdam. Diese theoretische Perspektive sensibilisiert für Marktwandel und die Rolle von Incumbents (tradierte Form der Stromgewinnung und -verteilung) und Challengers (konträr zu Incumbents positionierte Marktakteure) im Wettbewerb um eine vorteilhafte Marktpositionierung. Die AutorInnen verstehen die Energiewende hierbei zunächst als ein politisches Programm. Sie weisen jedoch darauf hin, dass dies nicht erst mit der Entscheidung der Bundesregierung im Jahr 2011, schrittweise Abstand von Kernenergie zu nehmen, initiiert wurde. Vielmehr begann die erste, zum Teil experimentell angelegte Suche nach Alternativen zur Kernenergie bereits in den

---

[3]http://www.umweltbundesamt.de/daten/energiebereitstellung-verbrauch/ziele-der-energiewende, Zugriff: 24. November 2015.

1980er Jahren und zwar auf dezentral-lokaler Ebene. Damit spiegeln sich die Folgen dieser politischen Entscheidung in den Veränderungen von Handlungsfeldern unterteilt in drei Phasen (Phase 1: Mobilisierung und Formierung ab 1990, Phase 2: Internationale und nationale Expansionsbemühungen ab 1998, Phase 3: Unsicherheiten trotz der politischen Entscheidung zur „Energiewende" seit 2008) wider, die Anpassungsdruck für die Marktakteure und damit strukturell forcierte Verteilungskonflikte insbesondere zwischen Incumbents und Challengern provozieren.

Mit Rückgriff auf Michel Foucault interpretiert **Andreas Langenohl** die Energiewende als marktliberal-gouvernementales Projekt, wobei die Frage, wie effektiv die gouvernementale Nachhaltigkeitspolitik der EU überhaupt ist, im Mittelpunkt seines Beitrags steht. Einen der Gründe dafür, dass für dieses Projekt wenig Aussicht auf Erfolg besteht, sieht der Autor darin, dass die politische Forderung nachhaltiger Energiemärkte und faktisch beobachtbare Marktopportunismen nicht vereinbar erscheinen. Während auf Finanzmärkten Erwartungen nur unter Einbeziehung von Vermutungen bezüglich der Erwartungen Anderer gebildet werden können, muss politische Futurität in Bezug auf Energieziele strikt davon absehen, Erwartungen Anderer zum Gegenstand der Erwartungsbildung zu machen, weil sich das Projekt der Energiewende einzig auf Szenarien gründen kann, die als nicht verhandelbar gelten. In der Folge, so Langenohl, könne Nachhaltigkeit nur über weniger Markt, mehr Verbote und eine alternative Institutionalisierung von Normen ökonomischen Handelns realisiert werden. Der strukturelle Konflikt, der in Langenohls Beitrag im Vordergrund steht, besteht in den temporalen Paradoxa von marktlichem Wettbewerb und politisch geforderter Nachhaltigkeit.

Georg Reischauers relationaler Analyseansatz zu strukturellen Konflikten der Energiewende beruht auf den Arbeiten Harrison C. Whites. Der Anstoß für Marktwandel geht demnach nicht von Konsumenten, sondern von Produzenten, genauer: von den von Produzenten kommunizierten Geschichten (Storys) in Form von Pressemitteilungen, Zeitungsartikel oder Berichten aus. Märkte für erneuerbare Energien wandeln sich aus dieser Perspektive demnach endogen und nicht vordergründig durch das Zutun politischer Akteure. Vor diesem Hintergrund versteht der Autor die Energiewende als eine durch Storys getragene Veränderung von Verbindungen und Identitäten auf der Produzentenseite von Märkten für erneuerbare Energien, die zusammen die narrativ konstruierte Position eines Produzenten begründen. Die Energiewende fungiert hierbei als abstrakter Bezugspunkt von Geschichten. Strukturelle Konflikte treten dann auf, wenn sich die Geschichten eines Produzenten oder Marktbeobachters potenziell negativ auf die narrativ konstruierte Position eines Produzenten auswirken. In diesem Sinne sind strukturelle Konflikte als konstitutiver Bestandteil von Markt- und gleichermaßen Machtveränderungen anzusehen.

Heike Jacobsen, **Franziska Blazejewski** und **Patricia Graf** interpretieren die Energiewende, ähnlich wie Gerhard Fuchs und Ulrike Fettke, nicht als in sich geschlossenen Prozess, sondern als eingebettet in die energiepolitischen Entwicklungen der vergangenen zwei Jahrzehnte. Der Anpassungsdruck, der auf den Marktakteuren lastet, hat spürbare Auswirkungen auf die Organisationsstrukturen von Energieversorgungsunternehmen und mündet in eine Reihe von Reorganisationsmaßnahmen. Die Autorinnen untersuchen entsprechende Reorganisationsprozesse am empirischen Fall eines Stadtwerkes einer westdeutschen Stadt mit Blick auf die infrage gestellten Arbeitspraktiken und das Aufkommen von Arbeitskonflikten. Im Rückgriff auf die Soziologie der Konventionen interpretieren sie diese Konflikte als Auseinandersetzungen über die Geltung verschiedener Konventionen; etwa die konträr zueinander liegenden Konventionen einer marktlichen Wettbewerbsorientierung einerseits und einer staatsbürgerlichen Versorgungsorientierung andererseits. So arbeiten die Autorinnen beispielsweise heraus, wie die beteiligten Akteure im technischen Kundenservice des Stadtwerks spezifische Konventionen heranziehen, um den eigenen Standpunkt zu untermauern: Während die Geschäftsführung eine Reduktion der Personalkosten und eine erhöhte Dienstleistungsorientierung vermittels Arbeitsverdichtung und Entspezialisierung anstrebt, versuchen die Techniker ihre vorherige Autonomie zu schützen und führen dafür ihre industrielle Kompetenz, handwerkliche Tradition und die staatsbürgerliche Verantwortung an. Die bisher gültigen Werte stehen also neu zu etablierenden gegenüber und es ist absehbar, dass für einen Organisationswandel, der den Anforderungen der Energiewende gerecht werden soll, neue Kompromisse aus bisherigen und neuen Orientierungen gefunden werden müssen.

Unter der Energiewende ist nicht nur die politische Absicht, den Anteil erneuerbarer Energien zu erhöhen, zu verstehen. Der Wandel der Energiemärkte muss im Licht der Entwicklungen sich wechselseitig beeinflussender Wirtschafts- und Innovationsfelder betrachtet werden. **Weert Canzler, Franziska Engels, Jan-Christoph Rogge, Dagmar Simon** und **Alexander Wentland** konzipieren diese sektoralen Überschneidungen als Strategic Action Fields. Den Ausgangspunkt bildet die Beobachtung einer möglichen wirtschaftlich-technischen Konvergenz. In den Bereichen Elektrizität, Transportwesen und Kommunikation regt der Trend zur Digitalisierung und Vernetzung die Bildung neuer Unternehmensallianzen und Geschäftsideen an. Allerdings unterliegen diese Unternehmen unterschiedlichsten Produktzyklen, Branchenlogiken und Innovationskulturen. Ein Zusammenspiel dieser Felder kann im Sinne der Energiewende also nur gelingen, wenn strukturelle Konflikte erfolgreich bearbeitet werden, die aus dem Aufeinandertreffen unterschiedlicher Feldlogiken resultieren. Die AutorInnen nehmen aus diesem Grund das aktuelle Innovationsgeschehen in und zwischen den drei genannten Feldern in den Blick und untersuchen die Dynamiken, Strategien und Aushandlungsprozesse zur Bewältigung dieser Spannungen an dem empirischen Fall des innerstädtischen Innovationscampus in Berlin-Schöneberg. Auf dieser empirischen Grundlage kommen sie zu dem Schluss, dass sich im Zuge der durch die Digitalisierung vorangetriebenen, stärkeren Verschränkung von Elektrizität und Mobilität die Formierung eines neuen Strategic Action Fields abzeichnet. Es zeigt sich, wie Unternehmen und Forschungseinrichtungen über die traditionellen Feldgrenzen hinweg aufeinander Bezug nehmen, aber auch wie eine Reihe von institutionellen Hemmnissen und lokalen Beschränkungen der Etablierung eines neuen Wirtschaftsfeldes noch im Wege stehen.

Guido Möllering legt einen konzeptionellen Vorschlag zur Analyse von Marktkonstituierungen im Allgemeinen und der Konstituierung von Fotovoltaikmärkten als Illustrationsbeispiel im Besonderen vor. Hierzu führt er Erkenntnisse der Wirtschaftssoziologie, des organisationalen Institutionalismus und der Strukturationstheorie zusammen und arbeitet konstitutive Elemente und ihre Wechselbeziehung im Kontext von Marktkonstituierungsprozessen heraus. So ist ein Markttausch erst durch das Zusammenspiel der konstitutiven Elemente Produkte, Tausch, Informationen, Akteure, Netzwerke und Institutionen möglich. Konflikte werden im Marktgeschehen insbesondere durch Ungleichheiten zwischen Akteuren hervorgerufen und treten wiederholt auf, wenn divergierende Interessen in die Marktstrukturen eingeschrieben werden. Insbesondere mit Blick auf Prozesse der spontanen Emergenz, der endogenen Koordination und der exogenen Regulation werden am Beispiel von Fotovoltaikmärkten verschiedene Transformationsvarianten veranschaulicht, die nicht nur die Variabilität des Ansatzes illustrieren, sondern darüber hinaus die Grundthese des Beitrags untermauern, dass angestrebte technische Veränderungen oder gar Revolutionen in und durch Märkte realisiert werden können.

Der Ort, an dem sich die Energiewende vollzieht, ist derjenige, an dem sich der Konsument für Öko-Strom statt für fossil-atomar produzierten Strom entscheidet. Und dieser Ort, so **Jürgen Schraten,** ist im Internet zu finden; genauer: auf sogenannten Online-Vergleichsportalen. Diese interpretiert Schraten mit einem ethnografisch-wirtschaftssoziologischen Zuschnitt als finanzialisierte Marktapparate, also als rechtlich kanalisierte gesellschaftliche Orte, an denen gleichzeitig materielle Dispositionen und diskursive Strategien auf kalkulierende Akteure einwirken; wobei der Zusatz „finanzialisiert" betont, dass hier computergesteuerte Mediatoren zum Einsatz kommen. Anhand dieses analytischen Zuschnitts werden zwei Probleme der Energiewende besonders deutlich sichtbar: Erstens sollen Energiekonsumenten zu einem Anbieter- oder Produktwechsel motiviert werden, der dem Nachhaltigkeitsparadigma, damit in erster Linie einem politisches Ziel, folgt. Die Wechselmotivation soll allerdings durch das Kriterium der Kostenersparnis, und damit durch eine ökonomische Anreizlogik, geschürt werden. Das Kriterium der Umweltverträglichkeit komme demnach erst an optionaler, zweiter Stelle zum Tragen. Zweitens wird der Anbieter- und/oder Produktwechsel als „einfach" angepriesen, was jedoch nicht den Tatsachen der jeweiligen Vertragsverhältnisse entspreche. Der Begriff „Energiewende" gehört Schraten zufolge zum tagespolitisch orientierten Repertoire politischen Marketings, der dem Streben nach massenmedialer Aufmerksamkeit wie etwa hinsichtlich der Reaktorhavarie von Fukushima 2011 geschuldet ist. Im Sinne der politischen Zielsetzung sei es klüger, eine „Stabilität" statt einer „Wende" der Energieversorgung im Wechsel zur nachhaltigen Energieversorgung anzukündigen, und diese nicht durch fehlleitende Versprechungen wie „Kostenersparnis" und „Einfachheit" zu konterkarieren.

In dem Beitrag von **Sebastian Giacovelli** steht ein Konzept im Vordergrund, das Erwartungsstrukturen in den Mittelpunkt wirtschaftssoziologischer Analysen stellt. Hierzu werden die zentralen Charakteristika des soziologischen Erwartungsbegriffs und die bislang spärliche Berücksichtigung von Erwartungsstrukturen in der aktuellen wirtschaftssoziologischen Forschung herausgearbeitet. Im Anschluss werden erste analytische Zugänge zur empirischen Untersuchung struktureller Konflikte der Energiewende in Deutschland diskutiert, die Erwartungsstrukturen als Ausgangspunkt der Untersuchung struktureller Konflikte nehmen. Die Energiewende wird hierbei als politisch initiiertes Projekt verstanden, das in entsprechende Marktstrukturen übersetzt wird. Die Form des Marktwandels und die resultierende Marktstruktur spiegeln wider, welche Erwartungen sich auf politischer Ebene, auf der Marktebene und innerhalb von Organisationen durchgesetzt haben und damit in Form von Erwartungserwartungen strukturell wirksam geworden sind. Dieses Durchsetzen impliziert, dass verschiedene und durchaus divergierende Erwartungen um ihre Durchsetzung konkurrieren, die aus einem strukturbedingten politischen Konfliktpotenzial, produzentenseitigen Konfliktpotenzial und publikumsseitigen Konfliktpotenzial resultieren.

Literatur

Adamek, S., & Otto, K. (2013). *Der gekaufte Staat. Wie Konzernvertreter in deutschen Ministerien sich ihre Gesetze selbst schreiben.* Köln: Kiepenheuer & Witsch.

Beck, U. (2008). *Die Neuvermessung der Ungleichheit unter den Menschen: Soziologische Aufklärung im 21. Jahrhundert. Eröffnungsvortrag zum Soziologentag „Unsichere Zeiten" am 6. Oktober 2008 in Jena.* Frankfurt a. M.: Suhrkamp.

Beck, U. (2010). Klima des Wandels oder Wie wird die grüne Moderne möglich? In H. Welzer, H.-G. Soeffner, & D. Giesecke (Hrsg.), *KlimaKulturen. Soziale Wirklichkeiten im Klimawandel* (S. 33–48). Frankfurt a. M.: Campus.

Beck, U., & van Loon, J. (2011). ‚Until the last ton of fossil fuel has burnt to ashes': Climate change, global inequalities and the dilemma of green politics. In D. Held, A. Hervey, & M. Theros (Hrsg.), *The governance of climate change. Science, economics, politics and ethics* (S. 111–134). Cambridge: Polity.

Besio, C., & Pronzini, A. (2010). Unruhe und Stabilität als Form der massenmedialen Kommunikation über Klimawandelt. In M. Voss (Hrsg.), *Der Klimawandel. Sozialwissenschaftliche Perspektiven* (S. 283–299). Wiesbaden: Springer VS.

Bontrup, H.-J., & Marquardt, R. M. (2010). *Kritisches Handbuch der deutschen Elektrizitätswirtschaft. Branchenentwicklung, Unternehmensstrategien, Arbeitsbeziehungen.* Berlin: edition sigma.

Bontrup, H.-J., & Marquardt, R. M. (2015). Die Zukunft der großen Energieversorger. Studie im Auftrag von Greenpeace. https://www.greenpeace.de/sites/www.greenpeace.de/files/publications/zukunft-energieversorgung-studie-20150309.pdf. Zugegriffen: 13. Juli 2015.

Bowen, A., & Rydge, J. (2011). The economics of climate change. In D. Held, A. Hervey, & M. Theros (Hrsg.), *The governance of climate change. Science, economics, politics and ethics* (S. 68–88). Cambridge: Polity.

Dagger, S. B. (2009). Energiepolitik und Lobbying. Die Novelle des Erneuerbare-Energien-Gesetzes (EEG) 2009. In D. Reiche (Hrsg.), *Ecological Energy Policy* (Bd. 12). Stuttgart: ibidem.

Dennis, K., & Urry, J. (2009). *After the car.* Cambridge: Polity.

EEG. (2014): Gesetzentwurf der Bundesregierung. Entwurf eines Gesetzes zur grundlegenden Reform des Erneuerbaren-Energien-Gesetzes und zur Änderung weiterer Bestimmungen des Energiewirtschaftsrechts. http://www.bmwi.de/BMWi/Redaktion/PDF/Gesetz/entwurf-eines-gesetzes-zur-grundlegenden-reform-des-erneuerbare-energien-gesetzes-und-zur-aenderung-weiterer-bestimmungen-des-energiewirtschaftsrechts,property=pdf,bereich=bmwi2012,sprache=de,rwb=true.pdf. Zugegriffen: 11. Apr. 2014.

Engels, A. (2006). Market creation and transnational rule-making: The case of CO_2-emissions trading. In M.-L. Djelic & K. Sahlin-Andersson (Hrsg.), *Transnational governance: Institutional dynamics of regulation* (S. 329–348). Cambridge: University Press.

Engels, A. (2010). CO_2-Märkte als Beitrag zu einer carbon-constrained business world. In H.-G. Soeffner (Hrsg.), *Unsichere Zeiten. Herausforderungen gesellschaftlicher Transformationen. Verhandlungen des 34. Kongresses der Deutschen Gesellschaft für Soziologie in Jena 2008* (S. 401–410). Wiesbaden: VS Verlag für Sozialwissenschaften.

Engels, A., Knoll, L., & Huth, M. (2008). Preparing for the „real" market. National patterns of institutional learning and company behaviour in the European Emission Trading Scheme (EU ETS). *European Environment, 18*(5), 276–297.

Geels, F. W. (2014). Regime resistance against low-carbon energy transitions: Introducing politics and power in the multi-level perspective. *Theory, Culture & Society, 31*(5), 21–40.

Geels, F. W., & Schot, J. (2007). Typology of sociotechnical transition pathways. *Research Policy, 36,* 399–417.

Giacovelli, S. (2016). Formelideal und Problemlösung – Über den Gebrauch mathematischer Formeln in der reinen Mathematik und der mathematisierten Ökonomik. *Forum Interdisziplinäre Begriffsgeschichte, 5*(1), 115–124.

Giacovelli, S., & Langenohl, A. (2016a). Zwischen Synchronizität und Gleichgewicht: Zeitformen im internationalen kapitalistischen System. In M. Gamper, E. Geulen, J. Grave, A. Langenohl, R. Simon, & S. Zubarik (Hrsg.), *Zeit und Form* (S. 111–136). Hannover: Wehrhahn.

Giacovelli, S., & Langenohl, A. (2016b). Temporalitäten in der wirtschaftswissenschaftlichen Modellbildung: Die Multiplikation von Zeitlichkeit in der Neoklassik. In J. Maeße, H. Pahl, & J. Sparsam (Hrsg.), *Die Innenwelt der Ökonomie. Wissen, Macht und Performativität in der Wirtschaftswissenschaft* (S. 33–54). Wiesbaden: Springer VS.

Giddens, A. (2009). *The politics of climate change.* Cambridge: Polity.

Graeber, D. R. (2014). *Handel mit Strom aus erneuerbaren Energien: Kombination von Prognosen.* Wiesbaden: Springer Gabler.

Groß, M., & Mautz, R. (2014). *Renewable energies.* London: Routledge.

Jacobs, D., Schäuble, D., Bayer, B., Peinl, H., Goldammer, K., Volkert, D., Sperk, C., Töpfer, K. (2014). Bürgerbeteiligung und Kosteneffizienz. Eckpunkte für die Finanzierung erneuerbarer Energien und die Aktivierung von Lastmanagement, IASS Study, April 2014. http://www.iass-potsdam.de/sites/default/files/files/140407_iass_studie_strommarkt_web_0.pdf. Zugegriffen: 15. Apr. 2014.

Knoll, L. (2012). *Über die Rechtfertigung wirtschaftlichen Handelns. CO_2-Handel in der kommunalen Energiewirtschaft.* Wiesbaden: Springer VS.

Küchler, S., & Meyer, B. (2012). Was Strom wirklich kostet. Vergleich der staatlichen Förderungen und gesamtgesellschaftlichen Kosten von konventionellen und erneuerbaren Energien. Studie im Auftrag von Greenpeace Energy eG und dem Bundesverband WindEnergie e. V. Überarbeitete und aktualisierte Ausgabe. http://www.greenpeace-energy.de/uploads/media/Stromkostenstudie_Greenpeace_Energy_BWE_01.pdf. Zugegriffen: 25. Febr. 2016.

Lohmann, L. (2010). Climate crisis: Social science crisis. In M. Voss (Hrsg.), *Der Klimawandel. Sozialwissenschaftliche Perspektiven* (S. 133–153). Wiesbaden: Springer VS.

MacKenzie, D. (2009). Making things the same: Gases, emission rights and the politics of carbon markets. *Accounting, Organizations and Society, 34*(3–4), 440–455.

Mautz, R., & Rosenbaum, W. (2012). Der deutsche Stromsektor im Spannungsfeld energiewirtschaftlicher Umbaumodelle. *WSI Mitteilungen, 12*(2), 85–93.

Mautz, R., Byzio, A., & Rosenbaum, W. (2008). *Auf dem Weg zur Energiewende. Die Entwicklung der Stromproduktion aus erneuerbaren Energien in Deutschland.* Göttingen: Universitätsverlag.

Michalowitz, I. (2007). *Lobbying in der EU.* Wien: Facultas.

Miliband, E. (2011). The politics of climate change. In D. Held, A. Hervey, & M. Theros (Hrsg.), *The governance of climate change. Science, economics, politics and ethics* (S. 194–201). Cambridge: Polity.

Moss, T. (2014). Socio-technical change and the politics of urban infrastructure: Managing energy in Berlin between dictatorship and democracy. *Urban Studies, 51*(7), 1432–1448.

Ortlieb, C. P. (2006). Mathematisierte Scharlatanerie. Zur „ideologiefreien Methodik" der neoklassischen Lehre. In T. Dürmeier, T. von Egan-Krieger, & H. Peukert (Hrsg.), *Die Scheuklappen der Wirtschaftswissenschaft. Postautistische Ökonomik für eine pluralistische Wirtschaftslehre* (S. 55–61). Marburg: Metropolis.

Ramesohl, S., Kristof, K., Fischedick, M., Thomas, S., & Irrek, W. (2002). *Die technische Entwicklung auf den Strom- und Gasmärkten: Eine Kurzanalyse der Rolle und Entwicklungsperspektiven neuer dezentraler Energietechnologien und der Wechselwirkungen zwischen technischem Fortschritt und den Akteursstrukturen in den Strom- und Gasmärkten. Kurzexpertise für die Monopolkommission.* Wuppertal: Wuppertal Institut für Klima Umwelt Energie.

Rosenbaum, W., & Mautz, R. (2011). Energie und Gesellschaft: Die soziale Dynamik der fossilen und der erneuerbaren Energien. In M. Groß (Hrsg.), *Handbuch Umweltsoziologie* (S. 399–420). Wiesbaden: Springer VS.

Schot, J., & Geels, F. W. (2008). Strategic niche management and sustainable innovation journeys: Theory, findings, research agenda, and policy. *Technology Analysis & Strategic Management, 20*(5), 537–554.

Stern, N. (2007). *The economics of climate change: The Stern Review.* Cambridge: University Press.

Turnheim, B., & Geels, F. W. (2012). Regime destabilisation as the flipside of energy transitions: Lessons from the history of the British coal industry (1913–1997). *Energy Policy, 50,* 35–49.

Urry, J. (2011). *Climate change and society.* Cambridge: Polity.

Voß, J.-P. (2007). Innovation processes in governance: The development of ‚emission trading' as a new policy instrument. *Science and Public Policy, 34*(5), 329–343.

Welzer, H., Soeffner, H.-G., & Giesecke, D. (2010). KlimaKulturen. In H. Welzer (Hrsg.), *KlimaKulturen. Soziale Wirklichkeiten im Klimawandel* (S. 7–19). Frankfurt a. M.: Campus.

Incumbent-Challenger-Interaktionen und die Veränderungen im Markt für Stromerzeugung und -verteilung in Deutschland

Ulrike Fettke und Gerhard Fuchs

1 Einleitung

Der Markt für Stromerzeugung und Stromverteilung in Deutschland befindet sich einer Phase der Transformation. Es geht dabei um die Liberalisierung von Energiemärkten, die Schaffung neuer Märkte für erneuerbare Energien (EE) und eine Auseinandersetzung um die generelle Architektur dieser Märkte und der korrespondierenden großen zentral oder dezentral auszugestaltenden technischen Infrastrukturen.

In der Wirtschaftssoziologie und in der theoretischen Soziologie insgesamt wird oft beklagt, dass ein zu großes Interesse an der Identifizierung von Stabilität sowie den Institutionen und Strukturen bestünde, die Stabilität absichern. Demgegenüber würde zu wenig Augenmerk auf die Analyse von Dynamik und Veränderung gelegt (vgl. Fligstein und McAdam 2012).

Sieht man sich die Entwicklung des Marktes für Stromerzeugung und Stromverteilung an, so hat man Schwierigkeiten in den letzten 30 Jahren viel Stabilität oder Systemhaftigkeit zu erkennen. Stattdessen lässt sich ein noch nicht abgeschlossener Prozess der Entwicklung von Strukturen und Institutionen beobachten. Insofern stellt sich hier auch eine besondere Herausforderung wie Chance für

U. Fettke (✉) · G. Fuchs
Institut für Sozialwissenschaften, Abteilung für Organisations- und
Innovationssoziologie, Universität Stuttgart, Stuttgart, Deutschland
E-Mail: ulrike.fettke@sowi.uni-stuttgart.de

G. Fuchs
E-Mail: gerhard.fuchs@soz.uni-stuttgart.de

© Springer Fachmedien Wiesbaden 2017
S. Giacovelli (Hrsg.), *Die Energiewende aus wirtschaftssoziologischer Sicht*,
DOI 10.1007/978-3-658-14345-9_2

sozialwissenschaftliche Ansätze, die diesen Veränderungsprozess als Transition (Geels 2014), Transformation oder Konversion deuten wollen.

Bestehende Institutionen werden bewusst zerstört („Liberalisierung") und es wird versucht bewusst, quasi „von oben", neue Rahmen für Märkte zu gestalten. Auf der anderen Seite gab und gibt es Versuche, Märkte quasi „von unten" neu zu schaffen. Versuche bei denen soziale Bewegungen eine entscheidende Rolle spielten (King und Pearce 2010).

Im Folgenden werden wir die Entwicklung des Marktes für Stromerzeugung und Stromverteilung – im Folgenden als Strommarkt abgekürzt – unter Anwendung des analytischen Instrumentariums der Theorie strategischer Handlungsfelder rekonstruieren[1]. Das theoretische Konzept wird im folgenden Abschnitt dargestellt (Abschn. 2). Darauf aufbauend werden wir den deutschen Strommarkt als sich in einem Zustand der Transformation befindend charakterisieren (Abschn. 3). Den Prozess der Veränderung unterteilen wir in drei Phasen (Abschn. 4–6). Bei der Darstellung der Phasen gehen wir so vor, dass wir jeweils die wichtigsten Entwicklungen aus der Perspektive der Incumbents und dann aus der Perspektive der Herausforderer beschreiben. Beide sind in unterschiedlicher Art und Weise von Umweltveränderungen betroffen und ihre Organisationsbemühungen und gewählten Strategien unterscheiden sich signifikant. Abschließend werden die wichtigsten Ergebnisse zusammengefasst (Abschn. 7).

2   Märkte als Felder

Es ist hinreichend dargestellt worden, dass Strukturen, Institutionen ebenso wie Organisationen tendenziell veränderungsresistent sind. Pfadabhängigkeiten spielen eine wichtige Rolle und Veränderungen in Institutionen und Strukturen, insbesondere grundsätzlicher Art, sind eher selten zu beobachten. Die institutionalistisch und evolutionstheoretisch basierte Forschung argumentiert, dass größere Veränderungen in erster Linie durch sich wandelnde Anforderungen der Umwelt

---

[1]Empirische Referenz für die folgende Argumentation sind insbesondere empirische Untersuchungen, die im Rahmen der Helmholtz Allianz „Future Energy Infrastructures" durchgeführt wurden. Es handelt sich dabei um Fallstudien zur Untersuchung von adaptiven Kapazitäten, Pfadkreation und sektoralem Wandel der Transformation des Energiesystems. Am Projektteam sind Ulrike Fettke, Gerhard Fuchs, Nele Hinderer, Gregor Kungl und Mario Neukirch beteiligt. Wertvolle Hinweise verdanken die Autoren und das Projektteam u. a. den intensiven Diskussionen mit Frank W. Geels.

angestoßen werden (Meyer und Rowan 1977) bzw. durch Krisen und Schocks und nicht durch die etablierten Hauptakteure in Organisationen, Sektoren oder Politikfeldern.

Der Energiesektor ist hierfür ein gutes Beispiel. Dessen Entwicklung war auf der einen Seite in der Regel immer stark beeinflusst gewesen von einer kleinen Gruppe industrieller und politischer Akteure, die politische und regulatorische Entscheidungen in engem Schulterschluss trafen (Victor 2002). Wesentliche Anstöße für Veränderungen im Energiesektor sind durch externe Einflüsse zustande gekommen: Der Ölpreis-Schock Mitte der 1970er-Jahre, die Tschernobylkatastrophe und die darauf aufbauende breite Stimmung in der deutschen Bevölkerung gegen einen weiteren Ausbau der Atomkraft, die durch die Europäische Kommission vorangetriebene Liberalisierung der Energiemärkte und schließlich Fukushima.

Die externen Einflüsse können unter bestimmten, genauer zu analysierenden Bedingungen, zu Veränderungen in Handlungsfeldern (wie z. B. Märkten) beitragen, ebenso wie unter „Normalbedingungen" davon auszugehen ist, dass externe Herausforderungen von den Akteuren erst einmal innerhalb der und mithilfe der existierenden Strukturen abgearbeitet werden. Krisen, technologische Entwicklungen etc. können von interessierten Akteuren als Chance oder Bedrohung interpretiert werden, Anlass für Reorganisationsbemühungen werden, in denen sich Alternativen zur herrschenden Problembearbeitung in Handlungsfeldern entwickeln und die durch eine Veränderung in gesellschaftlichen Kräfteverhältnissen getragen werden. Prozesse der Veränderung von Handlungsfeldern drehen sich um die Frage, wer was unter welchen Bedingungen bekommt – unterliegen also einer Verteilungslogik. Eine analytische Perspektive, die uns erlaubt, solche Prozesse besser zu verstehen, ist die Theorie der strategischen Handlungsfelder von Neil Fligstein und Doug McAdam (Fligstein und McAdam 2011).

Die Theorie geht davon aus, dass sich Handeln in konstruierten sozialen Ordnungen auf der Mesoebene abspielt. Hier bezieht sich die Theorie auf die verschiedenen Varianten institutionalistischen Denkens. Die Ordnungen werden im Hinblick auf ihre Genese als ein Produkt sozialer Bewegung(en) betrachtet. D. h. im Mittelpunkt steht nicht das Interesse an der Analyse von als stabil oder sich im Gleichgewicht befindlichen institutionellen Logiken[2], sondern deren konstante

---

[2]Die anwachsende Literatur zum Thema „institutionelle Logiken" (z. B. Thornton et al. 2012) beschäftigt sich primär mit der Frage, warum an bestimmten Orten oder in bestimmten Organisationen Tätigkeiten in einer bestimmten Art und Weise durchgeführt werden. Sie interessiert sich aber weniger für die Frage nach der Genese und der Bedeutung der Logiken.

Veränderung. Die Theorie postuliert, dass Felder durch eine soziale Struktur gekennzeichnet sind, die durch die Positionen von *Incumbents, Challengers* und *Governance Units* näher bestimmt werden kann. Veränderungen werden von „Challengers" vorgetragen, die in der Lage sein müssen, Vorstellungen über Ziel, Zweck und Regeln im Feld zu formulieren und Koalitionen aufzubauen, die ein entsprechendes Verständnis mittragen. Strategische Handlungsfelder sind dabei nicht autonom, sondern in eine Vielzahl von anderen strategischen Handlungsfeldern eingebettet bzw. überlagern sich mit ihnen. Veränderungen im Umfeld eines strategischen Handlungsfeldes können wesentlich zu Veränderungen im Feld beitragen. Die wichtigste theoretische Folgerung aus der Interdependenz der Felder ist, dass die Umgebung des Feldes eine permanente Quelle von Verunsicherung darstellt und exogene Schocks zu gravierenden Feldveränderungen führen können. Fligstein und McAdam nennen Perioden, in denen ein strategisches Handlungsfeld unter Anpassungsdruck kommt, „Episodes of Contention". Die Zeiten des Konfliktes werden in der Regel durch einen Kompromiss beendet. Kategorial lassen sich die folgenden Alternativen für die Entwicklung von strategischen Handlungsfeldern angesichts von Herausforderungen unterscheiden:

a. *Eine Wiedereinsetzung bzw. Fortführung der alten Ordnung mit einigen Anpassungen*
b. *Zusammenbruch des strategischen Handlungsfeldes und Auflösung in unorganisierten sozialen Raum*
c. *Weitere Ausdifferenzierung des strategischen Handlungsfeldes*
d. *Entstehung einer neuen Struktur im strategischen Handlungsfeld (Transformation)*

Die Transformation eines Feldes ist verknüpft mit der erfolgreichen Realisierung von radikalen Innovationen – im Gegensatz zu inkrementellen Innovationen. Mit Hilfe eines Zitates von Padgett und McLean – leicht modifiziert – könnte man sagen: „Incremental innovations improve on existing ways, activities, conceptions, and purposes of doing things, while radical innovations change the ways things are done. Under this definition, the key to classifying something as a radical innovation is the degree to which it reverberates out to alter the interacting system of which it is a part" (vgl. Padgett und MacLean 2006).

Im Hinblick auf die Veränderung von Energiemärkten geht es also um die Frage, wie sich neue Strukturen entwickeln können, bestehende verändert werden oder die Beharrungstendenzen so groß sind, dass die Vorstellungen von einer Transformation des Energiesystems kaum plausibel erscheinen. Die Transformation des Energiesystems soziologisch zu betrachten, müsste also heißen: Wird es neue Routinen der Stromversorgung und -verteilung geben, die sich von den bestehenden, vorfindbaren Formen signifikant unterscheiden? Gibt es auf den neu entstehenden bzw. sich verändernden Märkten neue Bewertungen, neue Wettbewerbsregelungen, neue Formen der Kooperation (vgl. Beckert 2007)?

Neue Strukturen können dabei nie aus dem Nichts entstehen, sondern rekonfigurieren und verändern mehr oder minder intensiv bestehende Elemente oder setzen Existierendes neu zusammen. Das heißt, eine Transformation ist erst einmal (kurzfristig) nur dann vorstellbar, wenn es bereits in der Gegenwart signifikante Ansätze für eine Neuorientierung gibt, die für eine Transformation genutzt werden können.

Märkte werden durch die Entscheidungen von Akteuren, die festlegen, wer unter welchen Bedingungen an Transaktionen beteiligt wird, welche Regeln gelten sollen, wie der Markt beobachtet wird, welche Sanktionen und zu welchen Zeitpunkten diese relevant werden, organisiert. Die Entscheidungen sind mit dafür verantwortlich, dass sich die Strukturen von Märkten erheblich voneinander unterscheiden und sich ebenso distinkte Marktdynamiken herausbilden, die wiederum in Beziehung stehen zu den verschiedenen Typen von Akteuren, die sich auf einem Markt bzw. an dessen Entstehung beteiligen sowie deren Intentionen und Organisationsfähigkeiten.

3 Der deutsche Strommarkt als Feld

Der deutsche Strommarkt befindet sich in einem Prozess der Transformation. Das lässt sich sagen, obwohl es eigentlich nicht „einen" einheitlichen Markt gibt, sondern eine Vielzahl von Märkten, die nach zum Teil sehr unterschiedlichen Logiken funktionieren. Zu Beginn der 1990er-Jahre war der Markt von etablierten Stromversorgern mit Gebietsmonopolen, großen Kraftwerksblöcken, die mit fossilen Brennstoffen oder Nuklearenergie arbeiteten, und der Dominanz zentralistischer Verteilstrukturen gekennzeichnet. Zu Beginn des 21. Jahrhunderts ist er dadurch bestimmt, dass es eine Vielzahl neuer Akteure gibt, die sich um Produktion und Verteilung von Elektrizität kümmern, kleine dezentrale Erzeugungseinheiten, die mit EE arbeiten, „typisch" geworden sind und dezentralere Architekturen verwirklicht werden.

Es ließen sich noch andere Merkmalsausprägungen nennen, die verdeutlichen, dass wir es mit einem seltenen Fall einer institutionellen Transformation zu tun haben. Der folgende Beitrag beschäftigt sich mit der Frage, wie diese Transformation erklärt werden kann. Welche kausalen Pfade haben zur Transformation geführt?

Tab. 1 Strategisches Handlungsfeld „Der traditionelle Strommarkt"

Akteure	Staat, etablierte Energieversorgungsunternehmen (EON, Vattenfall, RWE, EnBW), Hardwareproduzenten (Multinationale Unternehmen wie Siemens, Alsthom, Hitachi Europe), etablierte universitäre Forschung, reduzierter Korporatismus/ Klientelismus
Netzwerke	Strategische Netzwerke, spezialisierte und komplementäre institutionelle Regime
Staatliche Instrumente	Regulierung, Subvention von Forschungsvorhaben der etablierten Akteure, Förderung von Pilot- und Demonstrationsanlagen, Finanzierung eines öffentlichen, akzeptanzorientierten Diskurses
Regulierungsebene	Dominanz der zentralen Ebene
Technische Charakteristika	Zentralisierte Großtechnik mit langen Planungshorizonten und Vorlaufzeiten

Der Strommarkt hat sich im betrachteten Zeitraum (Ende der 1980er-Jahre bis 2015) nicht in einem stabilen Zustand befunden. Dennoch können Elemente identifiziert werden, die das „traditionelle" Feld des Strommarkts prägten (vgl. Tab. 1):

Transformation müsste bedeuten, dass sich das durch die in Tab. 1 genannten Merkmale charakterisierbare strategische Handlungsfeld verändert und neue Strukturen entstehen, die sich auf Dauer zu Institutionen verfestigen. Nun sind, wie angedeutet, größere Veränderungen in strategischen Handlungsfeldern selten. Die bestimmenden Akteure im jeweiligen Feld werden versuchen, den Status quo und damit ihre Position im Handlungsfeld zu verteidigen. Die Entwicklung der EE bietet hierfür ein gutes Beispiel. Von Beginn an betrachteten die etablierten Akteure der Elektrizitätsversorgung EE als einen Fremdkörper und eine potenzielle Bedrohung ihrer dominanten Position im Feld, sowie der Orientierung an zentralistischen Strukturen mit großen Kraftwerken. Wie an anderer Stelle gezeigt (Fuchs und Wassermann 2012) schafften es eine Koalition von feldexternen Akteuren unter Ausnutzung einer Veränderung in der politischen Zusammensetzung der Bundesregierung Ende der 1990er-Jahre, eine Nische für die Förderung von EE erneuerbarer Energien einzurichten und das etablierte Regime zumindest in Teilen infrage zu stellen.

Oben haben wir nach Fligstein und McAdam vier Alternativen für die Entwicklung von strategischen Handlungsfeldern identifiziert: a) eine Wiedereinsetzung bzw. Fortführung der alten Ordnung mit einigen Anpassungen; b) einen Zusammenbruch des Handlungsfeldes und seine Auflösung in unorganisierten sozialen

Tab. 2 Strategisches Handlungsfeld „Erneuerbare Energien" (EE)

Akteure	Staat, neu gegründete mittelständische Unternehmen, regionale Versorgungsinitiativen, außeruniversitäre Forschung, interessierte Einzelpersonen und Vereinigungen, erweiterte Verhandlungssysteme und neue Bündnisse, heterogene Expertengruppen, communities of practice
Netzwerke	Heterogene interaktive Netzwerke, Experimentelle Regime institutionellen Lernens
Staatliche Instrumente	Energieeinspeisegesetz, indirekte Subventionierung von EE-Installationen durch Stromkunden, verbilligte Kredite für Kauf von EE-Installationen durch Private
Regulierungsebene	Bedeutungszuwachs von dezentralen Ebenen (Kommunen, Regionen, Länder)
Technische Charakteristika	Kleine bis mittelgroße dezentrale Einheiten, flexibel aufbau- und erweiterbar

Raum; c) eine Ausdifferenzierung des strategischen Handlungsfeldes und d) eine strukturelle Transformation des strategischen Handlungsfeldes. Die Entwicklung der EE entspricht zunächst dem Modell der Ausdifferenzierung. Für die EE entwickelte sich eine neue institutionelle Ebene, die weitgehend unabhängig von den Strukturen der traditionellen Elektrizitätsversorgung funktionierte (vgl. Tab. 2).

Mittlerweile befinden sich die EE allerdings nicht mehr in einer Nische. Ihr Anteil an der Elektrizitätsversorgung wächst kontinuierlich und übt damit einen erheblichen Veränderungsdruck auf das etablierte System aus, der noch einmal durch die Energiewende-Entscheidung der Bundesregierung verstärkt wurde (vgl. Abb. 3). Der dezentral generierte Strom muss von den Elektrizitätsversorgern übernommen und mit Priorität verteilt werden. Das heißt bei nur gering steigendem Gesamtverbrauch verringert sich der Anteil an fossil-atomar produzierter Elektrizität, der von den etablierten Energieversorgern zur Verfügung gestellt werden kann, kontinuierlich.

Das heißt auch, dass die Strategie des „institutional layering" (Thelen 2004) an ihr Ende gekommen ist. Die EE können nicht mehr einfach in ihrer eigenen Welt neben den etablierten Technologien der Elektrizitätserzeugung weiterwachsen. Gerade bei einem stagnierenden oder – wie gehofft – sogar sinkendem Primärenergieverbrauch, haben wir es mit Merkmalen eines Nullsummenspiels zu tun. Energie und die Grundstrukturen des Systems der Stromversorgung und -verteilung müssen thematisiert werden.

Gründe für die ökonomische Betätigung auf diesem Markt durch neue Akteure lagen in den 1990er-Jahren primär in ökologischen Motivationen (gegen Atomkraft, für Klimaschutz), aber auch in Anliegen, die sich gegen den Staat, Großkonzerne und für mehr bürger- und ortsnahe Marktmodelle engagierten. Nach der Etablierung eines neuen Regulierungsrahmens für EE (1998/2000) spielten verschiedene Typen von ökonomischen Motiven (z. B. lokale bzw. regionale Wertschöpfung, ökonomische Revitalisierung von Gemeinden, Energieexport etc.) eine wichtigere Rolle für den Markteintritt von Akteuren. Mittlerweile wurde der Regulierungsrahmen für EE-Märkte so verändert, dass von den Akteuren spezifische Formen von Koordinationshandeln verlangt werden (Teilnahme an Auktionen, Ausschreibungen, längerfristige Planungen, Netzmanagementverpflichtungen), um am Markt teilnehmen zu können, die die ursprünglichen ökologischen und partizipatorischen Intentionen der Beteiligten in den Hintergrund drängen.

4   Phase I: Erste Mobilisierung der Herausforderer und die Formierung der „Incumbents"

In der wissenschaftlichen wie der politischen Diskussion wird die Energiewende in Deutschland oft mit der im Jahr 2011 gefällten Entscheidung der Bundesregierung zum Ausstieg aus der Kernenergie verknüpft. Entsprechend wird auch die Erwartung formuliert, dass es einen Masterplan und detaillierte Vorgaben für die Veränderung des Energiesystems geben müsse. Auch die bislang erfolgreiche Geschichte des zunehmenden Anteils der EE an der Stromerzeugung wird oft als das Ergebnis (guter) politischer Entscheidungen (z. B. Erneuerbare-Energien-Gesetz) interpretiert, die insbesondere auf der Ebene des Bundes gefällt wurden. Dies übersieht aber zweierlei. Zum einen hat die Geschichte der Energiewende ihre Wurzeln bereits in den 1980er-Jahren und in den Diskussionen von gesellschaftlichen Gruppen, die nach Alternativen zur Kernenergie suchten und noch wenig Möglichkeiten direkter politischer Einflussnahme hatten. Zum anderen fanden Experimente mit EE zunächst dezentral und auf lokaler Ebene statt. Es waren Experimente, die sich erheblichen Widerständen vonseiten der etablierten Politik und Energieversorger gegenübersahen. Mit anderen Worten: Die Energiewende wurde zunächst wesentlich von Akteuren auf lokaler und dezentraler Ebene vorangetrieben, die keinem Masterplan folgten, sondern spezifische ortsnahe Formen der Organisation, Mobilisierung und der Umsetzung von technologischen Pfaden wählten, um Veränderungen auf den Energiemärkten herbeizuführen.

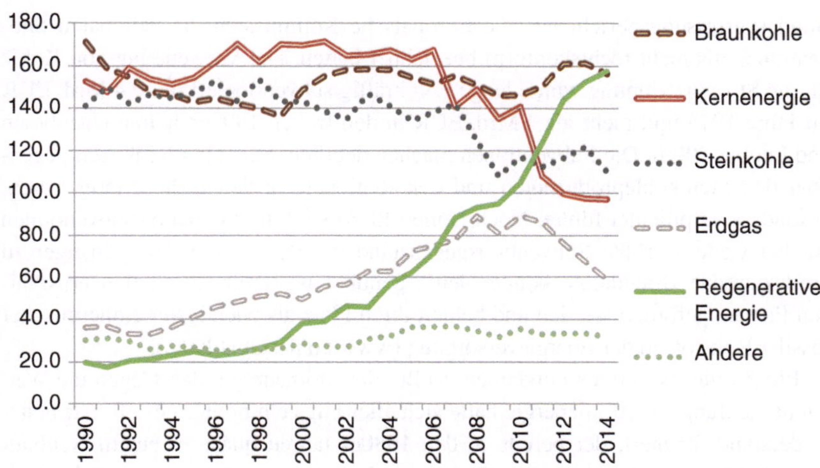

Abb. 1 Elektrizitätsproduktion in Deutschland in Mrd. kWh nach Energieträgern. (Quelle: AG Energiebilanzen e. V. 2015. Auswertungstabellen. http://www.ag-energiebilanzen. de/#20150.803_brd_stromerzeugung1990-2014. Zugegriffen: 19.11.2015)

4.1 Strommärkte und regionale Versorgungsmonopole

Historisch betrachtet galt in Deutschland der Strommarkt als ein natürliches Monopol. Neun vertikal integrierte Energieversorger stellten Strom in klar voneinander abgegrenzten geografischen Räumen zur Verfügung. Die Energieversorger standen unter direkter staatlicher Aufsicht (vgl. Bontrup und Marquardt 2011). Die neun Energieversorger waren gewissermaßen das Rückgrat eines Systems in dem sich weiterhin 80 regionale Stromversorger und ca. 900 städtische Versorger tummelten. Einige der regionalen Stromversorger hatten auch eigene Erzeugungseinheiten, die meisten städtischen Versorger jedoch nicht. Die Elektrizitätsgewinnung in den 1990er-Jahren basierte im Wesentlichen auf fossilen Brennstoffen und Atomenergie sowie einem kleinen Anteil Wasserkraft (vgl. Abb. 1).

Wichtigster Rohstoff für die Generierung von Strom war die Kohle, Steinkohle wie Braunkohle. Die deutsche Steinkohleproduktion wurde als ein Gut von nationalem strategischem Wert betrachtet und bekam seit den 1960er-Jahren Subventionen, da sie sich gegenüber der billiger zu importierendem Kohle als nicht wettbewerbsfähig erwies. Trotzdem sank die Zahl der Kohleminen zwischen 1960 und 1990 von 146 auf 39. Im Jahre 2000 arbeiteten noch 12 und bis 2018 soll die Kohleproduktion gänzlich eingestellt werden, nachdem sowohl das

Bundesverfassungsgericht wie die Europäische Kommission die nationalen Subventionen als nicht rechtskonform bezeichnet hatten. Die Verwendung von Kohle für die Stromgewinnung wurde lange Zeit kräftig subventioniert mit 0,4 Mrd. EUR im Jahre 1975 und mehr als 4 Mrd. EUR in den frühen 1990er-Jahren (Jacobssen und Lauber 2006). Die Subventionen machen deutlich, dass die Politik sich gegenüber den Steinkohleproduzenten und den Regionen, in denen diese tätig waren, besonders verpflichtet fühlte. Noch heute (2015) sind die Steinkohlesubventionen der bei weitem größte Subventionsgegenstand in Deutschland. Die günstiger zu produzierende Braunkohle konnte demgegenüber weiterhin zu wettbewerbsfähigen Preisen gefördert werden und behielt ihren Platz als wichtigster einheimischer fossiler Rohstoff in der Energieversorgung (www.kohlestatistik.de.).

Ein zweites wichtiges Fundament stellte die Atomenergie dar. Gegen die Weiterentwicklung der Atomenergie hatte sich allerdings ein breiter gesellschaftlicher Widerstand formiert, der bereits in den 1980er-Jahren quasi zu einem Neubaustopp für Kraftwerke führte. Das Tschernobylunglück verstärkte die negative Einstellung der Bevölkerung gegen die Atomkraft und nicht nur die neu gegründete Partei Die Grünen, sondern auch die SPD begann sich zu einem Ausstieg aus der Atomenergie zu bekennen. Dies hatte jedoch zunächst wenig Einfluss auf die Politik der regierenden konservativ-liberalen Koalition und die großen Energieversorger, die weiterhin fest zur Atomkraft standen.

In dieser Periode zeigten die Marktakteure nur wenig Interesse an EE, die nur geringe Mengen an Elektrizität produzieren konnten und nicht in das Geschäftsmodell passten, das auf großtechnische Lösungen beruhte. Zudem gab es grundsätzliche Vorbehalte bei den Energieversorgern wie in der Politik gegenüber der Leistungsfähigkeit der EE. Pilotprojekte und kleinere Unterstützungsprogramme wurden als Zugeständnisse an die Forderungen einer uneinsichtigen Zivilgesellschaft interpretiert, sollten aber im positiven Sinne dazu dienen, die Ungeeignetheit von Wind und insbesondere Sonne für die Stromerzeugung zu demonstrieren. Als 1990 ein erstes Einspeisegesetz für EE erlassen wurde, wiesen die Energieversorger nicht nur sofort auf die mangelnde Effektivität und die Gefahren für die Netzstabilität hin, sondern gingen auch vor Gerichte (bis hin zum Europäischen Gerichtshof), um die Förderung der EE zu untersagen (Tacke 2004). Parallel dazu entwickelten die Interessenverbände der Industrie Werbekampagnen und Lobbyingstrategien, die darauf zielten, nachzuweisen, dass die EE unzuverlässig und zu teuer seien (Tacke 2004). Die Kampagnen stießen zwar auf wenig Resonanz in der Öffentlichkeit, aber die Regierung spielte mit dem Gedanken, die Regulierungen des ersten Einspeisegesetzes zuungunsten der EE-Akteure zu verschlechtern. Dieses Vorhaben scheiterte zwar (Jacobsson und Lauber 2006), aber eine zukunftsweisende Regulierung, die die Unsicherheit der Akteure über die weitere Entwicklung auf dem Markt verringert hätte, wurde auch nicht etabliert. Das führte zu einem partiellen Exodus von Marktteilnehmern, die die Situation in Deutschland für zu unkalkulierbar hielten und entweder aufgaben oder auf Märkte im Ausland setzten.

4.2   Nischenmärkte für erneuerbare Energien

Vor 1990 nutzten die Energieversorger ihre Monopolposition aus, um unabhängigen Stromproduzenten den Zugang zum Stromnetz zu verwehren (Neukirch 2010). Obwohl EE bis dahin keinen relevanten Anteil am Strommarkt hatten, wurden sie von der Bevölkerung sehr positiv eingeschätzt. Das hatte mehrere Gründe: das allgemein große öffentliche Interesse an Energiefragen seit der Ölkrise, die bereits angesprochene starke Anti-Atomkraft Bewegung und negative Bewertungen der Atomkraft insgesamt und schließlich die Idee, dass EE einen sauberen Weg der Energiegewinnung darstellen könnten (Mautz et al. 2008). Obwohl die konservativ-liberale Regierung kaum Interesse an EE hatte, sah sie sich doch angesichts des öffentlichen Drucks veranlasst, einige kleinere Unterstützungsprogramme für Windräder und Photovoltaik (PV) aufzulegen. Unter den ersten Betreibern von Windrädern waren insbesondere Bauern, umweltorientierte Bürger und kleinere Energieversorger. Mit PV experimentierten Hausbesitzer, die ebenso ökologisch orientiert waren und insbesondere gute Verbindungen zu einschlägigen Forschungseinrichtungen und Umweltverbänden aufwiesen. Eine größere Verbreitung scheiterte jedoch an den unklaren regulatorischen Rahmenbedingungen für die Netzeinspeisung und die damals noch sehr hohen Kosten für die Installationen. Ohne politische Unterstützung für den Aufbau eines neuen Marktes, der es erlauben würde, eine kritische Masse von Installationen zu bauen, ging es nicht. Das war die einhellige Einschätzung von Verbänden und Interessensgruppen, die sich mit dieser Frage beschäftigten (Byzio et al. 2002). Die Opposition im deutschen Bundestag nahm diese Anregungen auf und versuchte mehrfach in der zweiten Hälfte der 1980er-Jahre Gesetzesinitiativen auf den Weg zu bringen. Diese Initiativen scheiterten insbesondere am entschiedenen Widerstand des Wirtschaftsministeriums, das für Energiefragen zuständig war (Jacobsson und Lauber 2006). Im Jahre 1990 gelang es jedoch durch neuerliche Lobbying-Arbeit und die Bildung einer breiten Unterstützerkoalition, die über die grünen Interessen hinausging (und z. B. den VDMA einschloss), ein erstes Stromeinspeisegesetz für EE zu verabschieden. Der Widerstand der Regierung und der Energieversorger war verhalten. Dies ist nicht nur auf die vermutete geringe Bedeutung des Gesetzes zurückzuführen und die Erwartung, dass wie angesprochen, Versuchsinstallationen eher zeigen würden, dass EE keine realistische Alternativen darstellen, sondern auch deswegen, weil Regierung und Energieversorger mit der Erschließung der Märkte in den neuen Bundesländern beschäftigt waren. Dort ergaben sich unerwartete Wachstumsmöglichkeiten, da die Energieversorgung in den neuen Bundesländern nach dem Schema der alten Bundesländer umgebaut werden sollte. Die Regierung sah das Gesetz auch als eine Möglichkeit an, kurz vor den anstehenden Bundestagswahlen ihr Image aufzupolieren. Die etablierten Energieversorger gingen davon aus, dass nur eine zu vernachlässigende Menge an Strom in das Netz eingespeist werden würde (Jacobsson und Lauber 2006). Noch im Jahre 1994 verkündete die damalige Umweltministerin Angela Merkel, dass EE niemals einen höheren Beitrag als 4 % für die nationale Stromversorgung liefern könnten (Lauber und Jacobsson 2013).

Die etablierten Akteure irrten sich aber. Das erste Einspeisegesetz wurde von den interessierten Akteuren als eine Chance betrachtet, die Vorstellungen über eine Transformation des Strommarktes in die Realität umzusetzen. Das Gesetz sah vor, dass Anlagen, die EE zur Stromgewinnung benutzen, an das Netz angeschlossen werden können und setzte auch einen Preis für den eingespeisten Strom fest. Das Gesetz sah auch vor, dass die etablierten Monopolanbieter nicht direkt von den finanziellen Unterstützungen für EE profitieren konnten.

Für die Anbieter von Windstrom war der festgelegte Einspeisungstarif zunächst hoch genug, um ökonomisch profitabel Anlagen zu betreiben (Byzio et al. 2002). Dies trug dazu bei, dass die Windenergie in den folgenden Jahren auf einem niederen Niveau kontinuierlich ausgebaut wurde. Viele der kleinen nun entstehenden Windkraftanlagen wurden von Gruppen von Bürgern betrieben, viele von ihnen kamen aus der Anti-AKW Bewegung. Sie waren davon überzeugt, dass es nicht ausreicht nur gegen Atomkraft zu sein, sondern es auch notwendig sei, eine realistische Alternative zu entwickeln (Byzio et al. 2002). Mitte der 1990er-Jahre bekam die Windkraftentwicklung einen zusätzlichen Push durch die Erfolge der deutschen Turbinenbauer, z. B. Enercon, Husumer Schiffswerft, Tacke (Neukirch 2010). Die mit wirtschaftsstrukturellen Problemen kämpfenden Regionen im Norden Deutschlands interessierten sich nun aus industriepolitischen Gründen für diese Technologie.

Die Situation für die PV war schwieriger. Die vom Gesetzgeber vorgegebenen, zu niedrigen Einspeisetarife, erlaubten keine ökonomisch sinnvolle Anwendung. Trotzdem wurden die bereit gestellten Fördergelder für Photovoltaik-Installationen schnell überzeichnet und trotz der Unrentabilität der Stromgewinnung entstanden vielerorts Pilotanlagen. Das 1000 Dächer Programm half dabei mit, 5,3 MW an Anlagenkapazität zu installieren, wurde aber 1993 wieder beendet (Jacobsson und Lauber 2006). Große Solarproduzenten wie Siemens verließen Deutschland Mitte der 1990er-Jahre und andere Firmen drohten damit, es ihnen gleich zu tun. In dieser für die Entwicklung der PV kritischen Zeit, versuchten insbesondere NGOs wie Greenpeace zu zeigen, dass sich PV, sinnvoll gefördert, tatsächlich ökonomisch profitabel in Deutschland herstellen und installieren ließe. Die Hoffnung war, dass wie bei der Windenergie der Verweis auf Kompetenzen im industriellen Bereich eine Erleichterung beim Aufbau eines Marktes für PV bedeuten könnte (Fuchs und Wassermann 2008).

Der Biogas-Markt entwickelte sich noch einmal anders. Auch für Biogas war der vorgesehene Einspeisetarif zu niedrig, um zu einer realistischen Alternative für ökologisch motivierte Interessenten zu werden. Hier waren es ökologisch motivierte Bauern wie die „Bundschuh-Biogasgruppe", die ihre eigenen Anlagen bauten, um Energie zu produzieren (vgl. Abb. 2).

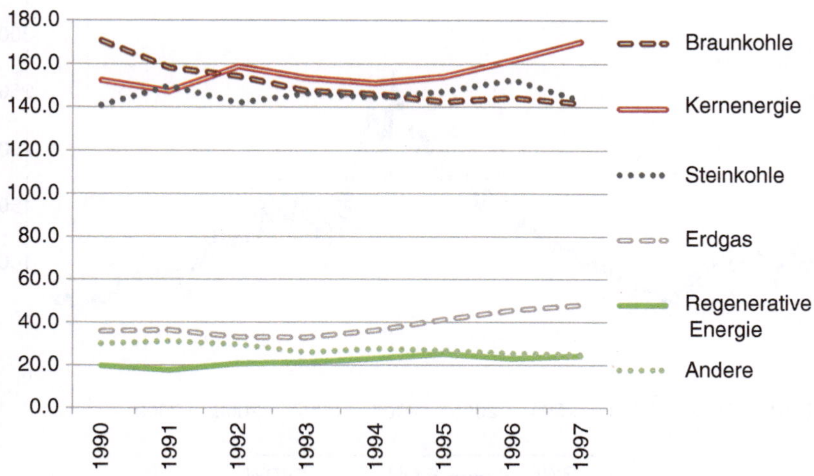

Abb. 2 Stromproduktion in Deutschland in Mrd. kWh (1990–1997) nach Energieträger. (Quelle: AG Energiebilanzen e. V. 2015. Auswertungstabellen. http://www.ag-energiebilanzen.de/#20150.803_brd_stromerzeugung1990-1997. Zugegriffen: 19.11.2015)

5 Phase II: Dynamisches Wachstum, schnelle Expansion und Differenzierung der Märkte

5.1 Liberalisierung der Energiemärkte

Das Jahr 1998 läutete die Liberalisierung des deutschen Energiemarktes ein. Dies bedeutete, dass die Monopolsituation für die Energieversorger aufgehoben wurde und sie mittelfristig ihr Netzgeschäft von dem Verteilgeschäft trennen mussten. Für die Übertragungsnetze wurden vier Lizenzen an Unternehmen(skonsortien) vergeben, die jeweils für ein abgegrenztes Versorgungsgebiet die Netze verwalten und ausbauen sollten. Auf der Verteilebene bildeten sich mit politischer Unterstützung vier große Energieversorger heraus (EnBW, EON, RWE, Vattenfall), die die meisten der kleinen Energieversorger aufkauften. 2004 waren die „großen Vier" bereits für 90 % des in Deutschland generierten Stroms verantwortlich (Bundesnetzagentur 2007). In Fällen, in denen Konkurrenten nicht aufgekauft werden konnten, versuchten die Versorger über Beteiligungen ihren Einfluss auszudehnen (Bontrup und Marquardt 2011). Nachdem der deutsche Markt unter den „großen Vier" quasi aufgeteilt war, wendeten sie sich in ihren Wachstumsbemühungen auf der internationalen Ebene zu. Das anhaltende Wachstum trug dazu bei, dass der Wert der Firmen an den Börsen bis 2006 kontinuierlich anstieg (vgl. Abb. 3).

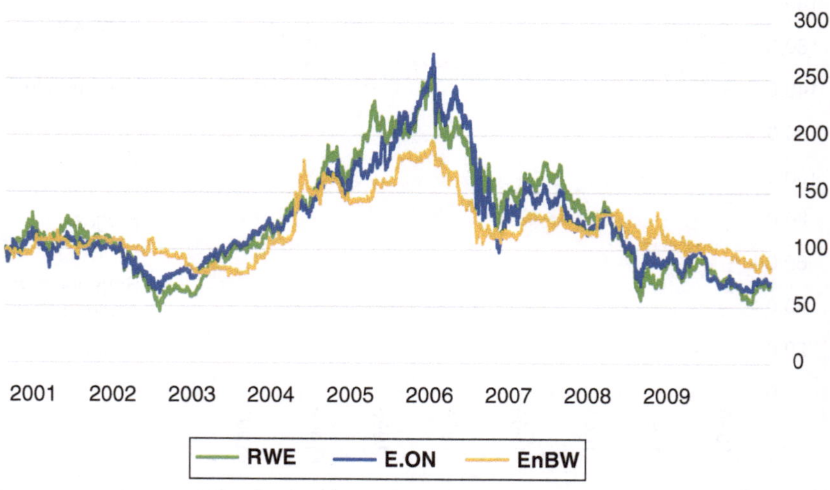

Abb. 3 Aktiennotierungen der Energieversorger RWE, E.ON und EnBW. (Quelle: Finanzen.net 2015. Börsenspiel. Aktienkurse der Energieversorger. http://www.finanzen.net/aktienkurse. Zugegriffen: 12.11.2015)

Die dem Wachstum zugrunde liegenden Geschäftsmodelle konzentrierten sich weiterhin auf die Nutzung großer Kohle- und Gaskraftwerke sowie den Weiterbetrieb der alten Atomkraftwerke. Investitionen in EE in Deutschland stellten für die „großen Vier" keine realistische Option dar (Pahle 2010).

Die Subventionen für Kohle sanken von 44,5 Mrd. im Jahr 2000 auf 25 Mrd. EUR im Jahr 2013 (vgl. 13 Subventionsbericht der Bundesregierung), stellten aber immer noch eine substanzielle staatliche Unterstützung dar. Das 2005 ins Leben gerufene „European Emissions Trading System" wurde von den Kohlekraftwerksbetreibern zunächst als eine potenzielle Bedrohung wahrgenommen, da es zu einer Kostenerhöhung bei der konventionellen Produktion hätte führen können. Die Energieversorger begannen auf den „Carbon Capture & Storage" (CCS) Zug aufzuspringen und investierten in entsprechende Forschung und Pilotprojekte, die von der Bundesregierung unterstützt wurden und für die auch die EU Gelder anvisiert hatte (Fuchs 2015). CCS versprach eine signifikante Senkung der CO_2-Emissionen und gleichzeitig waren Erwartungen an den potenziellen Export der Technologie in kohleabhängige Länder wie China und Indien damit verbunden. Die zunächst insbesondere auf internationaler und EU Ebene vorangetriebene CCS Option fand schnell Eingang in nationale Pläne und Zielvorstellungen (Schreiber et al. 2010).

Die Atomenergie sah sich in der Phase wachsenden Widerständen ausgesetzt. Die 1998 neu formierte rot-grüne Koalition hatte sich einen Atomausstieg auf die Fahnen geschrieben und begann Verhandlungen mit den Energieversorgern, die im Jahre 2000 zum sogenannten Atomkonsens und einem entsprechend angepassten Atomgesetz (2002) führten. Der Atomkompromiss sah vor, dass die Atomenergie sukzessive aus dem deutschen System der Stromgewinnung herausgenommen werden würde. Die Energieversorger stimmten unter großen Vorbehalten zu, gingen aber davon aus, dass eine neue Regierung die Laufzeitbeschränkungen wieder einkassieren würde. Insbesondere nach Bildung der schwarz-gelben Koalition forcierten sowohl die neue Regierung wie die Energieversorger die Vorstellung von Atomkraft als Brückentechnologie. Das heißt, bis realistische Alternativen vorhanden seien, müsse die Atomkraft weiter als legitime Option behandelt werden. Dementsprechend verlängerte die neue Bundesregierung die Laufzeit der Atomkraftwerke wieder.

Parallel dazu wuchs aber der Anteil der EE an der Stromgewinnung sehr schnell von 4,7 % im Jahr 1998 auf 15,9 % im Jahr 2009 (vgl. Abb. 1). Da das EEG die Priorität der Einspeisung von EE nach wie vor verlangte, wurde den Energieversorgern langsam bange vor der wachsenden Konkurrenz. Sie versuchten verstärkt, die EE als nicht marktkonform, zu teuer und Arbeitsplätze gefährdend darzustellen (vgl. Kungl 2014).

Den PR-Strategien der Energieversorger wirkte das steigende Interesse der Öffentlichkeit an Klimafragen entgegen. Lange vor Fukushima wurde dadurch ein Duck aufgebaut, nach Lösungen zu suchen, das Stromgewinnungs- und -verteilungssystem klimaneutral umzubauen.

5.2 Ein Markt für Erneuerbare Energien

Im Jahre 2000 veröffentlichte die rot-grüne Bundesregierung ein Klimaschutzprogramm, das u. a. vorsah, dass der Anteil der EE am Stromgestehungsmix bis zum Jahre 2010 auf 10 % steigen solle. Bereits zwei Jahre später wurde das Ziel auf 12,5 % angehoben und eine Marke von 60 % für das Jahr 2050 anvisiert (Jacobsson und Lauber 2006). Um diese Ziele zu erreichen, wurde ebenfalls im Jahre 2000 das EEG verabschiedet, das die Netzbetreiber dazu verpflichtete, Strom aus EE-Anlagen mit Priorität einzuspeisen. Es legte neue, angehobene Vergütungen für die eingespeiste Energie für einen Zeitraum von 20 Jahren fest, um dadurch Planungs- und Investitionssicherheit zu ermöglichen und passte die zu bezahlenden Vergütungen an den jeweiligen Entwicklungsstand der Technologien an. Das heißt etwa, dass im Fall der PV Vergütungen angesetzt wurden, die nun einen ökonomisch sinnvollen Betrieb entsprechender Anlagen ermöglichten.

Das EEG knüpfte an Vorläuferlösungen an, mit denen in den 1990er-Jahren auf lokaler Ebene experimentiert worden war (z. B. in Aachen, Freising, Hammelburg). Das EEG war auch das Resultat einer effektiven Koalitionsbildung verschiedener Interessensgruppen und Verbände aus dem Umweltbereich, aber auch der Industrie (z. B. Eurosolar, Förderverein Solarenergie, Greenpeace, PV-Unternehmen und ihre Verbände, weitere Industrieverbände aus dem Metallbereich und Maschinenbau, vgl. Jacobsson und Lauber 2006; Fuchs und Wassermann 2008).

Administrativ wurde die Entwicklung von regulatorischen Lösungen, die den EE-Markt begünstigten auch dadurch vorangetrieben, dass die entsprechenden Kompetenzen 2002 vom Wirtschafts- ins Umweltministerium verlagert wurden.

In der Folgezeit wurde das EEG regelmäßig an sich verändernde Rahmenbedingungen und wechselnde politische Prioritäten angepasst (vgl. Hoppmann et al. 2014). Durch kleinere und größere Veränderungen, insbesondere in den Jahren 2004, 2009, 2012 und 2014, wurde aus einer kleinen und handlichen Marktregulierung ein nur mehr für Experten und Anwälte durchschaubares komplexes Regulierungsinstrument, dessen Ziel am Ende eine Begrenzung des als unkontrollierbar betrachteten Marktwachstums wurde. Über die Jahre hinweg wurden die finanziellen Anreize für den Bau von EE-Installation kleinerer Anbieter signifikant verschlechtert. Die Förderung konzentrierte sich zunehmend auf größere Einheiten (Offshore Windparks, Solar-Farmen an Autobahnen und Konversionsflächen etc.). Gleichzeitig wurde der Vergütungsmechanismus in einer Weise verändert, dass private Haushalte in zunehmendem Maße die Kosten des Ausbaus der EE ebenso wie die Kosten für die Ausnahmeregelungen für industrielle Anwender zu zahlen hatten. Das führte zu einer insbesondere von den Energieversorgern und der Bundesregierung inszenierten Diskussion über die nicht tolerierbare Belastung privater Haushalte durch die EE-Förderung. Trotz der Diskussionen blieb die Unterstützung der EE in der Bevölkerung aber konstant hoch.

Die Expansion des EE-Sektors ging einher mit einer Veränderung von Motivationslagen und den Akteurstypen am Markt. Mautz et al. (2008) sprechen von einer sozialen Öffnung, die das Resultat der wachsenden Zahl neuer Marktakteure und der Schaffung verschiedenster Verbände und Interessengruppen war.

Die etablierten Energieversorger betrachteten die EE nach wie vor als eine irrelevante Größe und spielten daher bei der Marktentwicklung kaum eine Rolle. EE blieben das Anliegen neuer Marktakteure, die insbesondere kleinere Anlangen bauten.

Die Märkte für die verschiedenen EE entwickelten sich aber trotzdem leicht unterschiedlich:

a) Onshore Wind wuchs mehr oder weniger kontinuierlich, wobei die ökonomische Motivation für den Bau von Anlagen eine entscheidende Rolle spielte. Das heißt, Projektierer und Investment-Gesellschaften gewannen an Bedeutung. Die Windmarkt professionalisierte sich, während die Heterogenität der Akteure abnahm (Bruns et al. 2010).

b) Biomasse wurde insbesondere von den städtischen Energieversorgern vorangetrieben (trend:research 2011). Einige der städtischen Energieversorger bildeten in der Folgezeit Allianzen und versuchten Druck gegenüber der marktbeherrschenden Stellung der „großen Vier" aufzubauen (Bontrup und Marquardt 2011).

c) Biogas wuchs nach 2002 langsam und dynamischer ab 2006 (vgl. Abb. 2). Bei Biogas waren es Bauern, die die Marktentwicklung vorantrieben. Die EEG Änderungen von 2004 boten attraktivere Förderbedingungen.

d) PV, die 1999 durch das sogenannte 100.000 Dächer Programm gefördert worden war, wuchs langsam nach 2000 und dynamisch nach 2006. Die für die Expansion relevanten Akteure differierten entsprechend der jeweiligen Marktsegmente. Kleinere Anlagen wurden insbesondere von Einzelpersonen gebaut. Größere Einheiten wurden in dieser Phase verstärkt von Bauern installiert (auf Feldern und Scheunendächern) und ein sich langsam entwickelndes Interesse

Tab. 3 Zwei Logiken lokaler Mobilisierung

	ökologische Logik	ökonomische Logik
Framing	EE als Alternative zur Atomenergie	EE als Möglichkeit zur (Re) Vitalisierung lokaler wirtschaftlicher Aktivitäten
Bezug zu anderen Feldern	Konflikt mit etablierter Politik und Industrie	Kooperation mit etablierter Politik, kalkulierter Konflikt mit Energieversorgern
Dominantes organisatorisches Prinzip	Gemeinnützigkeit	Unternehmen und/oder Markt
Mobilisierung	Freiwilligkeit, engagierte Bürger und Wissenschaftler	Professionalisierte Organisation
Verhalten gegenüber Mitgliedern	Gemeinschaftsorientierung	Dienstleistungsorientierung
Definition von Erfolg	Neue dezentrale Architekturen der Stromgewinnung	Profit, wirtschaftliche Machbarkeit

an Solarfarmen wurde von Projektentwicklern befriedigt (Dewald und Truffer 2011). PV wurde in diesen Jahren zu einer Erfolgsgeschichte, die stark von öffentlicher Unterstützung und Interesse profitierte. Ein wichtiges Element hierbei war der Erfolg der einheimischen PV-Industrie, deren Umsätze von 201 Mio. EUR im Jahre 2000 auf 7 Mrd. EUR in Jahre 2008 anwuchsen. Die Exporte wuchsen entsprechend von 273 Mio. EUR im Jahre 2004 auf ca. 5 Mrd. 2010 (BSW- Solar 2014).

Die nun in großer Zahl startenden Energieinitiativen stellten ökonomische Überlegungen stärker in den Mittelpunkt als ihre Vorgänger (s. Tab. 3). Externe Mobilisierer (wie z. B. Projektierer, überregional agierende Firmen) begannen eine Rolle zu spielen und es lassen sich verschiedene Typen von Initiativen identifizieren. Die Veränderung drückt sich auch in einigen strukturellen Charakteristika der Initiativen aus. Während die früheren Versuche eher in wirtschaftlich prosperierenden Gemeinden stattfanden, gab es nun eine Vielzahl von Initiativen gerade in ökonomisch strukturschwachen Gegenden mit dem Ziel, die lokale Ökonomie zu beflügeln und die Gemeinde durch Ausrichtung auf ein gemeinsames Ziel zu reaktivieren.

Die Rolle von externen Mobilisierern wurde generell wichtiger. Mit voranschreitender Formierung des Feldes „dezentrale Energiegewinnung" ging eine Professionalisierungstendenz einher. Das heißt, spezialisiertes Wissen entstand, das von Beratern, Projektierern und interessierten Firmen in die Fläche getragen wurde und damit zu einer gewissen Vereinheitlichung bei den Planungen der dezentralen Initiativen führte. Zum anderen formulierten potenzielle Geldgeber Erwartungen im Hinblick auf Form und Inhalt von Konzepten dezentraler Energieversorgung, die eine Förderung bekommen sollen. Auch dies trug dazu bei, dass geförderte Initiativen sich in Legitimation und Organisation stärker ähnelten als die frühen Versuche (vgl. auch Fuchs und Hinderer 2014).

6   Phase III: Energiewende als politisches Programm, Incumbents und Herausforderer ratlos

6.1   Energiewende-Entscheidung und der Ausstieg aus der Kernenergie

Nach 2008 veränderten sich sowohl die Rahmenbedingungen für die etablierten Energieversorger wie für die EE-Akteure. Rein zahlenmäßig lässt sich zunächst sehr schön zeigen, dass die Projektionen des EE-Wachstums der Bundesregierung durch die Wirklichkeit eingeholt wurden und damit die EE zu einer zunehmenden Bedrohung für die etablierten Energieversorger wurden. Das EE-Wachstum reduzierte kontinuierlich den Marktanteil der Incumbents und aufgrund regulatorischer Veränderungen wurde der von den Energieversorgern angebotene Strom auf dem Spotmarkt zu teuer. Das war ein nicht-intendierter, aber trotzdem entscheidender Effekt. Zum anderen hatten sich auch die globalen Bedingungen für die Energieversorger gewandelt. Im Zuge der weltweiten Finanzkrise erwiesen sich ihre Auslandsaktivitäten überwiegend als Fehlinvestitionen. In der Folge sank der Aktienkurs der Energieversorger zwischen 2008 und 2013 um 60–70 % (vgl. Abb. 3).

Schließlich wurde der zwischen rot-grüner Regierungskoalition und Energieversorgern ausgehandelte Atomausstiegsbeschluss von der konservativ-liberalen Koalition wieder zurückgenommen. Dies führte zwar zu zunächst starken, erfolglosen öffentlichen Protesten, die aber nach den Fukushima-Unglück (2011) wesentlich dazu beitrugen, dass die Regierung erneut ihren Kurs änderte und nunmehr einen beschleunigten Ausstieg aus der Atomenergie dekretierte. Acht der 17 sich im Betrieb befindlichen Atomkraftwerke mussten sofort abgeschaltet werden, die anderen sollten sukzessive folgen.

Die „Energiewende-Entscheidung" ließ aber zunächst offen, wie der zukünftige Markt für Stromgewinnung aussehen sollte. Die Regierung reagierte auf den Atombeschluss nicht mit einer Verbesserung der Rahmenbedingungen für das Wachstum der EE – eher das Gegenteil passierte. Dies brachte die Regierung in ein erhebliches Dilemma, da das Abschalten der Atomkraftwerke zu einer steigenden Nutzung von Kohle führte und damit zu einem vermehrten CO_2-Ausstoß. Hinzu kam, dass die CCS-Aktivitäten von Bundesregierung und Energieversogern, die Kohlekraftwerke klimaverträglicher machen sollten, praktisch eingestellt wurden, da es aufgrund von Protesten der Bevölkerung und der folgenden Weigerung von Landesregierungen, in für CCS-geeigneten Ländern, Vorhaben zu unterstützen, praktisch zu einem Entwicklungsstopp kam (Pietzner und Schumann 2012). RWE musste einen Antrag auf EU-Unterstützung für Demonstrationsprojekte zurückziehen, da es nicht das Vorhandensein von geeigneten Lagerstätten für das abgeschiedene CO_2 nachweisen konnte. Nach einer enttäuschenden Gesetzesvorlage im Jahre 2012 stellte auch Vattenfall seine CCS-Aktivitäten in Deutschland ein. Die wachsende Nutzung von billiger einheimischer Braunkohle, importierter Steinkohle und das Abschalten hochmoderner, aber teurer Gaskraftwerke führten dazu, dass der CO_2-Ausstoß anwuchs.

Die etablierten Energieversorger reagierten auf die neue Situation mit unterschiedlichen Taktiken. Zunächst beschlossen die „großen Vier" Kostenreduzierungsprogramme, stießen unrentable Geschäftsteile ab und reduzierten Beschäftigung (Kungl 2015). Zweitens versuchten sie neue Geschäftsfelder wie Dienstleistungsangebote und die Produktion mithilfe EE zu entwickeln. Quantitativ gesehen blieb dies aber zunächst relativ bescheiden. Lediglich 6,5 % der deutsche EE-Kapazität wurden von den „großen Vier" zur Verfügung gestellt (trend:research 2011). Drittens wurde eine Reihe von diskursiven Strategien entwickelt, die die Förderung der EE delegitimieren sollten. Dies bezog sich auf die finanzielle Seite, das heißt die Kosten der EE-Förderung und die damit verbundene Steigerung der Kosten für Strom für private Haushalte (Hoppmann et al. 2014). Des Weiteren wurde nach wie vor auf die steigende Volatilität der Stromeinspeisung der Netze verwiesen und das damit verbundene Risiko von Blackouts und sinkender Systemstabilität. Schließlich wurde argumentiert, dass die fluktuierende Stromproduktion durch EE die Marktintegration und damit das normale Funktionieren eines Marktes behindern würde.

Die Strategien zeigten auf politischer Ebene Wirkung. Die FDP führte eine Diskussion um die gänzliche Abschaffung des EEG und konnte zumindest als Erfolg verbuchen, dass die Anpassungen von 2012 zu finanziellen Verschlechterungen für die EE-Interessenten führten, was zu einer erheblicher Verunsicherung bei den Investoren führte (Stegen und Seel 2013). Mit dem Ziel eine „marktorientiertere Regulierung" anzustreben, wurden die Bedingungen 2014 noch einmal verschärft und die Realisierbarkeit vieler geplanter EE-Projekte nachhaltig in

Zweifel gezogen. Dies spiegelte sich insbesondere an den unter den Erwartungen zurückbleibenden PV-Ausbauzahlen wider. Von den EE-Interessenten wurde nicht nur erwartet, dass sie mit niedrigeren Entschädigungen kalkulieren müssen, sondern es wurden auch Erwartungen hinsichtlich Direktvermarktung und Anforderungen an das Netzmanagement formuliert, die die EE-Betreiber erfüllen mussten. Dies stellt insbesondere die kleinen EE-Produzenten vor große Herausforderungen, die bislang für die Dynamik auf dem relevanten Markt verantwortlich waren. Die Energieversorger versuchten zudem die günstige Situation weiter für sich zu instrumentalisieren, in dem sie eine Diskussion um sogenannte Kapazitätsmärkte vorantrieben. Die Diskussion führte zwar bislang zu keiner gesetzlichen Regelung, einige Kraftwerke wurden trotzdem quasi in Zwangsbetrieb übernommen.

Insgesamt veranslasste das unerwartet starke Wachstum der EE-Branche, insbesondere PV, die politischen Akteure wachstumshemmende Maßnahmen einzuleiten und auf die Problemsicht der traditionellen Energieversorger einzugehen. Die Energieversorger versuchen ihre Position zu stärken, indem sie nunmehr auf den komplementären Charakter von EE und konventionellen Energieträgern verweisen. Ein Sinnbild der wieder veränderten Situation ist sicherlich auch, dass 2014 alle Energiekompetenzen in das Wirtschaftsministerium zurückverlagert wurden.

6.2　Frustrierte EE-Märkte

Die voranschreitende Expansion der EE von 14,5 % (2008) auf 26,2 % (2014) am Stromgestehungsmix war begleitet von einer kontinuierlichen Erweiterung des Akteurspektrums. Städtische Energieversorger etwa nutzten das „window of opportunity", um sich eine stärkere und unabhängigere Stellung auf dem Energiemarkt zu verschaffen. Das betrifft nicht nur die bereits existierenden Energieversorger. In den letzten Jahren (2008–2012) wurden mehrere hundert regionale Energieversorger neu gegründet (Berlo und Wagner 2013).

Für die neu gegründeten Energieversorger spielten die ökonomischen Potenziale ebenso eine Rolle wie die Unterstützung der Bevölkerung, die positiv gegenüber den EE eingestellt blieb und eine negative Haltung gegenüber den großen Energieversorgern zeigte. Mehrere Bürgerbegehren zielten auf eine Rekommunalisierung der Energieversorgung und -verteilung, zum Teil nicht nur gegen den Widerstand der Energieversorger, sondern auch den der jeweiligen politischen Mehrheiten (Scheer et al. 2013). Ein Zeichen für die Mobilisierungsbereitschaft war auch die große Zahl von Energiekooperativen, die in diesem Zeitraum gegründet wurden. 2012 wurden 754 Energiekooperativen gezählt, von denen alleine im

Tab. 4 Eigentümerstrukturen bei unterschiedlichen EE in Deutschland. (Quelle: trend:research 2011, In: http://www.kni.de/pages/posts/neue-studie-bdquomarktakteure-erneuerbare-energien-anlagen-in-der-stromerzeugungldquo-32.php, aufgerufen am 19.11.2015)

Eigentümerstrukturen (Anteil in %)

EE-Anlagen	Privat-personen	Land-wirte	Banken und Fonds-gesell-schaften	Projekt-ent-wickler	Stadt-werke	Indus-trie	EnBW, RWE, EON, Vatten-fall	Andere (Con-tracting-Anbie-ter, internat. Ener-giever-sorger)
Wind-kraft	51,1	1,8	15,5	21,3	3,4	2,3	2,1	2,2
Biogas	0,1	71,5	6,2	13,1	3,1	0,1	0,1	5,7
Bio-masse	2,0	0	3,0	6,9	24,3	41,5	9,6	12,7
PV	39,3	21,1	8,1	8,3	2,6	19,2	0,2	1,1

selben Jahr 199 gegründet worden waren (Holstenkamp und Müller 2013). Tab. 4 verdeutlicht die breite Eigentümerbasis der EE-Anlagen in Deutschland.

EE konnten bis 2012 nicht nur von den günstigen Förderbedingungen profitieren, sondern wurde auch von einem nicht zu erwartenden rapiden Preisverfall bei der Hardware unterstützt (PV Module und Windräder) – ein Preisverfall, der schneller voran ging als von der Regierung erwartet und damit ihre Berechnungen regelmäßig konterkarierte.

Die Marktentwicklung in den einzelnen Segmenten stellte sich folgendermaßen dar:

a) Onshore Wind befand sich, unterstützt von einem breiten Set von Akteuren (Energieversorgern, Kooperativen, Investoren), auf einem kontinuierlichen Wachstumspfad.
b) Biogas wuchs ebenso, da die EEG-Tarife eine größere Zahl von Bauern ansprachen und die Bauernverbände zunächst auch noch logistische Unterstützung anboten (Hahn et al. 2014). Die 2012 durchgeführten EEG-Anpassungen (geringere finanzielle Anreize, erhöhte logistische Anforderungen), ebenso wie eine mittlerweile negative Einstellung der Bauernverbände zu Energieaktivitäten, verlangsamten das Wachstum (Fachverband Biogas 2014).

c) Die PV zeigte anfänglich noch ein weit stärker als erwartetes Wachstum (von 6,6 Mrd. kWh im Jahr 2009 auf 30 Mrd. kWh im Jahr 2013), das im Kontext einer positiven öffentlichen Wahrnehmung von PV und EEG-Unterstützung zu verstehen ist und von einer rapiden Produktion der Hardware-Kosten, insbesondere in China, und dem Import von preisgünstigen Modulen profitierte. Zudem hat sich in Deutschland eine PV-Unterstützungsinfrastruktur etabliert, die die Installation und Wartung von Modulen billiger und letztendlich auch die Stromproduktion günstiger macht als in Ländern mit höherer Sonneneinstrahlung. Die billigen chinesischen Importe führten jedoch zu enormen Problemen für die deutschen PV-Hardware-Produzenten. Sowohl auf den Weltmärkten wie auch auf dem heimischen Markt konnten sie immer weniger ihrer Produkte verkaufen, was innerhalb kurzer Zeit zu einem Niedergang der Industrie und einem erheblichen Verlust von Arbeitsplätzen führte. Gleichzeitig ging damit ein Bedeutungsverlust der PV-Unterstützerkoalition einher: die industriellen Akteure verschwanden und Landes- und Regionalpolitiker, die PV aus industriepolitischen Gründen unterstützt hatten, sahen ihre Felle davonschwimmen. Die Bundesregierung verfolgte diese Prozesse mit Wohlgefallen. Sie erteilte nicht nur vielen im In- und Ausland erhobenen Forderungen nach Strafzöllen auf chinesische Produkte eine Absage, sondern sah es auch sonst als unnötig an, der PV-Industrie unterstützend unter die Arme zu greifen. Der für EE zuständige Umweltminister wies darauf hin, dass die Förderung von EE nicht Teil der Hightech-Strategie der Bundesregierung sei. EE-Vertreter beklagten, dass sie keinen Zugang mehr zu den Ministerien hätten. Deren Augenmerk konzentrierte sich auf eine Lösung der Probleme der „großen Vier". Nach 2012 erreichte die Bundesregierung ihr Ziel, das Wachstum der PV so stark zu reduzieren, dass es sogar hinter den niedrig angesetzten offiziellen Erwartungen zurückblieb.

Ein wichtiges Element der Strategie Großakteure und auch die Energieversorger an der Umgestaltung des Energiesystems zu beteiligen, wurde von der Bundesregierung in einem forcierten Ausbau der Offshore Windenergie gesehen. Offshore Windenergie schien aufgrund des großtechnologischen Charakters, der hohen finanziellen Aufwendungen und der langen Planungshorizonte gut in das Geschäftsfeld der etablierten Energieversorger zu passen. Erste Planungen der rot-grünen Koalition wurden 2010 noch einmal stark erweitert, obwohl es sich bei Offshore Wind um die mit Abstand teuerste Form der Stromgewinnung mit EE handelt. Trotzdem konnte die Offshore Windenergie aus verschiedenen Gründen die Erwartungen bislang nicht vollständig erfüllen und die Bundesregierung reduzierte Förderungen und Planungen im Jahre 2015 wieder erheblich (Tab. 5).

Tab. 5 Akteurskonstellationen in den drei Phasen der Entwicklung des deutschen Markts der Stromerzeugung und -verteilung

Incumbents	Challenger
Ab 1990: Phase 1 Mobilisierung und Formierung	
Erste Mobilisierung	Formierung
Erschließung neuer Märkte in den neuen Bundesländern	Windkraft: Wirtschaftlicher Erfolg und Ausbau der deutschen Industrie
Rechtliche Anfechtung des Stromeinspeisegesetzes	PV: Lokale Solarexperimente
Diskreditierung der EE durch Werbekampagnen und Lobbying	Biogas: Experimente ökologisch motivierter Landwirte
Ab 1998: Phase 2 Internationale und nationale Expansionsbemühungen	
Legitimierungsstrategien und Expansionsbestreben	Dynamisches Wachstum
Engagement in CCS-Forschung	Kontinuierliches Wachstum des Anteils der EE am Stromgestehungsmix ab 1998
Investitionen in internationalen Märkten	Lobbying einer Koalition von Interessengruppen
PR-Strategien: Forcierung der Atomkraft als Brückentechnologie und Diskreditierung der EE	Erweiterung des Akteursspektrums durch soziale Öffnung des Markts
	Professionalisierung
Ab 2008: Phase 3 Unsicherheiten trotz der politischen Entscheidung zur „Energiewende"	
Schwierigkeiten und Neuorientierung	Wachstum und Begrenzung
Reduktion des Marktanteils	Kontinuierliches Wachstum des Anteils der erneuerbaren Energien am Stromgestehungsmix
Anstieg des Strompreises	Erweiterung des Akteursspektrums
Scheitern der Auslandsexpansion	Windkraft und PV: Preisverfall von Hardware
Sinken der Aktienkurse	Windkraft: kontinuierliche Zunahme von Onshore Projekten
Abschaltung von AKWs	PV: Ausbremsung des Wachstums
Einstellung der CCS-Forschung	Biogas: Entschleunigung des kontinuierlichen Wachstums

(Fortsetzung)

Tab. 5 (Fortsetzung)

Incumbents	Challenger
Steigerung der Inanspruchnahme von Kohlekraft	
Durchführung von Kostenreduzierungsprogrammen	
Suche nach neuen Geschäftsfeldern, u. a. Investitionen in EE	
Diskursive Strategien zur Delegitimierung von erneuerbaren Energien	

7 Zusammenfassung

Der Beitrag rekonstruierte den Prozess der Entwicklung des deutschen Marktes bzw. der Märkte für Stromerzeugung und -verteilung. Bei den Veränderungen der einschlägigen Märkte ging es darum, wer als legitimer Akteur auf dem Markt agieren kann und darf, welchen (wirtschaftspolitischen) Zielen die Entwicklung der Märkte folgen sollte, welche Güter auf welche Art und Weise legitim gehandelt werden dürfen und welche technische Infrastruktur letztendlich als Rückgrat für die Marktaktivitäten entsteht. Inhaltlich ging es dabei um die Frage, welche Rolle EE im deutschen Strommix spielen sollen und welche Architektur das System der Stromgewinnung und -verteilung erhalten soll (dezentral vs. zentral).

In zugespitzter Form haben wir zwischen „Incumbents" unterschieden, die im Wesentlichen die tradierte Form der Stromgewinnung und -verteilung repräsentieren (fossile Energieträger, Atomkraft, zentrale Architekturen) und Herausforderakteuren, die in allen wichtigen Belangen eine konträre Position vertreten (EE, dezentrale Architekturen). Wir konnten verfolgen, wie sich anfänglich eher marginale und ressourcenschwache Akteure organisierten, um über die Zeit hinweg die etablierten Akteure und Strukturen nachhaltig herauszufordern. „Incumbents" wie Herausforderer nutzten „windows of opportunity", die insbesondere von der Politik auf Druck der Zivilgesellschaft geöffnet wurden. Hierzu zählen die beiden Einspeisegesetze, die Liberalisierung der Märkte, Fukushima. Die Geschichte verdeutlicht auch, dass wir eine emergente und wenig bewusst angeleitete Entwicklung beobachten. Zwar finden Steuerungsversuche statt, die allerdings eine Vielzahl nicht-intendierter Effekte hatten. Insofern kann von einer planvollen Marktkonstruktion kaum die Rede sein.

Aus einer Feldperspektive lässt sich aber klar erkennen, dass wir es bei der Entwicklung des Strommarktes mit einem Beispiel für institutionelle Transformation zu tun haben. Die das Feld dominierenden Akteure haben sich ebenso verändert wie die Erwartungen darüber, wie ein funktionierender Strommarkt aussehen soll und was dort wie gehandelt werden soll. Den Incumbents ist es nicht gelungen, die Entwicklung in einer Art und Weise zu gestalten, die ihre Position im Feld abgesichert hätte. Die etablierten Energieversorger hielten lange an ihrer strategischen Konzentration auf Kernkompetenzen (fossile Kraftwerke, Atomenergie) fest, bis sie durch Veränderungen auf den Weltmärkten (Finanzkrise und abnehmender Bedarf an Strom) und politische Entscheidungen („Energiewende") zu einer Umorientierung gezwungen wurden, auf die sie nicht hinreichend vorbereitet waren.

Aber auch die Herausforderer konnten ihre ursprünglichen Vorstellungen von einem dezentralisierten, basisdemokratischen Energiesystem nur partiell verwirklichen. Zwar waren sie erfolgreich bei der Realisierung des Zieles, EE zu etablieren, die Frage der Architektur des zukünftigen Systems dürfte aber eher gegen ihre Vorstellungen beantwortet werden. Zudem sind die Akteure, die EE in den 1990er-Jahren vorantrieben und unterstützten nicht mehr identisch mit den momentan Aktiven.

Entscheidende regulatorische Rahmenbedingungen für die Entwicklung des Strommarktes wurden von der Bundesregierung formuliert, die diachron wie synchron streckenweise widersprüchliche Ziele verfolgte. Trotz einiger Initiativen waren die 1990er-Jahren insbesondere gekennzeichnet durch die restriktive Haltung des Bundeswirtschaftsministeriums gegenüber einer Förderung der EE. Nach 1998 forcierte das Wirtschaftsministerium die Etablierung eines oligopolistisch strukturierten Energiemarktes, während speziell das Umweltministerium die Förderung EE auf dezentraler Ebene vorantrieb. Mit der Konzentration aller Energiekompetenzen im Wirtschaftsministerium der Großen Koalition steht nunmehr die Etablierung eines neuen Marktrahmens auf dem Programm.

Momentan (2015) ist der Strommarkt dadurch gekennzeichnet, dass ihm eine stabile soziale Struktur fehlt. Die alten Incumbents kämpfen um ihr Überleben. Die ehemaligen Herausforderer haben zwar das Ziel einer Reorientierung des Energiesystems auf EE realisiert, wer aber die weitere Entwicklung prägen wird und wie sich Herausforderer-Incumbent-Relationen dadurch verändern, ist offen.

Literatur

AG Energiebilanzen e.V. (2015a). Auswertungstabellen. http://www.ag-energiebilanzen. de/#20150803_brd_stromerzeugung1990-1997. Zugegriffen: 19. Nov. 2015.

AG Energiebilanzen e.V. (2015b). Strommix. http://www.ag-energiebilanzen. de/#20150803_brd_stromerzeugung1990-2014. Zugegriffen: 12. Nov. 2015.

Beckert, J. (2007). Die soziale Ordnung von Märkten. In J. Beckert, R. Diaz-Bone, & H. Ganßmann (Hrsg.), *Märkte als soziale Strukturen*. Frankfurt a. M.: Campus.

Berlo, K., & Wagner, O. (2013). *Stadtwerke-Neugründungen und Rekommunalisierungen. Energieversorgung in Kommunaler Verantwortung. Bewertung der 10 wichtigsten Ziele und deren Erreichbarkeit*. Wuppertal: Wuppertal Institut für Klima, Umwelt, Energie GmbH.

Bontrup, H. J., & Marquardt, R. M. (2011). *Kritisches Handbuch der Deutschen Elektrizitätswirtschaft*. Berlin: Edition Sigma.

Bruns, E., Ohlhorst, D., Wenzel, B., & Köppel, J. (2010). *Renewable energies in Germany's electricity market: A biography of the innovation process*. Heidelberg: Springer.

BSW-Solar. (2014). Statistische Zahlen der deutschen Solarstrombranche (Photovoltaik). http://www.solarwirtschaft.de/fileadmin/media/pdf/2013_2_BSW_Solar_Faktenblatt_ Photovoltaik.pdf. Zugegriffen: 19. Nov. 2015.

Bundesnetzagentur. (2007). Monitoringbericht 2007 der Bundesnetzagentur für Elektrizität, Gas, Telekommunikation, Post und Eisenbahnen. http://www.bundesnetzagentur.de/SharedDocs/Downloads/DE/Sachgebiete/Energie/Unternehmen_ Institutionen/DatenaustauschUndMonitoring/Monitoring/Monitoringbericht2007. pdf?__blob=publicationFile&v=2. Zugegriffen: 19. Nov. 2015.

Byzio, A., Heine, H., Mautz, R., Rosenbaum, W. (2002). *Zwischen Solidarhandeln und Marktorientierung. Ökologische Innovationen in Selbstorganisierten Projekten – autofreies Wohnen, Car-Sharing und Windenergienutzung*. Göttingen: Soziologisches Forschungsinstitut.

Dewald, U., & Truffer, B. (2011). Market formation in technological innovation systems: Diffusion of photovoltaic applications in Germany. *Industry and Innovation, 18*(3), 285–300.

Fachverband Biogas. (2014). Branchenzahlen. http://www.biogas.org/edcom/webfvb.nsf/id/ DE_Branchenzahlen. Zugegriffen: 19. Nov. 2015.

Finanzen.net. (2015). Börsenspiel. Konkurrenzvergleich. http://www.finanzen.com/. Zugegriffen: 19. Nov. 2015.

Fligstein, N., & McAdam, D. (2011). Toward a general theory of strategic action fields. *Sociological Theory, 29*(1), 1–26.

Fligstein, N., & McAdam, D. (2012). *A theory of fields*. Oxford: Oxford University Press.

Fuchs, G. (2015). Building the agenda for carbon dioxide capture and storage: Limits of EU-activism. In J. Tosun, D. Biesenbender, & K. Schulze (Hrsg.), *Energy policy making in the EU. Building the agenda*. London: Springer.

Fuchs, G., & Hinderer, N. (2014). Situative governance and energy transitions in a spatial context: Case studies from Germany. *Energy, Sustainability and Society, 4*(16), 97–104.

Fuchs, G., & Wassermann, S.(2008). Picking a winner? Innovation in photovoltaics and the political creation of niche markets. *STI Studies 4*(2), 93–113.

Fuchs, G., & Wassermann, S. (2012). From niche to mass markets in high technology: The case of photovoltaics in Germany. In J. M. Bauer, A. Lang, & V. Schneider (Hrsg.), *Innovation policy and governance in high-tech industries* (S. 219–244). Berlin: Springer.

Geels, F. W. (2014). Regime resistance against low-carbon energy transitions: Introducing politics and power in the multi-level perspective. *Theory, Culture & Society, 31*(5), 21–40.

Holstenkamp, L., & Müller, J. R. (2013). Zum Stand von Energiegenossenschaften in Deutschland. Ein statistischer Überblick zum 31.12.2012 (*Arbeitspapierreihe Wirtschaft & Recht Working Paper Series. Business and Law* Nr. 14). Lüneburg: Leuphana University.

Hoppmann, J., Huenteler, J., & Girod, B. (2014). Compulsive policy-making: The evolution of the German feed-in tariff system for photovoltaic power. *Research Policy, 43*(8), 1422–1441.

Jacobsson, S., & Lauber, V. (2006). The politics and policy of energy system transformation– explaining German diffusion of renewable energy technology. *Energy Policy, 34*, 256–276.

King, B. G., & Pearce, N. A. (2010). The contentiousness of markets: Politics, social movements, and institutional change in markets. *Annual Review of Sociology, 36*(1), 249–267.

Kungl, G. (2014). *The incumbent German power companies in a changing environment. A comparison of E.ON, RWE, EnBW and Vattenfall from 1998 to 2013* (Research Contributions to Organizational Sociology and Innovation Studies, SOI Discussion Paper 2014-03). Stuttgart: University of Stuttgart, Institute for Social Sciences, Department of Organizational Sociology and Innovation Studies.

Kungl, G (2015). The Incumbent German Energy Providers and the German Energy Transition. A Comparison of E.ON, RWE, EnBW and Vattenfall (1998-2013). *Energy Research & Social Science*. (July): 13–23.

Lauber, V., & Jacobsson, S. (2013). *The politics and economics of constructing, contesting and restricting socio-political space for renewables: The case of the German renewable energy act.* (Paper presented at a workshop on low carbon innovation politics, S. 26–28). Eindhoven: Eindhoven University.

Mautz, R., Byzio, A., & Rosenbaum, W. (2008). *Auf dem Weg zur Energiewende. Die Entwicklung der Stromproduktion aus erneuerbaren Energien in Deutschland.* Göttingen: Universitätsverlag Göttingen.

Meyer, John W., & Rowan, Brian. (1977). Institutionalized organizations: Formal structure as myth and ceremony. *American Journal of Sociology, 88,* 340–363.

Neukirch, M. (2010). *Die Internationale Pionierphase der Windenergienutzung.* Dissertation, Göttingen.

Padgett, J., & McLean, P. (2006). Organizational invention and elite transformation: The birth of partnership systems in renaissance florence. *American Journal of Sociology, 111,* 1463–1568.

Pahle, M. (2010). Germany's dash for coal: Exploring drivers and factors. *Energy Policy, 38*(7), 3431–3442.

Pietzner, K., & Schumann, D. (Hrsg.). (2012). *Akzeptanzforschung zu CCS in Deutschland. Aktuelle Ergebnisse, Praxisrelevanz, Perspektiven.* München: Oekom.

Scheer, D., Konrad, W., & Scheel, O. (2013). Public evaluation of electricity technologies and future low-carbon portfolios in Germany and the USA. *Energy, Sustainability and Society, 3,* 8.

Schreiber, A., Zapp, P., Markewitz, P., & Vögele, S. (2010). Environmental analysis of a German strategy for carbon capture and storage of coal power plants. *Energy Policy, 38,* 7873–7883.

Stegen, K. S., & Seel, M. (2013). The winds of change: How wind firms assess Germany's energy transition. *Energy Policy, 61,* 1481–1489.

Tacke, F. (2004). *Windenergie: Die Herausforderung: Gestern, Heute, Morgen.* Frankfurt a. M.: VDMA.

Thelen, K. (2003). How institutions evolve. Insights from comparative historical analysis. In J. Mahoney & D. Rueschemeyer (Hrsg.), *Comparative historical analysis in the social science* (S. 208–240). Cambridge: Cambridge UP.

Thelen, K. (2004). *How institutions evolve: The political economy of skills in Germany, Britain, the United States and Japan.* New York: Cambridge University Press.

Thornton, P., Lounsbury, M., & Ocasio, W. (2012). *The institutional logics perspective: A new approach to culture, structure and process.* Oxford: Oxford UP.

Trend:research. (2011). Marktakteure. Erneuerbare Energie Anlagen in der Stromerzeugung 2011.Im Rahmen des Forschungsprojektes: Genossenschaftliche Unterstützungsstrukturen für eine sozialräumliche Energiewirtschaft. http://www.kni.de/pages/posts/neue-studie-bdquomarktakteure-erneuerbare-energien-anlagen-in-der-stromerzeugungldquo-32.php. Zugegriffen: 19. Nov. 2015.

Victor, D. G. (2002). Electric power. In B. Steil, D. G. Victor, & R. R. Nelson (Hrsg.), *Technological innovation and economic performance* (S. 385–415). Princeton: Princeton University Press.

Temporale Paradoxa von Wettbewerb und Nachhaltigkeit: Woran die Energiewende scheitern wird

Andreas Langenohl

1 Einleitung

Energiewirtschaft und -bewirtschaftung werfen derzeit, indem sie mit dem Konzept der Nachhaltigkeit in Verbindung gebracht werden, die Frage der Zukünftigkeit auf.[1] Das Konzept der Nachhaltigkeit wiederum scheint eine gewisse diskursive und politische Nähe zu Wettbewerbsmärkten aufzuweisen, die damit beauftragt werden, „market devices" (Callon et al. 2007) in Umlauf zu bringen, deren Spiel das Ziel der Nachhaltigkeit zu erreichen helfen soll, indem die Kosten-Nutzen-Verhältnisse sich so arrangieren können, dass nachhaltige Energieerzeugung und -nutzung favorisiert werden. Der vorliegende Beitrag thematisiert grundsätzliche Paradoxa der Herstellung von Wettbewerbsmärkten, als strikt gegenwartsorientierten Mechanismen, zum Zwecke der Umsetzung von Politiken der Nachhaltigkeit. Er zielt darauf ab, zeitliche Inkommensurabilitäten aufzuzeigen, die sich zwischen Märkten und Politiken der Nachhaltigkeit ergeben.

Die Forderung nach Nachhaltigkeit wirft sehr grundsätzliche Fragen der marktförmigen, und ökonomisch-theoretischen, Bearbeitbarkeit essenzieller Knappheit auf. Es war stets die Behauptung der liberalen Wirtschaftstheorie, dass die Ökonomik die Wissenschaft der Verteilung von Ressourcen unter Bedingungen ihrer

---

[1]Für wertvolle Kommentare zu einer früheren Fassung dieses Aufsatzes danke ich den Teilnehmenden des Autorenworkshops im Vorfeld der Publikation des vorliegenden Bandes, ganz besonders Patricia Graf und Sebastian Giacovelli.

A. Langenohl (✉)
Gießen, Deutschland
E-Mail: Andreas.Langenohl@sowi.uni-giessen.de

© Springer Fachmedien Wiesbaden 2017
S. Giacovelli (Hrsg.), *Die Energiewende aus wirtschaftssoziologischer Sicht*,
DOI 10.1007/978-3-658-14345-9_3

Knappheit sei (vgl. Homann und Suchanek 2005, S. 51–53). Wie kann sie dies aber sein, wenn der Marktmechanismus selbst Knappheit zuallererst herstellt, und zwar in einer Form, die andere Knappheitsformen ausschließt – etwa *zukünftige* Knappheit?

Der Artikel ist wie folgt aufgebaut. In einem ersten Schritt wird der Zusammenhang zwischen der Forderung nach nachhaltiger Wirtschaftsweise und Wettbewerbsmärkten als Mechanismus, eine solche zu erreichen, am Beispiel der Europäischen Union aufgezeigt (Abschn. 2). In gewisser Weise bringt die europäische Politik damit zwei Aspekte eines Steuerungstypus zusammen, der von Michel Foucault als ‚gouvernemental' bezeichnet wurde, weswegen eine kurze Bezugnahme auf Foucaults Kategorie dabei behilflich sein kann, die Problematik einzuordnen (Abschn. 3). Die folgenden drei Abschn. 4 bis 6 dann beantworten eine Frage, die sich diejenigen, die mit der Kategorie der Gouvernementalität operieren, häufig nicht stellt: nämlich, ob gouvernementale Politiken hinsichtlich ihrer deklarierten Ziele *effektiv* sind, d. h. im hier diskutierten Fall als Stütze nachhaltiger, durch Wettbewerbsmärkte ermöglichter Wirtschaftsweisen dienen können. Aus drei verschiedenen Gründen, die indes alle mit der Zeitlichkeit von Wettbewerbsmärkten zu tun haben, welche sie spezifisch ungeeignet macht, auf Nachhaltigkeit hinzuarbeiten, muss diese Antwort negativ ausfallen. Ein zusammenfassender Abschn. 7 formuliert am Ende einen kurzen Vorschlag, wie angesichts dieser Lage Nachhaltigkeit politisch erreichbar sein könnte, welcher lautet: weniger Markt, mehr Verbote und Kontrollen und eine alternative Institutionalisierung von Normen ökonomischen Handelns.

2 Nachhaltigkeit und Markt: Die Politik der Europäischen Union

Nachhaltigkeit in der Energiewirtschaft als politisches Projekt wird in der Europäischen Union gegenwärtig in doppelter Weise perspektiviert. Zum einen wird das Konzept der Nachhaltigkeit auf das Verhältnis zwischen Gegenwart und Zukunft bezogen – im Falle des Problems der Energiewirtschaft auf Mutmaßungen darüber, welche Folgen gegenwärtige Formen des Wirtschaftens für die Ressourcensituation in der Zukunft haben werden. So definiert die Europäische Kommission ihr Konzept der Nachhaltigkeit, bzw. nachhaltiger wirtschaftlicher Entwicklung, wie folgt:

> Sustainable Development stands for meeting the needs of present generations without jeopardizing the ability of future generations to meet their own needs – in other words, a better quality of life for everyone, now and for generations to come.

> It offers a vision of progress that integrates immediate and longer-term objectives,
> local and global action, and regards social, economic and environmental issues as
> inseparable and interdependent components of human progress.[2]

Die Definition zeigt, dass Temporalität eine zentrale Rolle spielt. Mögliche
Knappheiten in der Zukunft sollen durch Handeln in der Gegenwart vermieden
oder abgemildert werden. Gegenwärtige und langfristige Ziele sollen durch das
Konzept der Nachhaltigkeit zur Deckung gebracht werden können.

Zum anderen gehen die politischen Bemühungen dahin, die Steuerung gegen-
wärtiger, sich auf die Zukunft auswirkender Wirtschaftspraktiken nicht nur durch
direkte politische Intervention, sondern vor allem durch die Setzung von entsprechenden Marktanreizen anzugehen. Beispielsweise identifiziert die Europäische
Kommission (2011) in praktisch allen Unterbelangen nachhaltiger Bewirtschaf-
tung wie Konsum, Produktion und Ressourcennutzung die Notwendigkeit,
Märkte und Preisbildung als zentrale Steuerungsinstrumente zum Anreiz nachhaltigen Wirtschaftshandelns einzusetzen. Damit stehen Politiken nachhaltiger
Energienutzung im Kontext anderer Problematiken der Nutzung der natürlichen
Umwelt. So sollte beispielsweise durch die Bildung eines Marktes für CO_2-
Ausstoßrechte das politische Ziel umgesetzt werden, den Ausstoß zu verringern
(vgl. Knoll 2012, 2014). Es geht also darum, das politisch formulierte Anliegen der Nachhaltigkeit im Umgang mit der natürlichen Umwelt in das Kosten-
„framing" (Callon 1998) von Wirtschaftsakteuren zu implantieren. Die politische
Agenda nachhaltiger Energiewirtschaft besteht somit darin, Märkte so zu gestalten, dass es sich für Unternehmen und Haushalte rechnet, Energiequellen und
andere knappe Ressourcen nachhaltig zu bewirtschaften.

3   Die europäische Nachhaltigkeitspolitik als gouvernementales Projekt

Das europäische Projekt der Herstellung von Nachhaltigkeit durch die Einführung von Marktmechanismen ist nun in gleich zweifacher Hinsicht ein ,gouver-
nementales' Projekt im Sinne Michel Foucaults, d. h. ein Projekt, welches bei
einer spezifischen Form der Selbstführung und Eigendynamik von Subjekten,
Institutionen und Dingen mit dem Ziel der Herstellung gewünschter Zustände
ansetzt. Märkte sollen kraft ihrer quasi natürlichen allokatorischen Eigenschaften
dafür sorgen, dass sich Nachhaltigkeit einstellt, selbst dann, wenn sie von keinem

---

[2]http://ec.europa.eu/environment/eussd/, aufgerufen am 6.7.2015.

wirtschaftlichen Akteur bewusst angestrebt wird. Foucault hatte Gouvernementalität in seinem Spätwerk als dritte Erscheinungsform von Macht gekennzeichnet, indem er sie von den beiden anderen Typen der souveränen Macht (d. h., der Macht der Normensetzung) und der disziplinarischen Macht (d. h. der Macht, Verhalten zu erzwingen) abgrenzte (Foucault 2004a, S. 19, 39 f.). Foucault zufolge ist der gouvernementale Machttypus am ehesten typisch für moderne, kapitalistisch organisierte Gesellschaften, deren Steuerungsmodus weder primär auf Normierung noch auf direktem Zwang, sondern auf der Regulierung von Eigenimpulsen von Einheiten wie menschlichen Handlungsträgern, natürlichen Prozessen und interaktiven Dynamiken (wie etwa Märkten) beruht (ebd., S. 38–39).

In seiner diesbezüglich einschlägigen Vorlesungsreihe, den Studien zur „Geschichte der Gouvernementalität" (Foucault 2004a, b), identifiziert Foucault zwei zentrale Momente gouvernementaler Macht. Erstens rekonstruiert er ein „Sicherheitsdispositiv", welches mittels spezifischer Infrastrukturen drohende zukünftige Gefahren in beherrschbare Kanäle leiten hilft und sich beispielhaft an städtischen Vorkehrungen zur Optimierung von wünschenswerten Zuständen wie „Hygiene", „Binnenhandel" und „Überwachung" (Foucault 2004a, S. 36) beobachten lässt. Ulrich Bröckling (2012) unterscheidet anschließend an Foucaults Argument, dass das Sicherheitsdispositiv in entscheidendem Maße auf die Antizipation möglicher Zustände abzielt (Foucault 2004a, S. 39), unterschiedliche „Dispositive der Vorbeugung", von denen, so der Autor, ein Dispositiv derzeit beherrschend sei:

> Prävention, so meine These, ist die dominante Ratio, unter der zeitgenössische Gesellschaften ihr Verhältnis zur Zukunft verhandeln und organisieren. Gekennzeichnet ist dieses Verhältnis zur Zukunft durch einen aktivistischen Negativismus: Nicht Fortschritt zum Besseren, sondern Vermeidung künftiger Übel bildet die Stoßrichtung vorbeugender Anstrengungen. Prävention will nichts schaffen, sie will verhindern (Bröckling 2012, S. 93 f.).

Zweitens erblickt Foucault eine wesentliche Inkarnation gouvernementaler Macht, dies ist Gegenstand des zweiten Vorlesungszyklus (Foucault 2004b), im „Neoliberalismus", welcher die gouvernementale Logik des Sicherheitsdispositivs – die Eigendynamik natürlicher Prozesse zu nutzen, um gewünschte Ergebnisse zu erreichen – auf den Markt überträgt bzw. im Wettbewerbsmarkt eine quasi-natürliche Kraft am Werk sieht, welche nicht gestört werden darf, sondern vor Einmischungen geschützt werden muss. Dieser Kraft hat man seit dem 20. Jahrhundert zugetraut, zu einem Maßstab der Politik zu werden, weil „die Preise, insofern sie den natürlichen Mechanismen des Marktes entsprechen, bei den Regierungspraktiken die richtigen von den falschen zu unterscheiden" in der Lage zu sein scheinen (ebd., S. 55). Der Wettbewerbsmarkt tritt so ins Zentrum der Politizität: „Die Marktwirtschaft nimmt der Regierung nichts weg. Im Gegenteil zeigt sie an, sie stellt eine allgemeine Anzeige dar, nach der man die Regel ausrichten soll, die alle Handlungen der Regierung bestimmen wird. Man soll für den Markt regieren, anstatt auf Veranlassung des Marktes zu regieren" (ebd., S 174). Eine solche Sichtweise ordnet der Regierung die Aufgabe der „Gesellschaftspolitik" (ebd., S. 207) zu: Beeinflusst werden sollen zwar nicht die Marktprozesse, dafür aber alles andere, um das möglichst ungestörte Funktionieren des Wettbewerbs zu gewährleisten.

Die Politik der EU nun hat, scheint es, Foucaults Aspekte der Gouvernementalität – Sicherheits- als Zukunftsdispositiv und Wettbewerbsmarkt als universelles Mittel gesellschaftspolitischer Autoregulation – kombiniert und sich präskriptiv angeeignet, indem sie die Eigenlogik von Wettbewerbsmärkten zum Einsatz bringen möchte, um drohenden Gefahren in der Zukunft zu begegnen. Energiemärkte sollen ein „Regime der Prävention" (Bröckling 2012) errichten, welches es ermöglicht, Nachhaltigkeit im Sinne der Europäischen Union zu gewährleisten. Das ist ein neoliberaler Ansatz insofern, als dem Markt einerseits eine größtmögliche Effektivität und Effizienz bei der Lösung von Fragen gesellschaftlicher Koordination zugetraut wird (vgl. Hayek 1984 [1948]), andererseits aber dieser Markt nicht nur einfach walten gelassen wird (wie im Laissez-faire-Liberalismus), sondern gehegt und geschützt werden muss (Lemke 1998; Gertenbach 2007).

Damit ist die EU in gewisser Weise der an Foucault anschließenden, sozialwissenschaftlichen Diskussion voraus, denn letztere hat meiner Wahrnehmung nach die beiden gouvernementalen Aspekte der Prävention und des Wettbewerbsmarktes bislang kaum miteinander in Verbindung gebracht.[3] Die Rezeption von Foucaults Thesen zur Gouvernementalität ist in zwei verschiedene Diskussionsstränge eingemündet, welche kaum Kontakt halten: einerseits in die bereits erwähnten Arbeiten zu Präventionsregimen, welche sich an Foucaults ‚Sicherheitsregimen' orientieren; andererseits in die Kritik an Märkten als angeblich effektivsten Mechanismen der Koordination sozialer Handlungen, die Foucault vor allem im zweiten Zyklus seiner Vorlesungen zur Gouvernementalität ausgebreitet hatte. Man mag in diesem Auseinanderstreben den Effekt einer Diskontinuität in Foucaults Werk selbst sehen: Gibt es schon innerhalb seiner beiden Vorlesungsreihen

---

[3]Eine Ausnahme bildet die Studie von Cooper und Walker (2011), die neoliberale Wirtschaftsprogrammatiken genealogisch mit einem spezifischen Zukunftsdenken, für das der Begriff der ‚Resilienz' steht, in Verbindung bringen.

keine rechte Kontinuität zwischen der Rekonstruktion und Kritik von Regimen gesellschaftlicher Sicherheit und der Rekonstruktion und Kritik von Marktregimen, so setzt sich dies offenbar in die akademische Anschlusskommunikation fort.

Dies hat auch dazu geführt, dass sich an Foucault anschließende Studien kaum je für die, wenn man so will, Effektivität gouvernementaler Steuerungsmodi interessieren, sondern zumeist bei einer Diagnose von Präventionsregimen bzw. Marktmechanismen stehen bleiben. Hier soll hingegen diese Frage im Mittelpunkt stehen: Hat die gouvernementale Nachhaltigkeitspolitik der EU überhaupt Aussichten darauf, effektiv zu sein? Und hier sind, wie Studien aus der Innovationsökonomik, die bislang in der Soziologie kaum rezipiert wurden, argumentieren, Zweifel am Platze, denn das Herunterbrechen von Nachhaltigkeitsimperativen auf Geschäftsmodelle, die sich dann an Märkten behaupten müssen, führt nicht allein schon zur Vermeidung umweltschädigenden Handelns (s. Freeman 1992; Cooke 2011; Altenburg und Pegels 2012). Während für Bröckling wie auch andere (vgl. Lemke 1998; Gertenbach 2007) die Bezugnahme auf Foucault ein primäres Forschungsinteresse an Mechanismen, oder eben ‚Regimen‘, sozialer Steuerung und Kontrolle indiziert, hat meine Bezugnahme sowohl auf die Argumente zur Prävention wie auch auf die zur Neoliberalisierung ein anderes Ziel, nämlich zu ergründen, inwieweit Wettbewerbsmärkte zur Umsetzung dessen, was ihnen von der EU zugetraut wird – nämlich die Prävention zukünftiger Knappheiten – überhaupt in der Lage sind. Die Tatsache, dass die nächsten drei Abschnitte jeweils mit „Scheitern" betitelt sind, deutet schon an, dass dies nicht der Fall ist.

4 Scheitern an der Ungewissheit

Die erste Kritik lautet, dass die neoklassische Wirtschaftswissenschaft, die bei der Etablierung von Märkten mit dem Ziel der Vermeidung zukünftiger Knappheit offensichtlich Pate gestanden hat, der Problematik möglicher zukünftiger Knappheit von Energieressourcen und erträglichen Lebensbedingungen denkbar unangemessen ist.

Dem politischen Ansatz der EU, zukünftige Knappheit durch die Etablierung von Märkten zu verhindern, ist die Wahlverwandtschaft zu einem sich an die ökonomische Neoklassik anlehnenden Verständnis von Ökonomie leicht anzusehen. Tatsächlich versteht sich die Ökonomik, zumal in ihrer neoklassischen Gestalt, als Wissenschaft von den Gesetzen der Verteilung knapper Güter (Homann und Suchanek 2005, S. 51–53). Dies steht in Übereinstimmung mit Niklas Luhmanns weiter unten näher zu besprechendem Argument, dass Knappheit nicht

Voraussetzung, sondern Folge wirtschaftlichen Handelns ist, weil ein solches Handeln Knappheit zu einem Punkt wirtschaftlicher Handlungsorientierung macht. Denn auf diese Weise kann sich eine Konzeption von Wirtschaft und Wirtschaftswissenschaft festigen, in der sich eine rekursive Schleife zwischen der Produktion von Knappheit durch wirtschaftliches Handeln und der dieses Handeln wiederum anleitenden handlungsorientierenden Wirkung von Knappheit bildet. Eine gewisse Stabilität von Knappheit erweist sich somit als Voraussetzung der Stabilität von Märkten (Luhmann 1996, S. 29). Damit Märkte entstehen können, müssen die auf ihnen gehandelten Produkte daher zwei Anforderungen erfüllen: sie müssen knapp sein, damit bei ihrem Erwerb Kosten verursacht werden; und es muss zugleich Liquidität der Produkte bestehen, damit diese Kosten in Form von Preisen bezifferbar werden.

Beide Anforderungen können sich jedoch immer nur auf die jeweilige Gegenwart beziehen. So können Güter, die als zukünftig knapp gelten, nur dann höhere Kosten verursachen, wenn sich diese zukünftige Knappheit bereits in der Gegenwart in der Nachfrage niederschlägt. Dies ist jedoch, wie man an zahlreichen Beispielen sehen kann, durchaus nicht der Fall. Am Beispiel des Ölpreises lässt sich zeigen, dass dessen Schwankungen nur in zweiter Linie, wenn überhaupt, mit der wissenschaftlich als erwiesen geltenden Begrenztheit weltweiter Ölvorräte zu tun haben, sondern in erster Linie vom gegenwärtigen Fördervolumen abhängen. Mit anderen Worten: Märkte sind in einem niemals bestimmbaren Maße ignorant gegenüber zukünftigen Knappheiten.

Hierauf hat die Kritik an der Neoklassik – einerlei, ob sie aus der Perspektive der Politischen Ökonomie, der heterodoxen Wirtschaftswissenschaft oder der Wirtschaftssoziologie kam – zahlreiche auch theoretische Hinweise gegeben. So argumentiert Oliver Kessler (2010, 2013) in Anschluss an Knight (1921), dass Märkte die prinzipielle Ungewissheit der Zukunft zwar in ein Register übersetzen, das diese Ungewissheit bearbeitbar macht, indem sie in die Kategorie des Risikos transformiert wird, hierbei jedoch die Tatsache übersehen wird, dass die Szenarien, die die Kategorie des Risikos postulieren muss, selbst hinsichtlich ihrer Tragfähigkeit unproblematisiert bleiben. Friedrich von Hayek, auf den sich Kessler ebenfalls bezieht (Kessler 2007, S. 301), hatte seit den 1940er Jahren argumentiert, dass Märkte nicht zu prognostischen Zwecken eingesetzt werden können, weil sie eine Wissensform verkörpern, die keinem Individuum und keiner Organisation zugänglich ist, indem sie gerade das Ergebnis der Zusammenführung unzähliger individueller Tauschakte darstellt (Hayek 1984 [1948], siehe auch Cooper und Walker 2011). John Maynard Keynes übte heftige Kritik an der Unfähigkeit neoklassischer Modellierungen, jenseits des Modellpostulats von ökonomischem Gleichgewicht konkrete Zukunftsprognosen zu machen (Keynes

1971 [1923], S. 65). Michel Callon (1998) wies schließlich auf die kontingente Natur derjenigen Faktoren hin, die in ökonomische Berechnungen Eingang finden, weil sie immer nur einen Ausschnitt der Umweltkomplexität des Wirtschaftssystems darstellen und daher stets durch ein drohendes „overflowing", d. h. das Auftauchen neuer potenzieller Faktoren an der Systemgrenze, herausgefordert sind.

Diese Kritiken laufen also darauf hinaus, dass die neoklassische Konzeption von Märkten sich nicht als Ausgangspunkt politischer Unterfangen eignet, durch den Einsatz von Märkten bestimmte zukünftige Resultate auf der makrogesellschaftlichen Ebene herbeizuführen. Dem ist nun weiter nachzugehen.

5   Scheitern an der Knappheit

Die Kernproblematik, die den Politiken der Nachhaltigkeit zugrunde liegt, ist die Knappheit natürlicher Ressourcen und erträglicher Umweltzustände. Knappheit hat in soziologischen Konzeptualisierungen wirtschaftlichen Handelns eine große Rolle gespielt. So erscheint bei Parsons Ressourcenknappheit als ein Merkmal der natürlichen Umwelt des Gesellschaftssystems und „the allocation of consumable resources between ultimate consumption and further productive use" als eine Kernfunktion der Wirtschaft (Parsons und Smelser 1956, S. 43), sodass die Ökonomie als dasjenige Subsystem, welches die Interaktion des Gesellschaftssystems mit der natürlichen Umwelt reguliert, Knappheit in Form von Produktion, Allokation und Distribution bearbeitet. Insofern Parsons davon ausgeht, dass moderne Gesellschaften im Regelfall die Ökonomie in Form eines Marktes organisieren, fällt dem Markt – genauer: der Preisbildung – die maßgebliche Regulationsrolle zu. Dies kann man nicht zuletzt in Parsons' und Smelsers (1956, S. 234 f.) Abhandlungen zur Funktion von Finanzmärkten erkennen, die darin bestehe, Risiken, die sich aus den wirtschaftlichen Interaktionen zwischen Gesellschaft und natürlicher Umwelt ergeben, zu poolen und abzufedern, sodass gesellschaftliche Reproduktionsprozesse trotz ihrer ultimativen Abhängigkeit von natürlichen Prozessen in durch letztere verhältnismäßig ungestörter Art und Weise fortgeführt werden können (vgl. Langenohl 2012).

Hiervon unterscheidet sich die konstruktivistische Position Niklas Luhmanns, demzufolge Knappheit nicht Eigenschaft einer Ressource ist, sondern Folge eines gesellschaftlichen Zugriffs auf diese Ressource (vgl. zusammenfassend Giacovelli 2014, S. 60–66). Luhmann geht somit davon aus, dass Knappheit erst als Folge von ökonomischem Handeln entsteht und nicht schon dessen ontologische Voraussetzung ist. Oder anders gesagt: Knappheit wird erst dann gesellschaftlich *codierbar,* wenn ein Zugriff auf Ressourcen erfolgt. Die Codierungen wiederum sind indes an die Sprachen der jeweiligen Subsysteme gebunden. Im Falle von Knappheit als Folge von wirtschaftlichen Prozessen gibt sich Knappheit daher, Luhmann zufolge, in Form von *Preisen* zu erkennen, die sich auf *Märkten* bilden, zumindest in modernen Gesellschaften, in denen das Wirtschaftssystem über das Geldmedium voll ausdifferenziert ist.

Wenn man, mit Luhmann, also davon ausgeht, dass aus der Sicht gesellschaftlicher Prozesse Knappheit nicht den Stellenwert einer ontologischen Rahmenbedingung hat, die die natürliche Umwelt dem Gesellschaftssystem setzt (wie man etwa mit Parsons argumentieren könnte), sondern in erster Linie Folge einer Codierungsleistung darstellt, die wiederum Kommunikationsflüsse und Beobachtungsstandpunkte organisiert, tritt die Frage in den Raum, auf welche Weise Energieknappheit im Rahmen der Politiken der Nachhaltigkeit konstruiert wird. Wendet man sich dieser Frage zu, gelangt man zu einer nur auf den ersten Blick trivialen Beobachtung. Es wird schnell klar, dass das maßgebliche Moment der politischen Knappheitskonstruktion der Nachhaltigkeit in einer *Temporalisierung* besteht, bzw. genauer: einer dynamischen Temporalisierung. Knappheit wird als eine dynamische Rahmenbedingung gesellschaftlicher Prozesse gefasst, die sich in der Zukunft deutlich zuspitzen wird. Dies wird sowohl auf die Knappheit von nicht-regenerierbaren Energieressourcen wie auch auf die Knappheit von erträglichen natürlichen Umweltbedingungen, die durch Energieverbrauch beeinflusst werden, übertragen. Im Zentrum dieser Knappheitskonstruktion steht daher weniger die *gegenwärtige,* sondern die *zukünftige* Knappheit an Energie und erträglichen natürlichen Umweltbedingungen.

Diese Beobachtung hat jedoch, wiederum mit Luhmann interpretiert, eine wesentlich weniger triviale Konsequenz. Denn der Anspruch der Politik der Nachhaltigkeit besteht paradoxerweise darin, eine *zukünftige* Knappheit zum Regulativ *gegenwärtigen* Wirtschaftens zu machen. Paradox ist dieser Anspruch deswegen, weil ja, wie Luhmann argumentiert, Knappheitscodierungen erst in der *Folge* wirtschaftlicher Eingriffe auf den Plan treten. Wenn daher aus Sicht einer Beobachtungstheorie der Gesellschaft der wirtschaftliche Eingriff der Codierung wirtschaftlicher Knappheit konstitutionslogisch vorgelagert ist, kann ein solches Regulativ nur dann überhaupt eine Wirkung entfalten, wenn in das Wirtschaftssystem kommunikative Mechanismen eingebaut werden, welche die Knappheitseffekte *zukünftiger* Eingriffe *vorwegnehmen,* d. h. in die Gegenwart verlagern. Es würde also darum gehen, in die gegenwärtige Preisstruktur, durch welche Knappheit codiert wird, die antizipierten Auswirkungen zukünftigen Wirtschaftens auf die Kosten dieses Wirtschaftens einfließen zu lassen.

Diese Art der Preisbildung ist wesentlich voraussetzungsreicher, als es die politischen Programme, die zukünftiger Knappheit durch die Etablierung von Märkten vorbeugen wollen, realisieren. Insofern sie Wettbewerbsmechanismen zur Steuerung in Anspruch nehmen, bestehen Nachhaltigkeitspolitiken darin, ein Markt-Simulacrum zu erzeugen, das regenerative Energieformen gegenüber nichtregenerativen Formen kostenmäßig bevorteilt, indem entsprechende Preisanreize gesetzt werden. Auf diese Weise wird jedoch Knappheit in einer ebenfalls simulacren Form codiert, d. h. in einer Form, die nicht auf *wirtschaftliche,* sondern auf *politische* Eingriffe zurückgeht.

Daraus folgt, dass die so erzielte Knappheitscodierung extrem irritierbar ist. Das hängt damit zusammen, dass Markt-Simulacren in einer reflexiven Weise heteronom sind. Zwar kann auf solchen Märkten Preisbildung durchaus stattfinden, sie steht aber immer unter dem Vorbehalt politischer, d. h. aus wirtschaftlicher Sicht kontingenter, Setzungen. Damit jedoch wird der für wettbewerbsförmig organisierte Wirtschaftssysteme charakteristische Mechanismus der Komplexitätsreduktion, nämlich die Bearbeitung von Umweltkomplexität durch eine Zahlungskalkulation für wirtschaftliches Handeln, welche durch eine ausschließlich Marktpreis-förmige Selbstbeobachtung ermöglicht wird (Langenohl 2011), außer Kraft gesetzt, ja ins Gegenteil verkehrt: Der Markt erscheint plötzlich als Einbruchstelle von außersystemischer Kontingenz, nicht als Vehikel ihrer Bearbeitung. So wird ununterscheidbar, welche Codierungen von Knappheit auf kontingenter Setzung und welche auf wirtschaftlicher Aktivität beruhen.

Aus dieser Perspektive geht daher auch das Neoliberalismus-kritische Argument, welches auf die gesellschaftliche Kohäsion destabilisierenden Folgen einer Vermarktlichung immer weiterer Sphären gesellschaftlicher und politischer Organisation abhebt, am Kern des Problems der Wettbewerbspolitik der Nachhaltigkeit vorbei. Denn jenes Argument setzt uneingestanden voraus, Märkte *könnten* unter allen Umständen gehegt, gepflegt und geschützt werden. Die Kritik am Neoliberalismus traut dem Markt daher zuweilen zu viel zu. Denn das Beispiel der Codierung zukünftiger Knappheit zeigt, dass es Grenzen einer solchen Produzierbarkeit von Märkten gibt bzw. zuweilen Märkte entstehen, die so irritierbar sind, dass die auf ihnen gebildeten Preise den Teilnehmenden nicht als *Marktpreise* gelten. Der politischen Forderung, dass wirtschaftliches Handeln die ‚wahren' Kosten einzukalkulieren habe, die in seinem Gefolge entstehen, setzen ‚zukunftsorientierte' Energiemärkte daher das vermutlich unüberwindbare Hindernis entgegen, dass die auf ihnen gebildeten Preise gerade aus Marktsicht *nicht* die ‚wahren' Kosten – also diejenigen Kosten, die ökonomisch, d. h. aus Sicht der Marktteilnehmer rekonstruierbar sind – widerspiegeln.

Die Kehrseite dieser Dysfunktionalität von Postulaten zukünftiger Knappheit für in der Gegenwart ablaufende Marktprozesse ist eine ausgesprochene gesellschaftliche Irritierbarkeit dieser Prozesse. Die Energiewende veranschaulicht die grundsätzliche ökonomische Struktur von Märkten und die damit einhergehenden gesellschaftlichen Konflikte deswegen so deutlich, weil hier Märkte *politisch* erzeugt werden sollen und dies in einem *öffentlichen* Prozess geschieht. Die Institutionalisierung nachhaltiger Energiemärkte ist grundsätzlichen Einsprüchen ausgesetzt, die sich daraus ergeben, dass die öffentliche Deutung der institutionalisierten Marktelemente diese anders auffasst als ihre strikt marktwirtschaftliche Konzeptualisierung. Die Institutionalisierung nachhaltiger Energiemärkte setzt Marktmechanismen voraus, deren konstitutive Elemente diskursiv diskreditierbar sind. Die behauptete Nachhaltigkeit kann stets durch das Aufzeigen von kontingenten Marktopportunismen konterkariert und diskreditiert werden, etwa wenn kritisiert wird, dass die Energiewende große Stromproduzenten bevorteilt (wie es Märkte meist zu tun pflegen); die Knappheit der Produkte erscheint artifiziell, beispielsweise dann, wenn kritisiert wird, dass private Energieerzeuger die von ihnen erzeugte Energie nicht in die Netze einspeisen können bzw. hierfür Abgaben zahlen sollen; in Verbindung hiermit wird die Liquidität der Produkte u. U. nicht als notwendiger Marktmechanismus, sondern als Energieüberfluss gedeutet, was in grundsätzlichem Widerspruch zum politischen Postulat der Knappheit von Energie steht.

So erweist sich, dass der Versuch, in Wettbewerbsmärkte eine politisch codierte zukünftige Knappheit von Energieressourcen und erträglichen Umweltbedingungen zu implantieren, Nebenfolgen zeitigt, die dieses Projekt infrage stellen. Zum einen transformieren sich aus Sicht des Wirtschaftssystems Märkte von Instanzen der Selbstbeobachtung wirtschaftlicher Aktivitäten in Einbruchsorte außerwirtschaftlicher Kontingenz. Zum anderen sind aus Sicht der Öffentlichkeit Energiemärkte, an die der Anspruch der Nachhaltigkeit herangetragen wird, gewichtigen Verdachtsmomenten ausgesetzt und durch den Nachweis von Marktopportunismen (die aus Sicht der Wirtschaft vollkommen normal sind) politisch und öffentlich leicht diskreditierbar.

6 Scheitern an Erwartungen

Es ist nicht zu leugnen, dass bestimmte Marktsegmente einen ausgesprochen ausgeprägten Zukunftsindex aufweisen, nämlich die Finanzmärkte (Esposito 2010). Die Frage, wie sich solche Märkte zu einer politischen Programmatik verhalten, welche Märkte zur Prävention bestimmter zukünftiger Zustände einsetzen möchte, liegt daher ebenso auf der Hand wie die Tatsache, dass es zahlreiche strukturelle Verbindungen zwischen Märkten, die Nachhaltigkeit erreichen sollen, und Finanzmärkten gibt. Immerhin soll Nachhaltigkeit durch Märkte gesichert werden, die nach der Logik von Börsen funktionieren (vgl. Knoll 2012, 2014). ‚Nachhaltigkeit' wird zudem zunehmend zu einem Werbeattribut einer bestimmten Klasse von Finanzportfolios (Schraten 2014). Es kommt ferner hinzu, dass Finanzmärkte der gegenwärtigen Wirtschaftstheorie als Wettbewerbsmärkte *strictu sensu* gelten und daher auch solche Wettbewerbsmärkte, die nachhaltiges Wirtschaften ermöglichen sollen, sich der Finanzmarktlogik annähern. Und in allgemeinster Weise mag man eine Parallelität zwischen den Antizipationsmodi von politisch gewünschter Nachhaltigkeit und von Finanzmärkten herstellen, nämlich, dass sich beide durch die Virulenz von Erwartungen auszeichnen.

Es bietet sich daher an, mittels eines soziologischen Begriffs der Erwartung, der geeignet ist, die Strukturmomente der Antizipation definitiver zukünftiger Zustände zu charakterisieren, die *politische* Rationalität der Prävention von zukünftiger Energieknappheit der *ökonomischen* Rationalität der Erwartung bestimmter wirtschaftlicher Ereignisse gegenüberzustellen. An anderer Stelle (Langenohl 2010a, b) habe ich eine solche soziologische Rekonstruktion der Sinnform der Erwartung an Finanzmärkten hergeleitet, die ich im Folgenden zusammenfasse. Die Grundüberlegung besteht darin, dass Erwartungen nicht als anthropologische Universalien, sondern als praxisfeldspezifische Form der Sinngebung und Handlungsorientierung aufgefasst werden sollten. Dabei ist es die Temporalstruktur der Sinnform der Erwartung, die sie mit der Handlungslogik auf Finanzmärkten in Übereinstimmung bringt, weil diese Temporalstruktur eine maximale Passung zu den Handlungs- und Koordinationsproblemen aufweist, die für Finanzmärkte typisch sind:

a. Erwartungen beziehen sich auf die Zukunft, und zwar auf eine vollendete Zukunft, in der ein bestimmtes Ereignis eingetreten sein wird oder nicht. Am deutlichsten lässt sich diese Handlungs- und Koordinationslogik – d. h. dieser spezifische Sinnmodus – an so genannten strukturierten Produkten ablesen, d. h. an Portfolios, deren Komposition ständig wechselt, um zu einem festgesetzten Zeitpunkt einen festgesetzten Börsenwert erreicht zu haben (Lépinay 2007).

b. Erwartungen sind nicht diffus und implizit, sondern konkret und explizit. Es ist möglich anzugeben, woran zu erkennen ist, ob sich eine Erwartung erfüllt haben wird oder nicht. Marktakteure können genau angeben, wie die Szenarien aussehen, in denen sich ihre Erwartungen erfüllt haben werden. Von ihren Hoffnung, Ahnungen oder Befürchtungen können sie das weitaus schwerer sagen.

c. Erwartungen veranlassen Entscheidungen bzw. rahmen umgekehrt auch Inaktivität als Handeln. Es ist angesichts einer Erwartung in ihrer Konkretheit und Explizität sinnhaft nicht möglich, ‚untätig' zu bleiben. Untätigkeit erscheint stattdessen als Handeln, nämlich als Handeln des Unterlassens. Auf Finanzmärkten gilt Untätigkeit als Tätigkeit, nämlich als Entscheidung ‚zu halten'. Dies unterscheidet Erwartungen ein weiteres Mal von Ahnungen, Hoffnungen oder Befürchtungen, die nicht derart strikt auf ‚Handeln' als einzig möglichem Sinngebungsmodus verengt sind, sondern es zum Beispiel auch gestatten zu ‚verharren', d. h. in unspezifischer Weise abzuwarten.

d. Schließlich sind Erwartungen Derivate der für Handlungskoordination fundamentaleren Sinnform der Erwartungserwartung oder Erwartung zweiter Ordnung. Damit stellen sie sich als konzeptuell auf Interaktivität angelegte Sinnform dar, denn eine Erwartung an die Zukunft, insofern diese durch Interaktionen mit Anderen geformt wird, kann sich nur einstellen, wenn in sie Erwartungen bezüglich der Erwartungen der Anderen eingehen. Dies ist auf Finanzmärkten darin sinnfällig, dass Marktakteuren häufig attestiert wird, die Erwartungen Anderer in ihre Kalküle einfließen zu lassen.

Der Grund, dass gerade Erwartungen und ihre sehr spezifische Sinnstruktur wahlverwandt mit den Handlungs- und Koordinationsproblemen an Finanzmärkten sind, liegt letztlich darin begründet, dass Finanzmarktakteuren die Motivationen und Interessen ihrer Mithandelnden in der Regel nicht zugänglich sind, sondern ihnen nur die Effekte deren Handelns in Form von Preisen zu sehen gegeben werden. Marktakteure sehen daher nur, dass gehandelt wurde und mit welchem Effekt. Daher sind das einzige, was sie rekonstruieren können, diejenigen Sinnstrukturen, die ihre Mithandelnden zu Handlungen veranlasst haben mögen – und diese Sinnstrukturen sind eben Erwartungen, weil Erwartungen jedes Tun und Lassen als Handlung und nicht anders denn als Handlung rahmen (Langenohl 2010a, S. 264).

Die Frage ist nun, wie sich diese spezifische Futurität finanzwirtschaftlicher Erwartungen zur Futurität von politischen Zielsetzungen nachhaltigen Wirtschaftens verhält. Beide sind sich, ad a), zunächst darin ähnlich, dass sie grundsätzlich die Orientierung von Handeln auf eine Zukunft hin teilen. In Bezug auf Konkretheit und Explizität der Antizipation der Zukunft, ad b), gibt es jedoch bereits die ersten gewichtigen Unterschiede. Politische Regime der Prävention müssen nämlich nicht notwendigerweise konkrete Szenarien formulieren, um Prävention zu legitimieren. Gerade das Beispiel des Präventionsmodus der Resilienz (vgl. Cooper und Walker 2011) zeigt, dass Prävention auf einer offen eingestandenen Impräzision der Erwartung beruhen kann: Es geht darum, auf ‚alles Mögliche' vorbereitet zu sein, nicht darum, konkrete Zustände zu antizipieren. Daher können politische Antizipationen wesentlich weniger konkret, spezifisch und explizit sein als finanzmarktliche Erwartungen.

Bezüglich des Zusammenhangs zwischen Handlungsorientierung und der Veranlassung von Entscheidungen, ad c), lässt sich auf den ersten Blick eine Konkordanz zwischen finanzmarktlichen Erwartungen und Politiken wirtschaftlicher Nachhaltigkeit erkennen. Gerade die politische Formulierung von umweltbezogenen Zielen wie Klima- oder Ressourcenschutz pocht darauf, dass Entscheidungen bereits in der Gegenwart zu treffen und umzusetzen sind. Jedoch ergibt sich ein relevanter Unterschied zwischen den beiden Modi von Futurität daraus, dass es im Falle wirtschaftlicher Erwartungen unumstritten ist, *wer* diese Entscheidungen umzusetzen hat: nämlich derjenige wirtschaftliche Akteur, der die Erwartung hegt. Im Falle politischer Futurität ist genau dies höchst umstritten, weil hier die Frage der Zuschreibung von Agentschaft und Verantwortung ein maßgeblicher Aspekt des politischen Aushandlungsprozesses ist.

Der gravierendste Unterschied zeigt sich, ad d), in der Frage des Verhältnisses von Erwartungen und Erwartungserwartungen. Während auf Finanzmärkten Erwartungen nur unter Einbeziehung von Vermutungen bezüglich der Erwartungen Anderer gebildet werden können, muss politische Futurität in Bezug auf Energieziele strikt davon absehen, Erwartungen Anderer zum Gegenstand der Erwartungsbildung zu machen, weil sich das Projekt der Energiewende einzig auf Szenarien gründen kann, die als unverhandelbar gelten.[4] Die Einbeziehung der Erwartungen von signifikanten, etwa wirtschaftsnahen, Akteuren in die Formulierung von Präventionszielen käme dagegen einem Einbekennen politischer Korrumpierbarkeit gleich – und genau diese wird in der Öffentlichkeit denn auch häufig angeprangert.

Im Ergebnis zeigt sich zwischen der Finanzwirtschaft – demjenigen Marktsegment, welches aus soziologischer Sicht in konstitutiver Weise Zukunftsbezüge unterhält – und den Politiken der Nachhaltigkeit eine Inkommensurabilität der jeweiligen Zukunftsbezüge, die man auf den folgenden Punkt bringen könnte: Finanzwirtschaftliche Erwartungen sind *viel zu spezifisch,* um politischen Präventionsanliegen dienstbar gemacht werden zu können. Die Probleme, die auftauchen, sobald politische Rahmen Markthandeln bestimmen sollen (etwa bei der Regulation), sind im Vergleich zu den konkret gebildeten Erwartungen von Marktteilnehmenden von geradezu unglaublicher Allgemeinheit. Das zeigt sich indirekt auch daran, dass politische Projekte stets durch Arbitragepraktiken

---

[4]Daher kann man es durchaus als ein Projekt der „securitization" bezeichnen (Wæver 1995).

unterlaufen werden können, etwa bei der so genannten regulatorischen Arbitrage, die darin besteht, dass Marktakteure politischen Regulationsversuchen ausweichen, was zu Turbulenzen in anderen, weniger regulierten Märkten führen kann.

Benjamin Lee und David LiPuma (2002) haben in Bezug auf Derivatenmärkte von einer Kommodifizierung der Zukunft gesprochen: Auf die Zukunft gerichteter Handel versuche, zukünftige Preisdifferenziale schon in der Gegenwart in das Pricing einzubeziehen, wodurch die Zukunft auf ein begrenztes Set von Risikoszenarien reduziert werde. Wenngleich man auch hier den aus der Kritik der Neoklassik bekannten Einwand vorbringen kann, diese Art der Zukunftsbearbeitung trage deren fundamentaler Ungewissheit nicht Rechnung (Kessler 2007), ist doch schlicht zu konstatieren, dass durch solche Praktiken, die auf extrem spezifizierten und ihrerseits durch „collective calculative devices" (Callon und Muniesa 2005, S. 1229; vgl. Wansleben 2013) abgesicherten (Erwartungs-)Erwartungen beruhen, dazu dienen, Geld zu machen. Zukunftshandel, wie er auf Finanzmärkten stattfindet, droht somit beständig damit, politische Zielsetzungen, die ihm gegenüber hoffnungslos vage erscheinen müssen, zu unterlaufen.

7 Nachhaltiges Wirtschaften: Alternativen zu Wettbewerbsmärkten

Das Ergebnis der hiesigen Ausführungen ist für diejenigen, die Hoffnungen in die Einsetzbarkeit von Wettbewerbsmärkten bei der Prävention zukünftiger Knappheit von Ressourcen, Energien und erträglichen Umweltbedingungen legen, ernüchternd. Es wurden drei Gründe identifiziert, aus denen Märkte sich einer solchen Instrumentalität entziehen; und sie haben alle mit Temporalitätsregimen zu tun.

Erstens bezieht sich Markthandeln nicht unmittelbar auf naturgegebene Knappheit, sondern auf eine solche, die Folge seines eigenen Operierens ist. Die Prävention zukünftiger Knappheit ist in diesem Rahmen nicht unterzubringen, weil es diese Knappheit ökonomisch betrachtet noch gar nicht gibt. Sie muss daher politisch gesetzt werden, d. h. durch Interventionen in die Wettbewerbslogik, die dazu führen können, dass Marktteilnehmer Unsicherheiten darüber entwickeln, ob Preise auf ökonomischem oder auf politischem Wege zustande gekommen sind. Damit droht diesen Märkten eine Destabilisierung, sowohl mit Blick auf ihre ökonomische Funktionalität wie hinsichtlich ihrer gesellschaftlichen Legitimität.

Zweitens sind Märkte in Gegenwartsgesellschaften, insofern sie als Wettbewerbsmärkte institutionalisiert sind, ungeeignet, auf bestimmte gesellschaftliche oder gar natürliche Makrozustände in der Zukunft hinzuarbeiten. Das hängt damit zusammen, dass solche Märkte eine Summe individueller Tauschakte repräsentieren (sollen), für die jeder Versuch der Regulation selbst wiederum nur als Tauschakt verarbeitbar ist. Makrogesellschaftliche politische Anliegen werden auf diese Weise sozusagen klein gearbeitet, aber zugleich in ihrem Projektcharakter zerstört.

Drittens weisen Politiken der Nachhaltigkeit und Märkte, selbst und gerade die Zukunftsmärkte, höchst unterschiedliche Explizitätsniveaus der jeweils zugrunde gelegten Erwartungen auf. Politische Agenden sind aus Sicht von Marktteilnehmenden viel zu allgemein, um direkt in die Orientierung wirtschaftlichen Handelns einfließen zu können. Damit hängt zusammen, dass letzteres Handeln dazu tendiert, die politisch gesetzten Zielvorgaben ausschließlich instrumentell zu betrachten und damit zu unterlaufen. Daraus ergeben sich Grenzen der Effektivität von Wettbewerbsmärkten, die durch immer monströsere Aufsichtsbehörden und ständige Gesetzesnovellierungen überwacht werden müssen,[5] mit Blick auf Präventionsregime.

Der Befund des vorliegenden Aufsatzes lautet somit, dass Versuche, Wettbewerbsmärkte für die Prävention von Energieknappheit in der Zukunft zu instrumentalisieren, nach hinten losgehen, denn die Politiken der Prävention werden viel eher von den Märkten instrumentalisiert, um den Kreislauf von Liquidität und Gewinn aufrechterhalten zu können. Im Kern liegt dies daran, dass die jeweils verfolgten Zeitregime inkommensurabel sind. Eine politische Projekt-Zeit, die in ihrer Futurität eher einer Vision als einer Prognose gleicht, trifft auf eine Markt-Zeit, die sich Zukunft – wo sie sich überhaupt um Zukunft bekümmert – nur als Set diskreter Szenarien vorstellen kann. Kritiken neoliberaler Gouvernementalität, wie sie weiter oben diskutiert wurden, sollten also um den Befund ergänzt werden, dass das gemeinsame Auftreten der beiden wesentlichen Aspekte von Gouvernementalität – Präventionslogik und Wettbewerbsmarkt – dazu führt, dass sie einander annullieren und damit Gouvernementalität als maximal ineffektiven Typ des ‚Regierens' zu erkennen geben.

Wie ist dieser Lage politisch zu begegnen? Wenn man, zugegebenermaßen küchensoziologisch, davon ausgeht, dass die drei maßgeblichen Formen der Einflussnahme auf Handeln *stick, carrot* und *sermon* sind (Bemelmans-Videc et al.

---

[5]S. Giacovelli (2011) für entsprechende Ausführungen mit Blick auf die Legitimierung von Strombörsen durch Aufsichtsgremien sowie seinen Beitrag im vorliegenden Band.

1998) – also negative Sanktion, positive Anreizsetzung und Überzeugungsarbeit – dann lässt sich mit einiger Plausibilität sagen, dass durch Überzeugungsarbeit bisher nicht viel erreicht wurde. Es bleiben somit zunächst der Stock und die Karotte. Ersterer – man mag ihn mit Foucaults Disziplinarmacht analogisieren – ist in letzter Zeit, wie es scheint, eher wenig zum Einsatz gekommen, da die Wirtschaftenden ja durch den Mechanismus des Marktes dazu angehalten werden sollen, im eigenen ökonomischen Interesse nachhaltig zu wirtschaften. Ihnen wurde genau diese Karotte hingehalten: aus eigenem Interesse nachhaltig zu wirtschaften. Tatsächlich erzeugen wettbewerbsmäßig organisierte Märkte – und man sieht dies wiederum in Reinform an Finanzmärkten (Abolafia 1996) – diejenigen ökonomischen Handlungsorientierungen und Sinngebungsmuster, die dann als Ausdruck von Eigeninteresse durch rationale *homines oeconomici* gedeutet werden. Geht man indes mit Talcott Parsons davon aus, dass sich Eigeninteresse nur in Responsivität zu gesellschaftlicher Normierung bilden kann und dass „economic behavior […] a phase of institutional behavior" ist (Parsons 1949, S. 53; vgl. Parsons und Smelser 1956, S. 41), wird die Möglichkeit eines institutionalisierten normativen Systems denkbar, welches Eigeninteresse anders definiert als Profitoptimierung auf Wettbewerbsmärkten, sodass zu überlegen wäre, welche Handlungsziele und Normen ein solches System charakterisieren sollten. Eine Überwindung der Gleichsetzung von Eigeninteresse und Profitmaximierung könnte eine, allerdings zu spezifizierende, Möglichkeit sein. Anders gesagt: Foucaults Typus der souveränen Macht der Normierung – oder, anders gesagt, die ‚Predigt' – könnte durch spezifische, dringend näher zu bestimmender Institutionalisierungsweisen – vermutlich ist der Bereich der Sozialisation, etwa Schulcurricula, ein geeigneter Ansatzpunkt – durchaus in Anschlag gebracht werden.

Angesichts des Scheiterns von, mit Foucault, ‚gouvernementalen' Strategien bei der Erzielung von Nachhaltigkeit sollte man es daher vielleicht mit den beiden alternativen Machtmodi versuchen. Die Hinweise an die ‚Regierung' lauten also wie folgt: Abschaffung von gouvernementalen Wettbewerbsmärkten, die dazu dienen sollen, politisch angestrebte Zukünfte zu erzeugen, denn sie sind hierzu vollkommen ungeeignet; Verbote nichtnachhaltiger Wirtschaftsweisen und Überwachung dieser Verbote, d. h. Stärkung des, mit Foucault, ‚disziplinarischen' Modus der Macht; und Institutionalisierung normativer, mit Foucault, ‚souveräner' Sinnstrukturen, welche ökonomisches Handelns und Eigeninteresse anders fassen denn als Profitmaximierung.

Literatur

Abolafia, M. Y. (1996). Markets as cultures. An ethnographic approach. In M. Callon (Hrsg.), *The laws of the markets* (S. 69–85). Oxford: Blackwell.

Altenburg, T., & Pegels, A. (2012). Sustainability-oriented innovation systems – managing the green transformation. *Innovation and Development, 2,* 5–22.

Bemelmans-Videc, M.-L., Rist, R. C., & Vedung, E. (1998). *Carrots, sticks & sermons: Policy instruments and their evaluation.* New Brunswick: Transaction.

Bröckling, U. (2012). Dispositive der Vorbeugung: Gefahrenabwehr, Resilienz, Precaution. In C. Daase, P. Offermann, & V. Rauer (Hrsg.), *Sicherheitskultur. Soziale und politische Praktiken der Gefahrenabwehr* (S. 93–108). Frankfurt a. M.: Campus.

Callon, M. (1998). An essay on framing and overflowing. In M. Callon (Hrsg.), *The laws of the market* (S. 244–269). Oxford: Blackwell.

Callon, M., & Muniesa, F. (2005). Peripheral vision: Economic markets as calculative collective devices. *Organization Studies, 28*(8), 1229–1250.

Callon, M., Millo, Y., & Muniesa, F. (Hrsg.). (2007). *Market devices.* Malden: Blackwell.

Cooke, P. (2011). Transition regions: Regional-national eco-innovation systems and strategies. *Progress in Planning, 76,* 105–146.

Cooper, M., & Walker, J. (2011). Genealogies of resilience: From systems ecology to the political economy of crisis adaptation. *Security Dialogue, 42*(2), 143–160.

Esposito, E. (2010). *Die Zukunft der Futures. Die Zeit des Geldes in Finanzwelt und Gesellschaft.* Heidelberg: Carl-Auer-Systeme.

Europäische Kommission. (2011). Mitteilung der Kommission an das Europäische Parlament, den Europäischen Wirtschafts- und Sozialausschuss und den Ausschuss der Regionen: Fahrplan für ein ressourcenschonendes Europa. Brüssel http://eur-lex.europa.eu/legal-content/EN/TXT/?uri=CELEX:52011DC0571. Zugegriffen: 22. Nov. 2015.

Foucault, M. (2004a). *Sicherheit, Territorium, Bevölkerung. Geschichte der Gouvernementalität I.* Frankfurt a. M.: Suhrkamp.

Foucault, M. (2004b). *Die Geburt der Biopolitik. Geschichte der Gouvernementalität II.* Frankfurt a. M.: Suhrkamp.

Freeman, C. (1992). *The economics of hope. Essays on technical change, economic growth and the environment.* London: Pinter.

Gertenbach, L. (2007). *Die Kultivierung des Marktes. Foucault und die Gouvernementalität des Neoliberalismus.* Berlin: Parodos.

Giacovelli, S. (2011). Legitimacy building for the European energy exchange. *Historical Social Research/Historische Sozialforschung, 36*(3), 202–219.

Giacovelli, S. (2014). *Die Strombörse. Über Form und latent Funktionen des börslichen Stromhandels aus marktsoziologischer Sicht.* Marburg: Metropolis.

Hayek, F. A. von (1984 [1948]). The pretence of knowledge. In C. Nishiyama & K. R. Leube (Hrsg.), *The essence of Hayek* (S. 266–277). Stanford: Hoover Institution Press.

Homann, K., & Suchanek, A. (2005). *Ökonomik. Eine Einführung.* Tübingen: Mohr Siebeck.

Kessler, O. (2007). Ungewissheit, Unsicherheit und Risiko. Temporalität und die Rationalität der Finanzmärkte. In A. Langenohl & K. Schmidt-Beck (Hrsg.), *Die Markt-Zeit der Finanzwirtschaft. Soziale, kulturelle und ökonomische Dimensionen* (S. 293–321). Marburg: Metropolis.

Kessler, O. (2010). Risk. In J. P. Burgess (Hrsg.), *The Routledge handbook of new security studies* (S. 17–26). London: Routledge.

Kessler, O. (2013). Die Krise als System? Die diskursive Konstruktion von „Risiko" und „Unsicherheit". In J. Maeße (Hrsg.), *Ökonomie, Diskurs, Regierung. Interdisziplinäre Perspektiven* (S. 57–76). Wiesbaden: Springer VS.

Keynes, J. M. (1971 [1923]). *A tract on monetary reform. The collected writings of John Maynard Keynes, Bd. IV.* London: Macmillan & St Martin's Press.

Knight, F. H. (1921). *Risk, uncertainty and profit.* Boston: Houghton Mifflin.

Knoll, L. (2012). Wirtschaftliche Rationalitäten. In L. Knoll & A. Engels (Hrsg.), *Wirtschaftliche Rationalität* (S. 47–65). Wiesbaden: Springer.

Knoll, L. (2014). Die Kontinuierung des Emissionshandels. Einöffentlicher Kompromiss und seine Bruchstellen. In A. Langenohl & D. J. Wetzel (Hrsg.), *Finanzmarktpublika. Moralität, Krisen und Teilhabe in der ökonomischen Moderne* (S. 53–73). Wiesbaden: Springer VS.

Langenohl, A. (2010a). Sinnverengung an Finanzmärkten. Zur finanzsoziologischen Produktivität des Erwartungsbegriffs. In H. Pahl & L. Meyer (Hrsg.), *Gesellschaftstheorie der Geldwirtschaft. Soziologische Beiträge* (S. 241–269). Marburg: Metropolis.

Langenohl, A. (2010b). Analyzing expectations sociologically: Elements of a formal sociology of the financial markets. *Economic Sociology: The European Economic Newsletter, 12*(1), 18–27.

Langenohl, A. (2011). Die Ausweitung der Subprime-Krise: Finanzmärkte als Deutungsökonomien. In O. Kessler (Hrsg.), *Die Internationale Politische Ökonomie der Weltfinanzkrise* (S. 75–98). Wiesbaden: VS.

Langenohl, A. (2012). Ein Lob der Finanzwirtschaft. Talcott Parsons' Wirtschaftssoziologie, die „Dialektik der Aufklärung" und die Grenzen normativer Integration. In D. J. Wetzel (Hrsg.), *Perspektiven der Aufklärung. Zwischen Mythos und Realität* (S. 116–131). München: Fink.

Lee, B., & LiPuma, E. (2002). Cultures of circulation: The imaginations of modernity. *Public Culture, 14*(1), 191–213.

Lemke, T. (1998). *Eine Kritik der politischen Vernunft. Foucaults Analyse der modernen Gouvernementalität.* Hamburg: Argument.

Lépinay, V.-A. (2007). Parasitic formulae: The case of capital guarantee products. In M. Callon & Y. Millo (Hrsg.), *Market devices* (S. 261–283). Oxford: Blackwell.

Luhmann, N. (1996). *Die Wirtschaft der Gesellschaft.* Frankfurt a. M.: Suhrkamp.

Parsons, T. (1949 [1935]). The motivation of economic activities. In T. Parsons (Hrsg.) *Essays in sociological theory* (S. 50–68, rev. Aufl.). Glencoe: The Free Press.

Parsons, T., & Smelser, N. J. (1956). *Economy and society: A study in the integration of economic and social theory.* New York: Routledge.

Schraten, J. (2014). Börsenportale im Web zwischen Ökonomisierung des Gesellschaftlichen und Moralisierung der Märkte. In A. Langenohl & D. J. Wetzel (Hrsg.), *Finanzmarktpublika. Moralität, Krisen und Teilhabe in der ökonomischen Moderne* (S. 99–120). Wiesbaden: Springer VS.

Wæver, O. (1995). Securitization and desecuritization. In R. D. Lipschutz (Hrsg.), *On security* (S. 46–86). New York: Columbia University Press.

Wansleben, L. (2013). *Cultures of expertise in global currency markets.* London: Routledge.

Geschichten, die Märkte für erneuerbare Energien verändern: Ein relationaler Analyseansatz

Georg Reischauer

1 Einleitung

RWE Aktiengesellschaft: Vorstand beschließt Bündelung der Geschäftsfelder Erneuerbare Energien, Netze und Vertrieb in einer neuen Tochtergesellschaft und Platzierung von rund 10 % im Wege eines Börsengangs (RWE 2015).

Neue Konzernstrategie: E.ON konzentriert sich auf Erneuerbare Energien, Energienetze und Kundenlösungen und spaltet die Mehrheit an einer neuen, börsennotierten Gesellschaft für konventionelle Erzeugung, globalen Energiehandel und Exploration & Produktion ab (E.ON 2014).

Die Aufspaltung von zwei der vier großen deutschen Energiekonzerne in zwei Teile, wovon sich jeweils ein Teil ausschließlich erneuerbaren Energien widmet, macht deutlich, dass die Energiewende nicht nur die Öffentlichkeit und die Politik bewegt, sondern auch marktdominante Energieversorger. Die Beispiele lenken die Aufmerksamkeit vor allem auf die Frage, wie sich Märkte für erneuerbare Energien vor dem Hintergrund der Energiewende verändern. Der vorliegende konzeptionelle Beitrag schlägt einen relationalen Analyseansatz vor, um dieser Frage im Rahmen von empirischen Forschungen nachzugehen.

Theoretische Grundlage des Analyseansatzes sind die marktsoziologischen Arbeiten von und im Anschluss an Harrison White. Diese in der Folge als ‚relationale Marktsoziologie‘ bezeichnete theoretische Position geht – vereinfacht

G. Reischauer (✉)
Berlin, Deutschland
E-Mail: reischauer@hertie-school.org

© Springer Fachmedien Wiesbaden 2017
S. Giacovelli (Hrsg.), *Die Energiewende aus wirtschaftssoziologischer Sicht*,
DOI 10.1007/978-3-658-14345-9_4

formuliert – davon aus, dass Märkte sozial konstruiert sind und dass sich diese Konstruktion durch die Analyse von Kultur und Netzwerk untersuchen lässt. Das Zusammenspiel von Kultur und Netzwerk verantwortet den endogenen Wandel von Märkten. Die konkrete Triebkraft von Veränderungen sind jedoch nicht die Konsumenten eines Marktes, sondern Produzenten. Konkret sind es Geschichten zwischen Produzenten, die sowohl kontinuierliche als auch konfliktäre Marktveränderungen anstoßen. Durch Geschichten werden sowohl Verbindungen hergestellt – etwa, welcher Konkurrent als ‚ernst zu nehmender‘ Konkurrent betrachtet wird und welcher nicht – als auch (Produzenten) Identitäten gestiftet. Aus diesem Grund lassen sich durch die Analyse von Geschichten eines Marktes auch dessen Veränderungen verstehen.

Dieser Beitrag strebt an, Ausschnitte der relationalen Marktsoziologie in Form eines Analyseansatzes für empirische Untersuchungen von Veränderungen von Märkten für erneuerbare Energien fruchtbar zu machen. Eine auf diesen relationalen Analyseansatz zurückgreifende Untersuchung verfolgt das Ziel, Veränderungen eines Marktes für erneuerbare Energien zu rekonstruieren. Zu diesem Zweck werden Ansatzpunkte und Methoden vorgeschlagen, um derartige empirische Forschungen durchzuführen. Die Vorgehensweisen der empirischen Studien von Sophie Mützel (2007, 2009, 2010a) stellen dabei einen wesentlichen Bezugspunkt dar. Darüber hinaus legt der Analyseansatz besonderes Augenmerk darauf, welche Rolle Konflikte für Veränderungen von Märkten für erneuerbare Energien spielen. Der Nutzen der Anwendung eines relationalen Analyseansatzes besteht in einem besseren Verständnis darüber, wie auf dem ersten Blick alltägliche wirtschaftliche Vorgänge wie Pressemitteilungen, Zeitungsartikel oder Berichte einen komplexen Markt wie den für erneuerbare Energien endogen verändern können.

Als Hintergrundfolie, auf die zur Illustration des Ansatzes wiederholt zurückgegriffen wird, fungiert die Energiewende. Wie gezeigt wird, kann die Energiewende aus der Perspektive der relationalen Marktsoziologie als eine durch Geschichten getragene Veränderung von Verbindungen und Identitäten auf der Produzentenseite von Märkten für erneuerbare Energien präzisiert werden. Die Energiewende fungiert damit als abstrakter Fluchtpunkt von Geschichten, wobei sich dadurch, dass sich Geschichten auf die Energiewende beziehen, sich sowohl Verbindungen als auch Identitäten verändern – mitunter auch von Konflikten begleitet.

Der Beitrag ist wie folgt aufgebaut. Für eine Annäherung an die Arbeiten von White wird zunächst das in der neueren Wirtschaftssoziologie bekannte Konzept der Einbettung mit einem Fokus auf die Einbettungsformen ‚Markt als Kultur‘ und ‚Markt als Netzwerk‘ erörtert. Im Anschluss werden ausgewählte Einsichten der relationalen Marktsoziologie dargestellt, um im Folgekapitel den relationalen Analyseansatz für die Untersuchung der Veränderung von Märkten für erneuerbare Energien zu entwickeln. Der Beitrag endet mit einer Diskussion des Potenzials und der Grenzen des Analyseansatzes.

2 ,Markt *als* Kultur *oder* Netzwerk': Zur Einbettung von Märkten

Untersuchungen von wirtschaftlichen Phänomenen und Handlungen haben unter dem Label ,neue Wirtschaftssoziologie' stark an Relevanz gewonnen (Beamish 2007; Swedberg 1997). Der Markt und dessen Wandel gelten als eines der zentralsten Untersuchungsbereiche der neueren Wirtschaftssoziologie, weshalb zunehmend auch von marktsoziologischen Untersuchungen die Rede ist (Aspers und Beckert 2008; Beckert et al. 2007). Wirtschaftliches Handeln auf Märkten, so Beckert (2009), steht allgemein vor der Bewältigung von drei Koordinationsproblemen. Erstens stellt sich das Problem des Wertes, also wie Akteure die auf dem Markt gehandelten Waren klassifizieren und ihren Wert bestimmen. Zweitens haben Produzenten das Problem des Wettbewerbs zu bewältigen. Drittens besteht das Problem der Kooperation: Akteure mit unterschiedlichen Interessen haben miteinander ein Auskommen zu finden. Wie Wirtschaftsakteure diese Probleme adressieren, ist Gegenstand von marktsoziologischen Untersuchungen. Bei diesen Studien wird häufig von der Grundannahme ausgegangen, dass Märkte soziale Strukturen darstellen. Die Ordnung von und das Verhalten auf Märkten ist somit nicht Ausdruck von abstrakten Angebots- und Nachfragemechanismen, sondern von konkreten sozialen Strukturen (Beckert et al. 2007; Swedberg 1994). Um zu präzisieren, was eine soziale Struktur ist und wie diese wirkt, wird vor allem auf das Konzept der Einbettung *(embeddedness)* zurückgegriffen.

Das durch Granovetter (1985) popularisierte Konzept der Einbettung beschreibt „the contingent nature of economic action with respect to cognition, culture, social structure, and political institutions" (Zukin und DiMaggio 1990, S. 15).[1] Wirtschaftliches Handeln wird demzufolge von der Sozialstruktur, Kognitionen und Kultur – die stark mit Kognitionen verwoben ist und deshalb oftmals als eine Einbettungsform (kulturell-kognitiv) gehandelt wird (Beckert 2009) – sowie politischen Institutionen

---

[1]Zur Verwendung des Einbettung-Konzepts in der neuen Wirtschaftssoziologie vgl. Krippner (2001).

beeinflusst.[2] Während frühe wirtschaftssoziologische Studien sich überwiegend einer dieser Formen zuordnen ließen, lassen sich zunehmend Brückenschläge und Theoriesynthesen beobachten (Fourcade 2007; Fligstein und McAdam 2012). In der Folge werden die Grundzüge von kulturell-kognitiver und sozio-struktureller Einbettung vorgestellt. Der Fokus auf diese zwei Einbettungsformen begründet sich dadurch, dass die relationale Marktsoziologie von White als deren radikale Kombination betrachtet werden kann. Pro Einbettungsform wird jeweils die Konzeptualisierung von ‚Markt' vorgestellt und das Spektrum der Untersuchungsgegenstände und Methoden skizziert.

2.1 ‚Markt als Kultur': Kulturell-kognitive Einbettung von Märkten

Die Einsicht, dass wirtschaftliche Phänomene und wirtschaftliche Handlungen durch Kultur beeinflusst werden, etablierte sich nach Swedberg (1997) vor allem durch die Beiträge von Zelizer (1988) und DiMaggio (1990).[3] Ist von ‚Markt als Kultur' die Rede, so definiert eine Untersuchung den Markt allgemein als ein „set of meanings" (Zelizer 1988, S. 618). Im Detail bestehen diese Deutungsmuster aus „social-cognition, the content und categories of conscious thought and the taken-for-granted" (DiMaggio 1990, S. 113). Somit beruhen diese Studien auf einem Verständnis von Kultur, bei dem sich Kultur weder auf die Gesamtheit von Lebensstilen noch die ‚feinen Künste' beschränkt. Kultur als soziale Marktstruktur nimmt innerhalb dieser beiden Pole eine Zwischenstellung ein (DiMaggio 1994).

Der konkrete Einfluss von Kultur auf das Verhalten von wirtschaftlichen Akteuren und deren Deutung von wirtschaftlichen Phänomenen lässt sich anhand des Tauschaktes illustrieren. Bei einem Tausch sind es kulturell verwurzelte Regeln, die bestimmte Handlungen als für Wirtschaft relevant einstufen, die Handlungen kategorisieren und den Austausch am Markt grundlegend ordnen.

---

[2]Für Ausführungen zur politischen – oder auch institutionellen – Einbettung, die den Einfluss der Politik auf wirtschaftliches Handeln betonen, vgl. vor allem Dobbin (1994) und Fligstein (2001).

[3]Auch die neo-institutionalistische Organisationstheorie hat zu einer erhöhten Sensibilisierung für kulturelle Aspekte in der neuen Wirtschaftssoziologie beigetragen (Swedberg 1997). Aus diesem Grund wird die Analyse von Kultur und Institutionen auch als interpretativer Strang der neuen Wirtschaftssoziologie bezeichnet (Beamish 2007). Für neo-institutionalistische Untersuchungen von Märkten für erneuerbare Energien vgl. bspw. Kern (2014), Knoll (2012) und Lounsbury et al. (2011).

Kultur ist ferner ein wesentlicher Faktor, um Dynamiken von Veränderungs- und Machtprozessen auf Märkten besser zu verstehen. Etablierte Marktkulturen reflektieren das Bestreben von machtvollen Akteuren, den Markt zu ihrem Vorteil zu ordnen und zu beeinflussen. Dieses Bestreben bleibt jedoch nicht ohne Gegenreaktionen und kann zu Konflikten führen, die wiederum Marktveränderungen initiieren können (Abolafia 1998). Mit Swidler (1986) lässt sich diese Funktion dahin gehend präzisieren, als dass die Kultur von Märkten ein *tool kit* von Symbolen, Geschichten, Ritualen und Weltanschauungen darstellt, auf das Akteure strategisch zur Durchsetzung von Interessen zurückgreifen. Diese Einsicht findet sich vor allem bei von Bourdieu vorgelegten wirtschaftssoziologischen Studien (Swedberg 2011) und in der Theorie der strategischen Handlungsfelder (Canzler et al. in diesem Band; Fligstein und McAdam 2012; Fettke und Fuchs in diesem Band).

Zur empirischen Analyse von Kultur auf Märkten werden vor allem, jedoch nicht ausschließlich (Mohr 1998), qualitative Methoden verwendet. Für die Erhebung von Daten fanden vor allem Ethnographie und qualitative Interviews Anwendung (Abolafia 1998; Swedberg 2011). Eine oftmals verwendete Methode der Analyse dieser Daten ist die Inhaltsanalyse (Mayring 2010). Aber auch die Analyse von Diskursen auf Märkten verbreitet sich zunehmend (Diaz-Bone und Krell 2009; Jørgensen et al. 2012).

2.2　,Markt als Netzwerk': Sozio-strukturelle Einbettung von Märkten

Die sozio-strukturelle Einbettung entspricht der von Granovetter (1985) ursprünglich argumentierten Form der Einbettung von wirtschaftlichem Handeln. Das Kernargument in seinem für die neue Wirtschaftssoziologie wegweisenden Artikel lautet wie folgt: „most behavior is closely embedded in networks of interpersonal relations" (Granovetter 1985, S. 504). Das Verhalten von wirtschaftlichen Akteuren wird demnach von konkreten Beziehungen, die Wirtschaftsakteure untereinander besitzen, beeinflusst. An die Stelle von kategorialen Einflussfaktoren wie Alter oder Einkommen tritt die Sozialstruktur eines Marktes, die hier als Geflecht von konkreten Verbindungen zwischen Wirtschaftsakteuren konzeptualisiert wird (Granovetter 2005). Dies betrifft sowohl Beziehungen zwischen individuellen Wirtschaftsakteuren als auch zwischen Unternehmen (Uzzi 1996).

Ein auf diese Weise zugeschnittenes Forschungsvorhaben konzeptualisiert und analysiert Märkte als Netzwerke. Jedoch haben sich unterschiedliche Varianten der Analyse von Märkten als Netzwerke herausgebildet (Aspers und Beckert 2008). Während insbesondere auf White (1981) zurückgreifende Studien die Rolle von Netzwerken bei der Konstitution und Stabilisierung von Märkten sowie die

Positionierung von Marktteilnehmern untersuchen, beschäftigen sich andere Studien damit, wie Netzwerke Koordinationsprobleme auf Märkten beeinflussen[4]. Zur Lösung von Koordinationsproblemen, mit denen sich wirtschaftliche Akteure konfrontiert sehen, können Netzwerke aufgrund von drei allgemeinen Mechanismen beitragen. Erstens gestalten sie den Fluss und die Qualität von Informationen. Zweitens sind Netzwerke eine Quelle von Belohnungen und Bestrafungen im Wirtschaftsleben. Drittens fördern Netzwerke Vertrauen zwischen den Mitgliedern eines Netzwerks (Granovetter 2005). Neben diesen allgemeinen Mechanismen unterstützen Netzwerke die Lösung von Koordinationsproblemen auf Märkten durch ihre Verquickung mit Status. Verstanden als ein Signal für die Qualität von Produkten, generiert Status Hierarchien zwischen Akteuren. Diese Status-Hierarchien unterstützen Produzenten und Konsumenten bei der Orientierung auf einem Markt (Podolny 1993).

Methodisch ist die soziale Netzwerkanalyse stark verbreitet. Diese erlaubt es, die als Netzwerk modellierte Sozialstruktur von Märkten sowohl durch Konzepte wie Dichte oder Zentralität zu messen als auch durch graphentheoretische Netzwerkdiagramme, bei denen Kanten Beziehungen und Punkte Knoten darstellen, zu visualisieren (Mützel 2008). Der Fokus von derartigen Analysen variiert. Während einige Forschungen die direkten Effekte von Beziehungen auf wirtschaftliche Handlungen fokussieren, stehen für andere die indirekten Effekte von Positionen im Gesamtnetzwerk im Vordergrund (Granovetter 1992).

3   ‚Markt *aus* Kultur *und* Netzwerk': Zur relationalen Marktsoziologie nach White

Die Ausführungen des vorangegangen Kapitels lassen sich wie folgt pointiert zusammenfassen: durch das Einbettungs-Konzept wird ein Markt als *entweder* in Kultur *oder* in Netzwerke eingebettet konzeptualisiert. In diesem Kapitel wird die auf dieser Einsicht aufbauende, jedoch auch darüber hinausgehende Perspektive der relationalen Marktsoziologie von White (2000, 2002) vorgestellt. Die Bezeichnung ‚relationale Marktsoziologie' lehnt sich dabei an das umfangreiche Theorieprogramm der relationalen Soziologie an, dem White zugeordnet wird. Unter anderem durch das Werk ‚Identity and Control' von White (1992, 2008 grundlegend überarbeitet) inspiriert, versteht sich die relationale Soziologie als sozialtheoretisches Programm (Emirbayer 1997). Im Mittelpunkt steht der Anspruch, sowohl einer

---

[4]Da die Untersuchungen von und im Anschluss an White im nächsten Kapitel ausgiebig erörtert werden, werden in der Folge letztgenannte Studien skizziert.

substanzialistischen Soziologie entgegenzutreten als auch, im Gefolge der Kritik an klassischen strukturalistischen Sozialtheorien (Brint 1992), den Kontext von Netzwerken in Form von Kultur zu berücksichtigen. Im Mittelpunkt von relationalen Studien stehen somit sowohl die Effekte von Netzwerken auf Verhalten als auch, inwiefern Kultur und Kognitionen Verhalten prägen. Durch die relationale Perspektive wird es möglich, „sowohl karge Analyse und dichte Beschreibung, Form und Inhalt der Beziehungen in Untersuchungen gleichermaßen zu berücksichtigen und miteinander sinnvoll in Verbindung zu bringen" (Mützel 2008, S. 197).[5]

Eines der Anwendungen der relationalen Soziologie ist die Analyse von Märkten (Aspers 2007; Kennedy 2008; Kennedy et al. 2012; Mützel 2007, 2009, 2010a).[6] Die relationale Perspektive von Märkten unterscheidet sich vor allem in zwei Hinsichten von den zwei erörterten Einbettungsformen. Zum einen werden die sozialen Strukturen Kultur und Netzwerk gemeinsam berücksichtigt. Zum anderen findet eine Radikalisierung dahin gehend statt, als dass Kultur und Netzwerk für einen Markt als konstitutiv angesehen werden. Märkte sind nicht nur in Kultur und Netzwerke eingebettet, sondern sie sind ein Resultat des Zusammenspiels von Kultur und Netzwerk (White 2002). Oder, mit einer pointierten Kurzformel formuliert: ‚Markt *aus* Kultur *und* Netzwerk'. Die relationale Marktsoziologie nimmt eine „strikt relationale und endogene" (Mützel 2009, S. 225) Perspektive auf Märkte und deren Veränderungen ein. Im Folgenden werden im Rückgriff auf wirtschaftssoziologische Studien Ausschnitte dieser Perspektive zu dem Verhalten von Unternehmen auf Märkten vorgestellt.[7]

3.1 Marktkonstitution durch die relationale Positionierung von Produzenten

Märkte unterscheiden sich – vor allem darin, welche Rollen Marktteilnehmer einnehmen. Zum einen existieren Tauschmärkte wie Börsen oder Auktionen, auf denen die Marktteilnehmer und ihre Rollen stark fluktuieren. Zum anderen, und

---

[5]Mit dem dualen Fokus auf Kultur und Sozialstruktur begründet sich jedoch kein homogener Theorierahmen. Die relationale Soziologie kennt zahlreiche Varianten, die diesen Fokus unterschiedlich ausbuchstabieren (Mische 2011).

[6]Für einen Überblick über auf White zurückgreifende Studien vgl. insb. Fuhse (2015).

[7]Diese Eingrenzung der zugrunde liegenden Literatur ist der Komplexität des Whiteschen Theoriegebäudes geschuldet. Durch den Fokus auf Unternehmen werden in der Folge auch die mit der Theorierevision (White 2008) eingeführten, aber schon davor entwickelte Konzepte wie *netdoms* oder *switching* (Mische und White 1998) nicht herangezogen.

für diesen Beitrag wesentlich, existieren Produktionsmärkte. Diese Märkte entstehen und überdauern nicht durch ein Zusammentreffen von Anbietern und Nachfragern, sondern durch das Zusammenspiel der Produzenten. Produktionsmärkte sind somit „not defined by a set of buyers, as some of our habits of speech suggest, nor are producers obsessed with speculations on an amorphous demand" (White 1981, S. 518): Es sind Produzenten, die Märkte erschaffen und stabilisieren (White 1993, 1981). Die Basis für dieses zentrale Argument, dass sich die Produzenten eines Marktes aneinander orientieren und für Märkte wesentlich sind, ist die grundsätzliche Rollenverteilung auf Produktionsmärkten. Neben den von der Mikroökonomie bekannten Rollen des anbietenden Produzenten und des nachfragenden Käufers existiert hier auch die Rolle des Lieferanten. Aufgrund dieser drei Rollen nehmen Produzenten stets eine Mittelstellung ein. Zum einen verarbeiten sie die Vorprodukte der Lieferanten und orientieren sich damit *upstream*. Zum anderen verkaufen Produzenten die hergestellten Produkte an Käufer und orientieren sich *downstream*.

Mit diesen Ausführungen wird eine von zwei Formen deutlich, nämlich inwiefern Netzwerke für Produzenten essentiell sind: Sie sind stets Mitglied eines Netzwerkes aus Produzenten (White 2002). Die zweite Form, die in der Folge erörtert wird, hängt mit der Konstitution von Märkten und dem grundlegendem Verhalten von Produzenten zusammen. Produzenten nehmen wie gezeigt eine Mittestellung zwischen der *upstream*-Orientierung an Lieferanten und der *downstream*-Orientierung an Käufern ein. Für das Verhalten von Produzenten und die Struktur eines Marktes sind jedoch Konkurrenten, also die übrigen Produzenten eines Marktes, maßgeblich. Jeder Produzent hat die Unsicherheit zu bewältigen, wie viel künftig produziert werden soll (und damit wie viel potenziell *downstream* angeboten wird) und welche Verbindlichkeiten hierfür in Kauf genommen werden sollen (und damit was *upstream* eingekauft werden soll). Diese Unsicherheit lässt sich nicht durch eine vertiefende Beschäftigung mit der Nachfrageseite, etwa durch Marktforschung, auflösen. Grund dafür ist, dass der einzelne Käufer nicht fassbar und damit für Produzenten vorrangig als Aggregat, das Präferenzen widerspiegelt, relevant ist. Entscheidend für die Reduktion der Unsicherheit von Produzenten ist vielmehr die Orientierung am Verhalten von jenen Akteuren, die mit demselben Problem konfrontiert sind – gemeint sind die konkurrierenden Produzenten. Produzenten orientieren sich wechselseitig aneinander. Unterstützt wird dieser Umstand zum einen dadurch, dass konkurrierende Produzenten oftmals denselben Lieferanten der Vorprodukte besitzen. Zum anderen sind Produzentenmärkte regelmäßig von einer geringen Zahl an Produzenten gekennzeichnet (White 2002; White und Godart 2007a). Durch diese Konstellation begründet sich die bekannte Metapher von Produzentenmärkten als „mirrors in which producers see themselves, not consumers" (White 1981, S. 543 f.).

Die wechselseitige Orientierung stabilisiert einen Markt. Dies geschieht dadurch, dass Produzenten Positionen auf dem Markt einnehmen, die auf den unterschiedlichen Konfigurationen von Produktionsvolumen und Zahlungsgrößen wie Umsatz oder Preis beruhen: „Each producer has established a position on a schedule of terms of trade, in a space with dimensions for producers' volumes and revenues" (White 1993, S. 227). Analytisch stellt ein Markt damit eine Anordnung von unterschiedlich positionierten Produzenten dar. Kriterien dieser Positionierung können etwa Produktqualität, Standort oder Investitionen in Produktionsanlagen sein. Die Bandbreite einer Positionierung kann sich demzufolge von einer hohen Produktqualität bis hin zu einer niedrigen Produktqualität erstrecken. Diese Kriterien beeinflussen sowohl die Kostenstruktur von Produzenten als auch die Wahrnehmung von Käufern (White 1981).

Eine Position auf einem Markt zeichnet sich durch ihren relationalen Charakter aus: Sie ist stets mit den Positionen der übrigen Produzenten dieses Marktes verknüpft (White 1993). Ein Produzent strebt im Rahmen einer Positionierung nach einer Besetzung von Nischen, die er als für sich vorteilhaft einstuft (Leifer und White 1987). Dieser Aspekt unterstreicht die Relevanz von Netzwerken. Nicht nur die erwähnten historisch gewachsenen *upstream-* und *downstream*-Netzwerke sind für Produzenten relevant, sondern auch die Verbindungen zu konkurrierenden Produzenten. Sie sind als Orientierungspunkt wichtig, da sie beeinflussen, wie sich ein Produzent in einem Markt ‚einrichtet' (White und Godart 2007a). Mit diesen Ausführungen zur relationalen Positionierung wird ferner deutlich, dass Ungleichheit auf Märkten die Norm und keine Ausnahme ist und deshalb für Märkte eine „pecking order among the firms" (White 2002, S. 12) charakteristisch ist: Produzenten sind ungleich, da sie unterschiedliche Produktionsvolumen und Zahlungsgrößen wie Umsatz oder Preis erwirtschaften (White 2002).[8]

3.2 Kontinuierliche Marktveränderung durch verbindende und identitätsstiftende Geschichten

Wie vollzieht sich die beschriebene relationale Positionierung von Produzenten? Diese Frage kann analog zu der Entwicklung der White'schen Theorie – von klassischem Strukturalismus zu konstruktivistischem Strukturalismus – in zwei Schritten adressiert werden. Die klassische Marktsoziologie von White (1981) suchte

---

[8]Diese Marktkonzeption ist jedoch in der Hinsicht simplifizierend, als dass White (2002, 1981) unterschiedliche Typen von Produzentenmärkten nennt, auf die hier jedoch nicht weiter eingegangen werden kann.

die Frage zu beantworten, inwiefern sich ein Produzent auf Basis von *„observed outcomes for all the products in his or her market in the prior production period"* (Leifer und White 1987, S. 86, Hervorhebung im Original) verhält. Die Grundlage der relationalen Positionierung von Produzenten und zugleich das Medium der Marktkonstitution sind somit Beobachtungen: „Observability governs the mechanism of such a market, which constitutes a molecule with firms as atoms" (White 2002, S. 131). Gegenstand der Beobachtung sind vor allem Produktionsvolumina und Zahlungsströme wie Umsatz oder Gewinn. Diese Informationen sind die *schedule* eines Produzenten und werden auf einem Markt als Signale wahrgenommen (Leifer und White 1987; White 1981). Produzentenmärkte funktionieren in dieser Hinsicht „as a group of peers signaling by a self-reproducing schedule" (White 1993, S. 225). Hierbei ist jedoch die relative Natur von Signalen zu betonen: Signale werden nicht von allen Marktteilnehmern gleich aufgenommen, sondern innerhalb eines „shared frame of perception among its [des Marktes, G. R.] firms" (White 2002, S. 2). Zudem werden nicht nur die *schedules* beobachtet, sondern auch das Verhalten der Unternehmen selbst: „Active guidance comes from watching the actions of the other peers as signals of that market" (White 2002, S. 129).

Der Prozess der Marktkonstitution besteht wie gezeigt darin, dass mittels der Beobachtung von Signalen Verbindungen zwischen Produzenten und daraus relationale Positionierungen entstehen. Dieses auf Kognitionen abstellende Kernargument der klassischen strukturalistischen Position von White (Mützel 2010b) wird mit der Berücksichtigung von Kultur (White 1992) dadurch aktualisiert, dass anstelle der Beobachtung von Signalen Geschichten *(stories)* treten. Die Einsicht, das Unternehmen Geschichten instrumentalisieren und sich diese Instrumentalisierung vorteilhaft auf ihre Position am Markt ausüben kann, findet sich auch in der Organisationssoziologie (Lounsbury und Glynn 2001; Zilber 2007). Die Rolle von Geschichten im Theoriegebäude von White (1992) ist jedoch grundlegender: Geschichten sind das Medium, das einen Markt konstituiert sowie, wie in der Folge fokussiert, stabilisiert und koordiniert. Geschichten treten anstelle von Beobachtungen und sind somit für die Herausbildung von Netzwerken wesentlich. Zudem sind sie für die Identität von Unternehmen folgenreich. Wie gezeigt wird, kann deshalb pointiert von verbindenden und identitätsstiftenden Geschichten gesprochen werden.

Inwiefern verbinden Geschichten? Ausgangspunkt, um diese Frage zu adressieren, ist ein spezifisches Verständnis von Geschichten als sprachliche „Manifestationen, durch die sich die beteiligten Akteure über den Zustand, die Eigenschaften und den ‚Sinn' ihrer sozialen Beziehung verständigen" (Schützeichel 2012, S. 348). In Geschichten äußert sich somit Bedeutung. Produzenten erzählen vor allem in Form von Pressemitteilungen und Marketingaktivitäten Geschichten über sich und über andere Produzenten. Dadurch werden Beziehungs- und Relevanzgrenzen abgesteckt: durch Geschichten werden Beziehungen zwischen Produzenten etabliert und verändert – etwa, welcher Konkurrent als ‚ernst zu nehmender' Konkurrent betrachtet wird und welcher nicht (mehr). Eine Verbindung zwischen Produzenten liegt somit dadurch vor, dass sie sich mittels Geschichten Bedeutung zuschreiben (Mützel 2010a, 2007). Oder, mit den Worten von White (1992, S. 65): „stories describe the ties in networks" und diese Verbindungen wirken als „narrativ konstituierte und konstruierte Rahmungen der sozialen Welt" (Schützeichel 2012, S. 348). Geschichten sind damit – anstelle von Beobachtungen in der klassischen strukturalistischen Position – das Medium, durch das sich die Hierarchie von Produzenten auf Märkten herausbildet und stabilisiert und sich ein Verbindungsgeflecht etabliert (White 2000).

Geschichten verbinden nicht nur, sie sind für Produzenten auch identitätsstiftend. Identität bezeichnet für White (1992, S. 6) „any source of action not explicable from biophysical regularities, and to which observers can attribute meaning. An employer, a community, a crowd, oneself, all may be identities". Damit wird die für White spezifische Konzeptualisierung von Identität deutlich: Identität besitzt jedes soziale Element, dem von anderen sozialen Elementen Bedeutung zugeschrieben wird. Damit rückt das Konzept der Identität an die Stelle des Akteurkonzepts (White 1992). Warum streben Produzenten auf Märkten nach Identität? Ohne Identität würde die soziale Realität, in diesem Fall die des Marktes, weitgehend bedeutungslos scheinen, und Kommunikation zwischen Marktteilnehmern wäre nicht möglich. Präziser formuliert ist Identität notwendig, um in der sozialen Realität Kontrolle zu erhalten (White und Godart 2007b). Auf Märkten sind vor allem Nischen für die Identität von Produzenten wesentlich: Während einige ihre Identität daraus schöpfen, dass besonders hochwertige Produkte hergestellt werden, sind für andere Produkte von niederer Qualität bedeutsam und damit identitätsstiftend (Mützel 2010a).[9] Geschichten, die Identität konstruieren, sind dadurch aber gleichzeitig auch Ausdruck des Strebens nach Kontrolle: „Stories also can and do conceal projects of control" (White 1992, S. 13). Sie erlauben Unternehmen, eine Identität herauszubilden und dadurch Halt in dem an sich „turbulent context" (White und Godart 2007b, S. 1) des Marktes zu finden. Oder in den Worten von White (1992, S. 68): „A story is a root of

---

[9]Das kursorisch beschriebene rekursive Zusammenspiel von Identität und Kontrolle, dem die Dualität von Sozialstruktur und Kultur zugrunde liegt, stellt die Grundlage des sozialtheoretischen Denkens von White dar (White und Godart 2007b).

authority, a transfer of identity". Sowohl Geschichten, die Produzenten erzählen, als auch jene, die sie von anderen ‚empfangen', tragen zur Identitätsbildung bei.

Bisher wurde diskutiert, wie Geschichten auf Märkten wirken: Sie verbinden und stiften Identität. Im Hinblick auf die in diesem Beitrag fokussierte Thematik der Marktveränderung machen diese Ausführungen zugleich die tragende Rolle von Geschichten deutlich. Dadurch, dass Geschichten sowohl Märkte konstituieren (Mützel 2007) als auch koordinieren (Mützel 2010a), verändern sie diese fortlaufend. Durch einen Fokus auf Geschichten lassen sich deshalb Marktveränderungen erschließen. Dieses Argument wird im Folgenden durch die Diskussion der Verbreitung, der zeitlichen Orientierung und der Ausdrucksform von Geschichten näher ausgeführt. Die Steuerung von Geschichten ist nur bedingt möglich. Vor allem wie erzählte Geschichten von Anderen interpretiert werden, ist nicht alleinig vom erzählenden Produzenten steuerbar: „Vielmehr produzieren Geschichtenerzähler im lokalen Gefüge Zuschreibungen, die in der *gemeinsamen Interpretation* aller Beteiligter verknüpft oder entkoppelt werden" (Mützel 2007, S. 456, Hervorhebung im Original).

Geschichten weisen ferner unterschiedliche zeitliche Orientierungen auf. Zum einen orientieren sie sich an der Vergangenheit und dienen dem Produzenten dazu, bestimmte stattgefundene Ereignisse in einem bestimmten Licht nach außen zu kommunizieren. Das Marketing ist ein Beispiel für ein derartiges institutionalisiertes Erzählen von Geschichten (White 2002). Die Präsentationen von Geschäftsberichten und Quartals- oder Jahreszahlen sind weitere Beispiele. Zum anderen können sich Geschichten an der Zukunft orientieren. Vor allem Start-Ups sind darauf angewiesen, durch Geschichten über ihr Potenzial Legitimation zu gewinnen (Lounsbury und Glynn 2001).

Geschichten können schließlich unterschiedliche Ausdrucksformen annehmen. Sie treten nicht nur in der für Unternehmen institutionalisierten Form der Marktkommunikation, im Besonderen als Marketingmaterialien oder Pressemitteilungen, auf. Auch informale Gespräche mit Kunden, Konkurrenten oder Interessensverbänden sind ein Beispiel für den Austausch von Geschichten (White 1981). Auf aggregierter Ebene äußern sich Geschichten in Form von Diskursen. Abweichend von dem verbreiteten Verständnis von Diskurs als „interrelated set of texts, and the practices of their production, dissemination, and reception, that brings an object into being" (Phillips und Hardy 2002, S. 3) bezeichnet Diskurs bei White den Austausch von Geschichten eines Marktes (Mützel 2007). Diskurse in diesem Sinn reflektieren das Zusammenspiel von Kultur und Netzwerk auf der Ebene des Marktes (White und Godart 2007b). In Produzentennetzwerken – also dem Zusammenspiel der Netzwerkstufen Lieferanten, Produzenten und Käufern – liegen für jede Netzwerkstufe unterschiedliche Diskurse vor (White 2002).

Wesentliche Quelle zum Erschließen von Diskursen sind Texte, etwa Pressemitteilungen oder Zeitungsberichte. Ferner unterscheiden sich Diskurse zwischen Märkten durch ein *business register,* den Spezifika hinsichtlich der Geschäftspraktiken eines Marktes (etwa Metallbau und Pharmaindustrie). Der Einfluss eines *business register* findet sich in unterschiedlicher Weise in den Geschichten der Produzenten wieder. Mit anderen Worten, die Produzenten eines Marktes greifen selektiv und auf unterschiedliche Weise in ihren Geschichten auf ein *business register* zurück (White 2000). Ein weiterer wesentlicher Faktor, der auf Diskurse Einfluss nimmt, sind Medien. Diese verbreiten Geschichten über Produzenten, die jedoch im Widerspruch mit anderen Geschichten – sowohl denen des fokalen Produzenten als auch denen der konkurrierenden Produzenten – stehen können. Diese vermittelnde Funktion von Medien stellt für Produzenten eine Quelle von Unsicherheit dar (Mützel 2009).

3.3 Konfliktäre Marktveränderung durch *blocking action* und *getting action*

Die bisherigen Ausführungen vermitteln ein weitgehend ‚geordnetes' Bild der Art und Weise, wie Produzenten Märkte bilden und verändern. In der Folge wird dieses Bild durch die Berücksichtigung von konfliktären Marktveränderungen verfeinert. Im Mittelpunkt stehen dabei die Konzepte *blocking action* und *getting action,* die für White grundsätzliche Ausdrucksformen der Organisierung von Sozialem sind. Es handelt sich dabei also um Prinzipien, die basale Wirkungsrichtungen von sozialen Prozessen deutlich machen.

Das Prinzip *blocking action* macht deutlich, dass das Streben von Produzenten nach Identität – und damit auch nach Kontrolle – auch ein Abschotten und Abgrenzen impliziert. Wenngleich dabei kein Nullsummenspiel vorliegt, werden mittels Geschichten auch andere Identitäten eingeschränkt und Verbindungen gestört. Dies gilt ungeachtet der Position eines Marktteilnehmers: „Blocking action is an endemic project, as common for the high and mighty as for the challengers" (White 1992, S. 245). Beschränkungen wirken dadurch, dass Grenzen gezogen und Deutungshoheiten beansprucht werden. Ziel von *blocking action* ist es, eine aus der Sicht des Unternehmens günstige Position zu erreichen oder die Profitabilität der bestehende Position auf dem Markt abzusichern (White 1992, S. 148 ff., 245 ff. und 275 f.).

Durch das Prinzip *getting action* lässt sich sichtbar machen, wie Produzenten ihre Marktposition zu ändern versuchen. Die Funktionsweise von *getting action* beruht auf Entkopplung. Damit ist gemeint, dass Geschichten und Identitäten voneinander getrennt werden und dadurch eine Fokussierung ermöglicht wird, die aber zugleich auch von neuen Unsicherheiten begleitet ist. Mit anderen Worten, Entkopplung schafft einen fokussierten Handlungsspielraum, der gleichzeitig auch unbestimmt ist. Ein Beispiel hierfür ist die Aufspaltung eines Energiekonzerns in zwei Teile, wovon einer sich ausschließlich auf erneuerbare Energien konzentriert – dieser Schritt schafft sowohl Freiraum als auch neue Unsicherheiten. Innerhalb eines sowohl fokussierten als auch unbestimmten Handlungsspielraums können Produzenten Koppelungen unternehmen, die nicht den bestehenden Koppelungen entsprechen und dadurch neu sind. Ein Beispiel sind Kooperationen mit Unternehmen und Personengruppen, die zuvor als nicht relevant für Kooperationen galten. Ein wesentlicher Faktor, der neue Koppelungen begünstigt, ist Vielfältigkeit. Allgemeine und breite Kategorien auf Märkten, die potenziell Vielfältiges versammeln, begünstigen neue Koppelungen eher als stark spezialisierte und institutionalisierte Kategorien. So stellt etwa der Markt für Umwelttechnologien im Vergleich zum Markt für Automobilproduktion eine breitere und heterogenere Marktkategorie dar. Neue Koppelungen stellen den Nährboden für Veränderungen dar. Der Misserfolg auf Märkten verdeutlicht dieses Argument. Hierbei verändern sich sowohl die Verbindungen und die Identität eines Unternehmens sowie die Geschichten, die es fortan erzählt, teilweise beträchtlich. Schließlich besitzt *getting action* wie *blocking action* die Eigenschaft, dass das Ausmaß von *getting action* mit der bestehenden Position eines Unternehmens verknüpft ist und grundsätzlich allen Produzenten eines Marktes offen steht (White 1992, S. 12 ff., 230 ff. und 254 ff.).

Blocking action und *getting action* stehen zueinander in einem wechselseitigen Verhältnis. Dadurch, dass mittels *blocking action* Positionen bezogen und gefestigt werden, entstehen zugleich Möglichkeiten für Entkoppelungen und damit Chancen für *getting action*. Vor dem Hintergrund dieser Wechselseitigkeit wird deutlich, dass Konflikte auf Märkten eine Begleiterscheinung von Veränderungen sind. Denn Positionierungen auf Märkten sind stets als eine „pecking order" (White 1992, S. 24) zu verstehen, in der Maßnahmen zur Stabilisierung oder Veränderung auch andere Positionen beeinflussen. Die Kontrolle durch Identität, die sich durch Geschichten vollzieht und sowohl *blocking action* als auch *getting action* benutzt, ist damit von anderen Positionen begrenzt. Aus einer relationalen Perspektive kann deshalb allgemein dann von einem Konflikt unter Marktteilnehmern gesprochen werden, wenn die Position eines Produzenten durch die Geschichten eines anderen Produzenten oder von Marktbeobachtern aus der Sicht des fokalen Produzenten negativ verändert wird (White 1992, S. 150, 230 ff). Dieser „precarious compromise reflecting the inequalities of the power of actors in the market" (Beckert 2009 S. 258) macht deutlich, dass Konflikte ein konstitutiver Bestandteil von Marktveränderungen sind.

4 Ansatz zur relationalen Analyse von Veränderungen von Märkten für erneuerbare Energien vor dem Hintergrund der Energiewende

Wie im vorhergehenden Kapitel gezeigt wurde, zeichnet sich die relationale Marktsoziologie nach White vor allem dadurch aus, dass sie Marktveränderungen endogen erklärt und diese Veränderungen durch Geschichten zwischen Produzenten analysiert. Diese Fokussierung auf Produzenten als Quelle und Veränderungstreiber eines Marktes ist zugleich auch ein Defizit dieser theoretischen Position. Dadurch werden Märkte mit Unternehmen gleichgestellt und die empirisch feststellbaren Logiken und Einflüsse der Konsumentenseite weitgehend ignoriert (Knorr Cetina 2004; Giacovelli in diesem Band).[10] Ferner werden weitere Faktoren wie sozialer Wandel – im Kontext von Energiemärkten vor allem die steigende gesellschaftliche Relevanz der Thematik ‚Umwelt' (Kern 2014) – nur bedingt berücksichtigt.

Im Gewahr dieser Kritik werden im Folgenden die Eckpunkte eines Ansatzes zur relationalen Analyse der Veränderung von Märkten für erneuerbare Energien vorgestellt. Die Vorgehensweisen der empirischen Studien von Mützel (2007, 2009, 2010a) stellen dabei einen zentralen Bezugspunkt dar. Darüber hinaus legt der Analyseansatz besonderes Augenmerk darauf, welche Rolle Konflikte bei der Veränderung von Märkten für erneuerbare Energien spielen. Der Hintergrund, auf dem zur Illustration des Ansatzes wiederholt zurückgegriffen wird, stellt die Energiewende dar. Wie ersichtlich wird, kann die Energiewende aus der Perspektive der relationalen Marktsoziologie als eine durch Geschichten getragene Veränderung von Identitäten und Verbindungen auf der Produzentenseite von Märkten für erneuerbare Energien gedeutet werden. Die Energiewende fungiert damit als abstrakter Fluchtpunkt von Geschichten, wobei sich dadurch, dass sich Geschichten auf die Energiewende beziehen, sowohl Identitäten als auch Verbindungen auf Märkten potenziell verändern, mitunter auch in Begleitung von Konflikten. Die Abstraktheit ‚der' Energiewende erlaubt es dabei den Produzenten, sowohl *blocking action* als auch *getting action* zu betreiben. Somit kann die Energiewende als Meta-Diskurs betrachtet werden, auf den Diskurse auf den Märkten für erneuerbare Energien selektiv Bezug nehmen.

Der Ansatz wird in vier Schritten entwickelt. Zunächst werden grundlegende Eigenschaften des empirischen Kontexts des Markts für erneuerbare Energien vor dem Hintergrund der Energiewende aus soziologischer Perspektive erörtert. Dem

---

[10]Für eine ausführliche Kritik von White im Kontext der neuen Wirtschaftssoziologie vgl. Sparsam (2015, S. 194 ff.).

folgt eine Skizze des Forschungsdesigns einer relationalen Analyse. Danach wird diskutiert, wie die Grenze einer Marktveränderung definiert werden kann und, darauf aufbauend, wie eine Marktveränderung rekonstruiert werden kann.

4.1 Empirischer Kontext: Markt für erneuerbare Energien

Die allgemeine Kategorie der erneuerbaren Energien umfasst all jene Energiequellen, die in der Gegenwart entstehen und sich auf Basis von biologischen Prozessen erneuern. Demgegenüber stehen fossile Energievorräte wie etwa Kohle, Erdgas oder Erdöl. Für den mitteleuropäischen Raum sind die erneuerbaren Energiequellen Solarenergie, Windenergie, Wasserkraft, Biomasse und Erdwärme von besonderer Relevanz (Kaltschmitt et al. 2014). Der Markt, auf denen die aus erneuerbaren Quellen gespeiste Energie gehandelt wird, unterscheidet sich zum Teil wesentlich von anderen Märkten. Im Kontext einer marktsoziologischen Analyse sind vor allem drei Merkmale relevant: eine hohe Diskursdynamik, eine weitgehend dezentrale Produktionsseite und eine institutionalisierte Marktbeobachtung. Im Folgenden werden diese Merkmale beschrieben und gezeigt, inwiefern sie eine Analyse aus der Perspektive der relationalen Marktsoziologie begünstigen.

Märkte für erneuerbare Energien sind erstens von einer hohen Diskursdynamik geprägt. Damit ist gemeint, dass Diskurse – verstanden als Austausch von Geschichten auf Märkten – sowohl unterschiedliche Intensitäten besitzen als auch viele verschiedene Ausdrucksformen annehmen. Konkret wird diese Eigenschaft vor allem durch öffentliche, politische und technologische Diskurse auf den Märkten für erneuerbare Energien. Die hohe öffentliche Diskursdynamik drückt sich darin aus, dass für Marktteilnehmer die Kategorie ‚Grün' zu einem wesentlichen Merkmal geworden ist, um sich in Geschichten zu beschreiben. Ein aktuelles empirisches Beispiel hierzu ist die Thematik ‚Nachhaltigkeit' (Kennedy et al. 2012; Kern 2014). Die hohe politische Diskursdynamik zeigt sich auf verschiedenen Politikebenen. Auf supranationaler Ebene wie der der Europäischen Union werden teils bindende, teils nicht-bindende Richtlinien für Nationalstaaten erlassen, die innerhalb der Nationalstaaten zu ähnlichen konkreten politischen Maßnahmen wie Tarifschema oder Zertifizierungen führen (Kitzing et al. 2012). Die auf Ebene des Nationalstaats getätigten politischen Maßnahmen wie veränderte Rechtsnormen für Forschung und Entwicklung oder die Schaffung geschützter Marktnischen prägen Märkte für erneuerbare Energien stark und tragen zur Verbreitung von Technologien zur Gewinnung von Energie aus erneuerbaren Quellen bei (Jacobsson und Lauber 2006). Auf der Ebene von Regionen und Ländern sind politische Diskussionen und Einflussnahmen ein zentraler Faktor bei der Errichtung von Kraftwerken und Stromnetzen (Smith 2007). Neben diesen punktuellen politischen Stimuli von Diskursen intervenieren auch öffentliche Organisationen fortlaufend. Eine wesentliche diskursstimulierende öffentliche Organisation in Deutschland ist die mit der Regulierung von Strom- und Gasnetzen betraute Bundesnetzagentur (Maubach 2014). Die hohe technologische Diskursdynamik wird vor allem mit Blick auf den mit dem Energiemarkt gekoppelten Markt für Umwelttechnik deutlich, der auch als Markt für ‚Green Technology‘ oder ‚Clean Technology‘ bezeichnet wird. Auf diesem Markt werden die Technologien für die Produktion und Verteilung von erneuerbarer Energie entwickelt. Wenngleich der Umwelttechnikmarkt regelmäßig als eigenständiger Markt angesehen wird, so ist er stark mit dem Markt für erneuerbare Energien gekoppelt. Vor allem innovative Umwelttechniken können auf dem Markt für erneuerbare Energien Veränderungen auslösen (Bruns et al. 2011; Wangler 2012; Fettke und Fuchs sowie Möllering in diesem Band). Diese hohe öffentliche, politische und technologische Diskursdynamik ist für eine relationale Analyse von Märkten für erneuerbare Energien dadurch vorteilhaft, dass sie die Zirkulation von aufeinander referenzierenden Geschichten befördert. Vor allem die Energiewende stellt eine ‚Klammer‘ dar, durch die sich diese Geschichten stärker aufeinander beziehen als auf anderen Märkten. Damit wird jedoch keine Standardisierung von Diskursen postuliert. Unter anderem macht das *business register* des angrenzenden Umwelttechnikmarktes eine Vielfalt von Geschichten wahrscheinlich. Auch das verstärkte Marketing von erneuerbaren Energien, das künftig erwartet wird (Herbes und Friege 2015), trägt potenziell zu einer Vielfalt von Geschichten bei.

Märkte für erneuerbare Energien zeichnen sich zweitens durch eine mittlere Dezentralisierung der Produzentenseite aus. Damit ist gemeint, dass weder eine sehr hohe und schwer überschaubare Anzahl von Produzenten vorliegt (wie etwa in der Systemgastronomie) noch dass einige wenige Produzenten existieren (wie etwa in der Automobilproduktion). Vor allem gegenüber Märkten, die auf fossile Energievorräte fokussieren, liegt eine höhere Dezentralisierung vor. Wenngleich die Grenze zwischen diesen beiden Märkten empirisch nicht trennscharf ist, lässt sich anhand dieser Unterscheidung das Merkmal der mittleren Dezentralisierung gut veranschaulichen. Märkte für fossile Energievorräte waren lange Zeit vorrangig als regional begrenzte Monopole organisiert, die im Zuge von Liberalisierungsprozessen in den 1990er Jahren zu kompetitiven Märkten entwickelt und überregional geöffnet wurden. In Deutschland setzte diese Entwicklung eine Konsolidierungsphase in Gang, die jedoch nicht in einer vollständigen Auflösung der kleineren Energieversorger führte. Während die deutsche Energiewirtschaft von

den als ‚Big Four' bezeichneten Unternehmen E.ON, EnBW, RWE und Vattenfall geprägt wird, spielen regionale Energieversorger wie Stadtwerke nach wie
vor eine wichtige Rolle (Bontrup und Marquardt 2010). In den USA waren es
vor allem neue Marktteilnehmer, die auf erneuerbare Energien setzten. Etablierte
Energieversorger haben sich vergleichsweise zögernd mit diesen Energiequellen
auseinander gesetzt (Delmas et al. 2007). Diese skizzierte mittlere Dezentralisierung wird möglicherweise durch die Digitalisierung der Energiewirtschaft, die
mit dem Label ‚Smart Grid' bezeichnet wird, noch stärker zunehmen (Lauterborn
2014; Canzler et al. in diesem Band). Die Dezentralisierung mittleren Ausmaßes
der Produzentenseite macht den Markt für erneuerbar Energien zu einem fruchtbaren Kontext für relationale empirische Untersuchung. Denn weder existieren,
wie bei Quasi-Monopolen, wenige unterschiedliche Geschichten, noch, wie bei
einer starken Dezentralisierung der Produzentenseiten, eine schier unüberblick-
bare Anzahl an Produzenten und damit Geschichten.

Diese Möglichkeit, über andere Produzenten Informationen einzuholen, wird
durch die dritte relevante Eigenschaft des Markts für erneuerbare Energien, die
institutionalisierte Marktbeobachtung, unterstützt. Dieses Merkmal verweist darauf, dass spezialisierte Organisationen die Bewegungen und Produzenten auf
diesem Markt beobachten, diese interpretieren und protokollieren sowie Dritten
– wie Investoren oder der Öffentlichkeit – zugänglich machen. Wenngleich dieses
Merkmal auch für andere Märkte zutrifft, ist die Intensität der Beobachtung auf
Energiemärkten vergleichsweise stark. Dies begründet sich durch die Rolle von
Energiebörsen, auf denen mittlerweile – analog zu Aktienmärkten – Analysten
und Ratingagenturen agieren (Giacovelli 2014). Analysten und Ratingagenturen
als speziellen Beobachter sind keine neutralen Instanzen eins Marktes, sondern
beeinflussen durch Interpretationen und Berichte Märkte wesentlich (Beunza
und Garud 2007). Darüber hinaus sind für die erneuerbare Energien Märkte auch
öffentliche Organisationen wie etwa die Bundesnetzagentur, die ebenfalls beobachten und berichten, relevant. Für eine relationale Marktanalyse hat die institutionalisierte Marktbeobachtung zum einen eine Vielzahl an Geschichten zur Folge.
Nicht nur Unternehmen erzählen Geschichten über sich und definieren Verbindungen, sondern auch nicht-produzierende Marktbeobachter. Dadurch steigt die
Möglichkeit von unterschiedlichen Geschichten. Zum anderen bringt eine institutionalisierte Marktbeobachtung eine hohe Dynamik der Geschichten mit sich. Ein
Beispiel hierfür sind oftmals medial ausgetragene Einsprüche von Unternehmen
gegenüber von Marktbeobachtern vertretenen Geschichten.

4.2 Forschungsdesign einer relationalen Analyse von Marktveränderungen

Wie gezeigt wurde, sind Märkte für erneuerbare Energien aufgrund einer hohen Diskursdynamik, einer weitgehend dezentralen Produktionsseite und einer institutionalisierten Marktbeobachtung ein überaus geeigneter empirischer Kontext, um die Perspektive der relationalen Marktsoziologie anzuwenden. Bei der Anwendung dieser Perspektive sind folgende Grundüberlegungen hinsichtlich des Forschungsdesigns leitend. Das Ziel eines auf diese Perspektive zurückgreifenden Forschungsvorhabens besteht darin, die Veränderungen eines Marktes für erneuerbare Energien zu rekonstruieren. Zu diesem Zweck – und ähnlich wie bei Fligstein und McAdam (2012), jedoch einzig auf einem endogenen Wandelverständnis beruhend – enthält der Analyseansatz Heuristiken, die die Rekonstruktion anleiten. Durch dieses Ziel der dichten Beschreibung von Marktveränderungen liegt somit ein deskriptives Forschungsdesign vor.[11] Konkret können Forschungsvorhaben, die sich auf die relationale Perspektive stützen, Veränderungen des Marktes für erneuerbare Energien detailliert rekonstruieren. Der Nutzen eines derartigen Unterfangens und der dadurch generierten Einsichten besteht in einem besseren Verständnis darüber, wie auf dem ersten Blick alltägliche und nicht zusammenhängende wirtschaftliche Vorgänge wie Pressemitteilungen, Zeitungsartikel und Berichte einen komplexen Markt wie den für erneuerbare Energien endogen verändern können.

Die Rekonstruktion der Veränderungsdynamiken beruht auf der Analyse von Geschichten. Für den Markt für erneuerbare Energien können diese aus folgenden Quellen stammen. Zum einen kann auf Pressemitteilungen und Marketingmaterialien der Produzenten zurückgegriffen werden. Zum anderen stellen Berichte von Marktbeobachtern eine ergiebige Quelle dar. Diese Quelle umfasst konkret Analysten, Unternehmensberatungen sowie für diesen Markt relevante öffentliche Organisationen wie die Bundesnetzagentur. Aber auch Berichte und Pressemitteilungen von Verbraucherschutzorganisationen, Nichtregierungsorganisationen und Branchenverbänden können herangezogen werden. Die Einsichten aus beiden Quellen verhalten sich komplementär, weshalb eine Triangulation von Sekundärdaten (Flick 2004) naheliegend wäre.

Die mittels dieser Quellen erschließbaren Geschichten besitzen für das hier vorgeschlagene relationale Forschungsvorhaben vor allem zwei Funktionen.

---

[11]Für erklärende relationale Forschungsdesigns vgl. etwa Kennedy (2008) und Kennedy et al. (2012).

Erstens lassen sich durch die Analyse von Geschichten die Grenze des Marktes definieren, dessen Veränderungen untersucht werden. Darauf aufbauend ist es zweitens möglich, mittels des Fokus auf Verbindungen und Identitäten sowie *blocking actions* und *getting actions* die Veränderungen eines Marktes für erneuerbare Energien zu rekonstruierten. Diese zwei Funktionen und die dabei verwendeten Methoden werden in den Folgekapiteln erörtert und illustriert.

4.3 Geschichten und Grenzen der Marktveränderung

Die erste Funktion der Ergebnisse aus der Analyse von Geschichten besteht in der Sichtung des Diskurses – Diskurs im Sinne des Austausches von Geschichten – eines Marktes. Dadurch können die Grenzen der analysierten Marktveränderung definiert werden. Im Rückgriff auf die Studien von Mützel (2007, 2010a) können hierfür vor allem drei Aspekte berücksichtigt werden.

Erstens lassen sich durch Geschichten Positionierungsthemen eruieren. Dies bezeichnet Themen, die über den Beobachtungszeitraum weitgehend bestehen bleiben und mittels derer sich Produzenten auf dem Markt positionieren und sich voneinander abgrenzen. Im Kontext der Energiewende können dies beispielsweise die erneuerbaren Energiequellen selbst – Solarenergie, Windenergie, Wasserkraft, Biomasse und/oder Erdwärme – sein. Auch voneinander abgrenzbare Technologien zur Gewinnung und/oder Verbreitung von Energie aus erneuerbaren Quellen sind Beispiele für Positionierungsthemen. Hierüber geben vor allem Kategorien und Berichte des Statistischen Bundesamts Auskunft. Werden diese oder andere bereits etablierte Kategorien verwendet, empfiehlt sich eine Inhaltsanalyse mit Ziel der inhaltlichen Strukturierung (Mayring 2010, S. 92 ff.). Wird nicht von bereits etablierten Kategorien ausgegangen, ist eine Inhaltsanalyse mit dem Ziel einer induktiven Kategorienbildung (Mayring 2010, S. 87 ff.) zweckmäßig. Um ein komplementäres Detailwissen zu einem Diskurs zu erhalten, der potenziell zu neuen Geschichten führt – etwa vielsprechende neue Technologien zur Speicherung von erneuerbarer Energie –, bieten sich auch Einsichten aus Experteninterviews (Bogner et al. 2014) an.

Zweitens, und auf den identifizierten Positionierungsthemen aufbauend, lassen sich durch Geschichten Marktteilnehmer identifizieren. Grund hierfür ist, dass all jene Produzenten Teil eines Marktes für erneuerbare Energien sind, die sich durch Geschichten diesem selbst zuordnen oder durch Marktbeobachter diesem zugeordnet werden. Dem Markt für erneuerbare Energien lassen sich potenziell mehr Teilnehmer zuordnen als dem Markt für konventionelle Energien. Für Deutschland ist es deshalb wahrscheinlich, dass neben den ‚Big Four‘ auch mittelständische Produzenten Teil des analysierten Produzentenkreises werden. Ferner ist es möglich, dass nicht nur überwiegend in Deutschland agierende oder im Eigentum von deutschen Anteilseignern stehende Unternehmen identifiziert werden. Methodisch kann hier eine Inhaltsanalyse mit Ziel der inhaltlichen Strukturierung zur Anwendung kommen (Mayring 2010, S. 92 ff.), wobei mitunter eine Beschränkung auf häufiger genannte Unternehmen erfolgen kann.

Drittens lässt sich durch Geschichten der Beobachtungszeitraum von Veränderungen definieren. Als Beginn einer Veränderung können etwa exogene Geschichten wie das Inkrafttreten von Gesetzen, die es im Verlauf der Energiewende oftmals gegeben hat (Mautz et al. 2008), herangezogen werden. Während das 1998 wirksam gewordene Energiewirtschaftsgesetz (EnWG) ein Beispiel für ein Meilenstein zu Beginn der Energiewende ist, stellt die weitreichende Novellierung des Erneuerbare-Energien-Gesetzes (EEG) in 2009 ein Beispiel für einen Meilenstein jüngeren Datums dar (Maubach 2014). Aber auch endogene Ereignisse wie der Zusammenschluss oder die Aufteilung von großen Unternehmen sind ein derartiges Beispiel. Zudem können Anhaltspunkte für eine Unterteilung des Beobachtungszeitraums in Subperioden vorgenommen werden.

4.4   Geschichten und Rekonstruktion der Marktveränderung

Neben der Eruierung der Grenzen der Marktveränderung besteht die zweite Funktion der Analyse von Geschichten in der Rekonstruktion einer Veränderung eines Marktes für erneuerbare Energien. Im Folgenden wird dargestellt, wie die Analysedimensionen Verbindungen und Identitäten sowie *blocking action* und *getting action* bei dieser Rekonstruktion unterstützen. Während sich durch das erste Dimensionspaar kontinuierliche Marktveränderungen erfassen lassen, können durch das zweite Dimensionspaar konfliktäre Marktveränderungen sichtbar gemacht werden.

Wie lassen sich kontinuierliche Marktveränderungen erfassen? Im Geschäftsalltag referenzieren Produzenten in Geschichten fortlaufend aufeinander sowie stellen auch Marktbeobachter Referenzen zwischen Unternehmen her. Die dabei entstehenden und sich verändernden Verbindungen und Identitäten können auf zwei Arten analysiert werden. Erstens können die Bezugnahmen in Form einer Matrix, die ausschließlich Produzenten beinhaltet, zusammengefasst werden. Diese Matrix wird durch Ergebnisse aus einer Inhaltsanalyse mit dem Ziel der inhaltlichen Strukturierung erstellt, wobei die zuvor identifizierten Produzenten die Kategorien bilden (Mayring 2010, S. 92 ff.). Berücksichtigt eine solche

Matrix Beobachtungen zu verschiedenen Zeitpunkten, lassen sich zudem Veränderungsverläufe nachzeichnen. Zweitens kann durch dieselbe Variante der Inhaltsanalyse erhoben werden, auf welche Positionierungsthemen Unternehmen in ihren Geschichten verweisen. Diese Auswertung gibt Aufschluss darüber, durch welche Themen Abgrenzungen vorgenommen werden. Die dabei entstehende Matrix von Produzenten und Positionierungsthemen, die wiederum für unterschiedliche Zeitpunkte erstellt werden kann, bildet „ein strukturelles Fundament" (Mützel 2010a, S. 96) zur Rekonstruktion der Veränderungsdynamiken. Anstelle oder in Ergänzung zu den Positionierungsthemen können auch andere Kategorien verwendet werden. So kann es in Abhängigkeit vom Erkenntnisinteresse hilfreich sein, Unternehmen danach zu unterscheiden, ob sie sich als *first-mover* beschreiben (Lieberman und Montgomery 1988) – also Unternehmen, die neue Technologien im Bereich erneuerbare Energien sehr rasch anwenden – oder hinsichtlich der Technologieadaptierung als abwartend beschreiben.

Wie lassen sich konfliktreiche Marktveränderungen erfassen? Unternehmen drücken in Geschichten auch *blocking action* und *getting action* aus. Während ein Unternehmen bei *blocking action* Grenzziehungen innerhalb eines Marktes vornimmt und einen Anspruch auf Deutungshoheit erhebt, strebt es bei *getting action* eine Entkopplung und eine Erhöhung der Vielfalt an. Mithilfe dieser beide Dimensionen werden konfliktäre Veränderungen und Machtpositionen auf einem Markt sichtbar. Es kann dann von einem Konflikt zwischen Marktteilnehmern gesprochen werden, wenn die Position eines Markteilnehmers durch die Geschichten eines anderen Markteilnehmers negativ verändert wird. Als Methode empfiehlt sich dabei jeweils die Inhaltsanalyse mit Fokus auf die inhaltliche Strukturierung des Datenmaterials (Mayring 2010, S. 92 ff). Die im Folgenden erörterten Indikatoren stellen die vorab definierten Kategorien dieser Variante der Inhaltsanalyse dar.

Die folgenden Indikatoren lassen auf *blocking action* schließen. Erstens wenn Versuche von Unternehmen sichtbar werden, einen Standard auf dem Markt zu etablieren und die konkrete Form des Standards weitgehend zu kontrollieren. Dieser Standard kann vor allem eine neue Technologie zur Erzeugung, Speicherung und Verbreitung von Energie aus erneuerbaren Quellen betreffen. Aber auch die marktweite Durchsetzung eines bestimmten Ablaufs zur Adressierung eines bestimmten Problems *(Best Practice)* ist ein Beispiel für dieses Unterfangen, Deutungshoheit zu erlangen. Ein zweiter Indikator sind initiierte Grenzverschiebungen. Die Ausweitung des Leistungsangebots eines Unternehmens ist hierfür ein typisches Beispiel. Dadurch werden neue Bezüge hergestellt und neue, vormals womöglich nicht relevante Produzenten werden zu Konkurrenten. Drittens stellen Auseinandersetzungen von Unternehmen mit Marktbeobachtern einen

Indikator für *blocking action* dar. Solcherlei Auseinandersetzungen sind ein Ausdruck dafür, dass die vom Marktbeobachter dem Produzenten zugeschriebene Position nicht der Position entspricht, die sich dieser selbst zuschreibt. Illustrativ hierfür sind Pressemitteilungen, in denen auf die Berichte von Analysten eingegangen und nicht selten widersprochen wird.

Für *getting action* auf einem Markt für erneuerbare Energien lassen sich die folgenden Indikatoren anführen. Erstens ist die Reduktion des Leistungsangebots anzuführen, mit der eine Entkoppelung stattfindet. Die Konzernaufspaltung in den Energiemärkten ist ein Beispiel für einen derartigen Schritt. Ein zweiter Indikator ist das Bestreben, neue Kooperationen mit anderen Unternehmen einzugehen. Diese Unternehmen können entweder Teil des analysierten Marktes oder aus der Sicht des fokalen Produzenten marktfremde Produzenten (*upstream*) sein. Zu letzterem sind vor allem Produzenten des für den Markt für erneuerbare Energien wichtigen Umwelttechnikmarkts relevant. Wenngleich beiden Märkten unterschiedliche *business register,* also unterschiedliche spezifische Geschäftspraktiken eigen sind, besteht eine starke technologische Nähe. Die Kooperation mit marktaffinen und marktfremden Unternehmen erlaubt es einem Produzenten auf dem Markt für erneuerbare Energien, neue Koppelungen einzugehen, welche wiederum ein wesentlicher Treiber von Veränderungen sind.

5   Schlussbetrachtung

Der in diesem Beitrag vorgestellte Analyseansatz hat zum Ziel, die Perspektive der relationalen Marktsoziologie nach White für eine Analyse von Veränderungen von Märkten für erneuerbare Energien fruchtbar zu machen. Der Analyseansatz geht davon aus, dass Geschichten von Produzenten und Beobachtern eines Marktes Marktveränderungen verantworten. Auf dieser Grundlage wurden die Eckpunkte des Analyseansatzes dargestellt. Es wurde das Vorgehen zur Identifikation der Grenzen einer Marktveränderung erörtetet und illustriert, inwiefern durch Geschichten kontinuierliche Marktveränderungen und potenziell konfliktäre Marktveränderungen analysiert werden können. Die Anwendung des Ansatzes in einem Forschungsvorhaben gibt Aufschluss darüber, wie auf den ersten Blick alltägliche und simpel erscheinende wirtschaftliche Vorgänge wie Pressemitteilungen, Zeitungsartikel und Berichte einen Markt für erneuerbare Energien verändern können. Im Hinblick auf strukturelle Konflikte, die mit der Energiewende einhergehen, macht dieser Beitrag deutlich, welche Rolle Geschichten für die Entstehung von Konflikten spielen. Aus der relationalen Perspektive kann dann von einem Konflikt unter Marktteilnehmern gesprochen werden, wenn die

Position eines Produzenten durch die Geschichten eines anderen Produzenten oder von Marktbeobachtern aus der Sicht des fokalen Produzenten negativ verändert wird. Geschichten und deren Möglichkeit, Positionen zu verändern, sind in dieser Perspektive somit der Auslöser struktureller Konflikte im Kontext der Energiewende.

Der vorgestellte Analyseansatz weist auch Limitierungen auf. Eine erste besteht in der Konzeptualisierung von Märkten als Zusammenspiel von Produzenten, womit die Rolle von Konsumenten ausgeblendet wird. Gerade auch angesichts der zunehmenden Dezentralisierung der Energieproduktion und, damit einhergehend, der steigenden Komplexität bei der Beobachtung der Geschichten eines Marktes kann diese Grundannahme an empirische Grenzen stoßen. Eine weitere Einschränkung besteht in der skizzierten Anwendung der Konzepte der relationalen Marktsoziologie. Zum einen fokussierte die theoretische Aufbereitung von White auf für Unternehmen geeignete Theoriebausteine. Vor allem Situationsdynamiken auf der Mikroebene individueller Identitäten lassen sich durch Konzepte wie *netdoms* und *switching* und einem Fokus auf Sprache präzisier erfassen. Ferner wurde die Wirkung von Geschichten unter Berücksichtigung von Konflikten fokussiert erörtert. So stellen diese nicht nur Verbindungen und Identitäten her, sondern bewerten auch soziale Realität. Dieser evaluative Charakter von Geschichten wurde für empirische Forschungen insbesondere mit dem Soziologie der Konventionen in Verbindung gebracht (Aspers 2007; Mützel 2007). Eine Untersuchung von Bewertungen auf Märkten für erneuerbare Energien scheint insbesondere vor dem Hintergrund der politischen Einflussnahme auf Energiepreise fruchtbar. Schließlich besteht eine weitere Begrenzung des Ansatzes darin, dass den von Unternehmen und Marktbeobachtern verbreiteten Geschichten implizit Wahrhaftigkeit unterstellt wird: Somit wird angenommen, dass Geschichten nicht dazu instrumentalisiert werden, im Rahmen eines „war of positioning" (MacKay und Munro 2012, S. 1527) auf Märkten gezielt zu desinformieren und dass die Bezugnahme auf die Energiewende vordergründig keine Praktik ist, mit der Unternehmen ‚Greenwashing' (Lounsbury et al. S. 2011) betreiben. Im Gewahr dieser Grenzen stellt der auf der relationalen Marktsoziologie aufbauende Analyseansatz jedoch einen äußerst fruchtbaren Zugang dar, um Veränderungen auf Märkten für erneuerbare Energien umfassend zu verstehen.

Literatur

Abolafia, M. Y. (1998). Markets as cultures: An ethnographic approach. In M. Callon (Hrsg.), *The laws of the markets* (S. 69–85). Malden: Blackwell.

Aspers, P. (2007). Wissen und Bewertung auf Märkten. *Berliner Journal für Soziologie, 17*(4), 431–449.

Aspers, P., & Beckert, J. (2008). Märkte. In A. Maurer (Hrsg.), *Handbuch der Wirtschaftssoziologie* (S. 225–246). Wiesbaden: Springer VS.

Beamish, T. D. (2007). Economic sociology in the next decade and beyond. *American Behavioral Scientist, 50*(8), 993–1014.

Beckert, J. (2009). The social order of markets. *Theory and Society, 38*(3), 245–269.

Beckert, J., Diaz-Bone, R., & Ganßmann, H. (Hrsg.). (2007). *Märkte als soziale Strukturen.* Frankfurt a. M.: Campus.

Beunza, D., & Garud, R. (2007). Calculators, lemmings or frame-makers? The intermediary role of securities analysts. In M. Callon, Y. Millo, & F. Muniesa (Hrsg.), *Market devices* (S. 13–39). Malden: Blackwell.

Bogner, A., Littig, B., & Menz, W. (2014). *Interviews mit Experten: Eine praxisorientierte Einführung.* Wiesbaden: Springer VS.

Bontrup, H. J., & Marquardt, R. M. (2010). *Kritisches Handbuch der deutschen Elektrizitätswirtschaft: Branchenentwicklung, Unternehmensstrategien, Arbeitsbeziehungen.* Berlin: edition sigma.

Brint, S. (1992). Hidden meanings: Cultural content and context in Harrison White's structural sociology. *Sociological Theory, 10*(2), 194–208.

Bruns, E., Ohlhorst, D., Wenzel, B., & Köppel, J. (2011). *Renewable energies in Germany's electricity market: A biography of the innovation process.* Dordrecht: Springer.

Delmas, M., Russo, M. V., & Montes-Sancho, M. J. (2007). Deregulation and environmental differentiation in the electric utility industry. *Strategic Management Journal, 28*(2), 189–209.

DiMaggio, S. (1990). Cultural aspects of economic action and organization. In R. Friedland & A. F. Robertson (Hrsg.), *Beyond the marketplace: Rethinking economy and society* (S. 113–136). New York: de Gruyter.

Diaz-Bone, R., & Krell, G. (Hrsg.). (2009). *Diskurs und Ökonomie: Diskursanalytische Perspektiven auf Märkte und Organisationen.* Wiesbaden: VS Verlag für Sozialwissenschaften.

DiMaggio, P. (1994). Culture and economy. In N. J. Smelser & R. Swedberg (Hrsg.), *The handbook of economic sociology* (S. 27–57). Princeton: Princeton University Press.

Dobbin, F. (1994). *Forging industrial policy: The United States, Britain, and France in the railway age.* Cambridge: Cambridge University Press.

E.ON. (2014). Pressemitteilungen. http://www.eon.com/de/presse/pressemitteilungen/ pressemitteilungen/2014/11/30/new-corporate-strategy-eon-to-focus-on-renewables-distribution-networks-and-customer-solutions-and-to-spin-off-the-majority-of-a-new-publicly-listed-company-specializing-in-power-generation-global-energy-trading-and-exploration-and-production.html. Zugegriffen: 8. Aug. 2016.

Emirbayer, M. (1997). Manifesto for a relational sociology. *American Journal of Sociology, 103*(2), 281–317.

Flick, U. (2004). Triangulation in qualitative research. In U. Flick, E. von Kardoff, & I. Steinke (Hrsg.), *A companion to qualitative research* (S. 178–183). London: Sage.

Fligstein, N. (2001). *The architecture of markets: An economic sociology for twenty-first-century capitalist societies*. Princeton: Princeton University Press.

Fligstein, N., & McAdam, D. (2012). *A theory of fields*. New York: Oxford University Press.

Fourcade, M. (2007). Theories of markets and theories of society. *American Behavioral Scientist, 50*(8), 1015–1034.

Fuhse, J. A. (2015). Theorizing social networks: The relational sociology of and around Harrison White. *International Review of Sociology, 25*(1), 15–44.

Giacovelli, S. (2014). *Die Strombörse: Über Form und latente Funtion des börslichen Stromhandels aus marktsoziologischer Sicht*. Marburg: Metropolis.

Granovetter, M. (1985). Economic action and social structure: The problem of embeddedness. *American Journal of Sociology, 91*(3), 481–510.

Granovetter, M. (1992). Problems of explanation in economic sociology. In N. Nohria & R. G. Eccles (Hrsg.), *Networks and organizations: Structure, form, and action* (S. 25–56). Boston: Harvard Business School Press.

Granovetter, M. (2005). The impact of social structure on economic outcomes. *Journal of Economic Perspectives, 19*(1), 33–50.

Herbes, C., & Friege, C. (Hrsg.). (2015). *Marketing erneuerbarer Energien: Grundlagen, Geschäftsmodelle, Fallbeispiele*. Wiesbaden: Springer Gabler.

Jacobsson, S., & Lauber, V. (2006). The politics and policy of energy system transformation: Explaining the German diffusion of renewable energy technology. *Energy Policy, 34*(3), 256–276.

Jørgensen, L., Jordan, S., & Mitterhofer, H. (2012). Sensemaking and discourse analyses in inter-organizational research: A review and suggested advances. *Scandinavian Journal of Management, 28*(2), 107–120.

Kaltschmitt, M., Stegelmeier, M., Streicher, W., & Weinberg, J. (2014). Einführung und Aufbau. In M. Kaltschmitt, W. Streicher, & A. Wiese (Hrsg.), *Erneuerbare Energien: Systemtechnik, Wirtschaftlichkeit, Umweltaspekte*. Berlin: Springer Vieweg.

Kennedy, M. T. (2008). Getting counted: Markets, media, and reality. *American Sociological Review, 73*(2), 270–295.

Kennedy, M. T., Chok, J. I., & Liu, J. (2012). What does it mean to be green? The emergence of new criteria for assessing corporate reputation. In T. G. Pollock & M. L. Barnett (Hrsg.), *The Oxford handbook of corporate reputation* (S. 69–93). Oxford: Oxford University Press.

Kern, T. (2014). Die Umweltbewegung und der Wandel der institutionellen Logik auf dem Strommarkt. *Zeitschrift für Soziologie, 43*(5), 322–340.

Kitzing, L., Mitchell, C., & Morthorst, P. E. (2012). Renewable energy policies in Europe: Converging or diverging? *Energy Policy, 51*, 192–201.

Knoll, L. (2012). *Über die Rechtfertigung wirtschaftlichen Handelns: CO_2-Handel in der kommunalen Energiewirtschaft*. Wiesbaden: Springer VS.

Knorr Cetina, K. (2004). Capturing markets? A review essay on Harrison White on producer markets. *Socio-Economic Review, 2*(1), 137–147.

Krippner, G. R. (2001). The elusive market: Embeddedness and the paradigm of economic sociology. *Theory and Society, 30*(6), 775–810.

Lauterborn, A. (2014). Netz- und Marktakteure im Smart Market. In C. Aichele & O. D. Doleski (Hrsg.), *Smart Market: Vom Smart Grid zum intelligenten Energiemarkt* (S. 215–234). Wiesbaden: Springer Vieweg.

Leifer, E., & White, H. C. (1987). A structural approach to markets. In M. S. Mizruchi & M. Schwartz (Hrsg.), *Intercorporate relations: The structural analysis of business* (S. 85–108). Cambridge: Cambridge University Press.

Lieberman, M. B., & Montgomery, D. B. (1988). First-mover advantages. *Strategic Management Journal, 9*(S1), 41–58.

Lounsbury, M., & Glynn, M. A. (2001). Cultural entrepreneurship: Stories, legitimacy, and the acquisition of resources. *Strategic Management Journal, 22*(6–7), 545–564.

Lounsbury, M., Fairclough, S., & Lee, M.-D. P. (2011). Institutional approaches to organizations and the natural environment. In P. Bansal & A. J. Hoffman (Hrsg.), *The Oxford handbook of business and the natural environment* (S. 211–228). Oxford: Oxford University Press.

MacKay, B., & Munro, I. (2012). Information warfare and new organizational landscapes: An inquiry into the Exxonmobil-Greenpeace dispute over climate change. *Organization Studies, 33*(11), 1507–1536.

Maubach, K.-D. (2014). *Energiewende: Wege zu einer bezahlbaren Energieversorgung* (2. Aufl.). Wiesbaden: Springer VS.

Mautz, R., Byzio, A., & Rosenbaum, W. (2008). *Auf dem Weg zur Energiewende: Die Entwicklung der Stromproduktion aus erneuerbaren Energien in Deutschland.* Göttingen: Universitätsverlag Göttingen.

Mayring, P. (2010). *Qualitative Inhaltsanalyse: Grundlagen und Techniken* (11. Aufl.). Weinheim: Beltz.

Mische, A. (2011). Relational sociology, culture, and agency. In J. Scott & P. J. Carrington (Hrsg.), *The Sage handbook of social network analysis* (S. 80–97). Thousand Oaks: Sage.

Mische, A., & White, H. C. (1998). Between coversation and situation: Public switching dynamics across network domains. *Social Research, 65*(3), 695–724.

Mohr, J. W. (1998). Measuring meaning structures. *Annual Review of Sociology, 24,* 345–370.

Mützel, S. (2007). Marktkonstitution durch narrativen Wettbewerb. *Berliner Journal für Soziologie, 17*(4), 451–464.

Mützel, S. (2008). Netzwerkperspektiven in der Wirtschaftssoziologie. In A. Maurer (Hrsg.), *Handbuch der Wirtschaftssoziologie* (S. 185–206). Wiesbaden: Springer VS.

Mützel, S. (2009). Geschichten als Signale: Zur diskursiven Konstruktion von Märkten. In R. Diaz-Bone & G. Krell (Hrsg.), *Diskurs und Ökonomie: Diskursanalytische Perspektiven auf Märkte und Organisationen* (S. 225–244). Wiesbaden: Springer VS.

Mützel, S. (2010a). Koordinierung von Märkten durch narrativen Wettbewerb. In J. Beckert & C. Deutschmann (Hrsg.), *Wirtschaftssoziologie* (S. 87–106). Wiesbaden: Springer VS.

Mützel, S. (2010b). Netzwerkansätze in der Wirtschaftssoziologie. In C. Stegbauer & C. Häußling (Hrsg.), *Handbuch Netzwerkforschung* (S. 601–613). Wiesbaden: Springer VS.

Phillips, N., & Hardy, C. (2002). *Discourse analysis: Investigating processes of social construction.* Thousand Oaks: Sage.

Podolny, J. M. (1993). A status-based model of market competition. *American Journal of Sociology, 98*(4), 829–872.

RWE. Pressemitteilungen. http://www.rwe.com/web/cms/de/37110/rwe/presse-news/pressemitteilungen/pressemitteilungen/?pmid=4014309. Zugegriffen: 8. Aug. 2016.

Schützeichel, R. (2012). Ties, stories and events: Plädoyer für eine prozessuale Netzwerktheorie. *Berliner Journal für Soziologie, 22*(3), 341–357.

Smith, A. (2007). Emerging in between: The multi-level governance of renewable energy in the english regions. *Energy Policy, 35*(12), 6266–6280.

Sparsam, J. (2015). *Wirtschaft in der New Economic Sociology: Eine Systematisierung und Kritik.* Wiesbaden: Springer VS.

Swedberg, R. (1994). Markets as social structures. In N. J. Smelser & R. Swedberg (Hrsg.), *Handbook of economic sociology* (S. 255–282). New York: Russell Sage.

Swedberg, R. (1997). New economic sociology: What has been accomplished, what is ahead? *Acta Sociologica, 40*(2), 161–182.

Swedberg, R. (2011). The economic sociologies of Pierre Bourdieu. *Cultural Sociology, 5*(1), 67–82.

Swidler, A. (1986). Culture in action: Symbols and strategies. *American Sociological Review, 51*(2), 273–286.

Uzzi, B. (1996). The sources and consequences of embeddedness for the economic performance of organizations: The network effect. *American Sociological Review, 61*(4), 674–698.

Wangler, L. U. (2012). Renewables and innovation: Did policy induced structural change in the energy sector effect innovation in green technologies? *Journal of Environmental Planning and Management, 56*(2), 211–237.

White, H. C. (1981). Where do markets come from? *American Journal of Sociology, 87*(3), 517–547.

White, H. C. (1992). *Identity and control: A structural theory of social action.* Princeton: Princeton University Press.

White, H. C. (1993). Markets, networks and control. In S. M. Lindenberg & H. Schreuder (Hrsg.), *Interdisciplinary perspectives on organization studies* (S. 223–239). Oxford: Pergamon Press.

White, H. C. (2000). Modeling discourse in and around markets. *Poetics, 27*(2–3), 117–133.

White, H. C. (2002). *Markets from networks: Socioeconomic models of production.* Princeton: Princeton University Press.

White, H. C. (2008). *Identity and control: How social formations emerge.* Princeton: Princeton University Press.

White, H. C., & Godart, F. C. (2007a). Märkte als soziale Formationen. In J. Beckert, R. Diaz-Bone, & H. Ganßmann (Hrsg.), *Märkte als soziale Strukturen* (S. 197–215). Frankfurt a. M.: Campus.

White, H. C., & Godart, F. C. (2007b). Stories from identity and control. *Sociologica, 3,* 1–17.

Zelizer, V. A. (1988). Beyond the polemics on the market: Establishing a theoretical and empirical agenda. *Sociological Forum, 3*(4), 614–634.

Zilber, T. B. (2007). Stories and the discursive dynamics of institutional entrepreneurship: The case of Israeli high-tech after the bubble. *Organization Studies, 28*(7), 1035–1054.

Zukin, S., & DiMaggio, P. (1990). Introduction. In S. Zukin & P. DiMaggio (Hrsg.), *Structures of capital. The social organization of the economy* (S. 1–36). Cambridge: Cambridge University Press.

Der verdeckte Transformationsprozess der Energieversorger – Kollisionen von Rechtfertigungsordnungen

Heike Jacobsen, Franziska Blazejewski und Patricia Graf

1   Einleitung

Energieversorger in Deutschland sehen sich durch die Liberalisierung des Energiemarktes, die Politik zur Energiewende und die Möglichkeiten der Digitalisierung von Prozessen vor die Herausforderung gestellt, sich möglichst rasch an neuen Zielen auszurichten und sich diese so zu eigen zu machen, dass sie als Akteure in der Umsetzung der Energiewende wirtschaftlich erfolgreich bleiben. Neben der technologischen Umorientierung auf regenerative Energiequellen und Netzstabilität sowie der gewachsenen Komplexität durch die Trennung von Netz und Vertrieb verlangt dies eine Umorientierung von vorwiegend quantitativen auf qualitative Ziele: Energie soll „eingespart" werden, statt möglichst große Mengen davon zu erzeugen und zu verkaufen. Energieeinsparung aber kann erst beim Nutzer stattfinden, und diesen dabei systematisch zu unterstützen und zu beraten, wird gegenwärtig zu einer Kernaufgabe der Energieversorger (Berlo und Wagner 2011; Bontrup und Marquardt 2010a, b).

H. Jacobsen (✉) · F. Blazejewski · P. Graf
Fakultät für Wirtschaft, Recht, Gesellschaft, Brandenburgische Technische Universität Cottbus-Senftenberg, Cottbus, Deutschland
E-Mail: heike.jacobsen@b-tu.de

F. Blazejewski
E-Mail: Franziska.Blazejewski@b-tu.de

P. Graf
E-Mail: patricia.graf@b-tu.de

© Springer Fachmedien Wiesbaden 2017
S. Giacovelli (Hrsg.), *Die Energiewende aus wirtschaftssoziologischer Sicht*,
DOI 10.1007/978-3-658-14345-9_5

Was tun die Unternehmen konkret, um diese Herausforderungen zu bewältigen? Die Vielzahl der gegenwärtig parallel stattfindenden Anpassungs- und Umwälzungsprozesse lässt sich zu drei zentralen Konstellationen verdichten:

Es geht erstens um die Umorientierung von vorwiegend produktionsökonomischen auf marktökonomische Strategien. Die Freigabe bzw. „Liberalisierung" der Energieversorgung für den Wettbewerb, vor allem die im dritten EU-Liberalisierungspaket von 2009 vorgeschriebene Trennung von Vertrieb und Netz (Unbundling) erfordert eine engere Abstimmung der bisher weitestgehend von Wettbewerbseinflüssen geschützten Produktionsprozesse mit den Erfordernissen des Marktes. Die Energieversorger stehen also im Wettbewerb zueinander, und zugleich treten im Zuge der Energiewende (Mautz und Rosenbaum 2012) und der Digitalisierung (Adam 2014) neue Wettbewerber auf den Markt. Es muss also mehr Raum für Wettbewerbsorientierung geschaffen werden. Gleichzeitig bleibt jedoch der Infrastruktur- bzw. Versorgungsauftrag der Branche insgesamt erhalten. Es geht also nicht nur um Wettbewerb, sondern auch (weiterhin) um sichere Versorgung – eine Anforderung, die durch das Vordringen dezentraler Energieerzeugung im Zuge der Energiewende ganz neue Probleme für eingespielte Kooperationen und regionale Claims aufwirft. Diese Gleichzeitigkeit verschafft den Unternehmen Spielräume, um die Imperative der Marktsteuerung zu relativieren und insbesondere der Politik gegenüber ihre unverzichtbaren Beiträge zum Gemeinwohl ins Feld zu führen. Darüber hinaus müssen im Interesse einer insgesamt möglichst effizienten, ressourcenschonenden und preisgünstigen Energieversorgung die Produktion von Energie und die Dienstleistungen für die Verteilung und Einsparung von Energie in ein dichtes Geflecht aus teils neuen Dienstleistungen der Unternehmen untereinander und für die gewerblichen und privaten Verbraucher eingebunden werden (Sattelberger 2014, S. 43). Dadurch verstärkt sich zweitens ein Tertiarisierungsschub: Die von den Traditionen des primären bzw. sekundären Sektors geprägte Energieerzeugung und -versorgung wird von den neuen, tertiäre Leistungen kennzeichnenden Strukturen und Prozessen herausgefordert. Schließlich eröffnen drittens die gegenwärtig exponentiell zunehmenden Möglichkeiten der Nutzung digitaler Technologien ganz neue Reorganisationspotenziale. Die Digitalisierung ermöglicht zugleich eine Neuorientierung im Wettbewerb durch die Entwicklung „neuer Geschäftsmodelle". Damit weist die digitale Rationalisierung über bestehende Unternehmen hinaus: Neue Kooperationen mit alten und neuen Wettbewerbern einerseits und neue Konkurrenz durch „Disruptoren" andererseits bringen die eingespielten säulenartigen Marktverhältnisse teils sukzessive, teils eruptionsartig durcheinander (vgl. Sattelberger 2014).

Die Energiewende stellt demnach aus Sicht der EVU keinen in sich geschlossenen Auftrag dar, sondern reiht sich ein in energiepolitische Entwicklungen der vergangenen zwei Jahrzehnte, die die wirtschaftlichen Handlungsgrundlagen der

EVU fundamental verändert haben (vgl. Bontrup, Marquardt 2010b, 2015). Die EU-Liberalisierungspolitik zielte verstärkt auf eine Vermarktlichung von Energieerzeugung, Handel und Vertrieb, womit auch neue Wettbewerber auf den Markt drängten. Verstärkt wurde der Anpassungsdruck durch die Energiewendepolitik: Die dezentrale Stromerzeugung aus erneuerbaren Energien lässt die „traditionelle" Stromerzeugung in Großkraftwerken und deren Verteilung durch die kommunalen Versorger unrentabler werden. Sich kontinuierlich ändernde Regularien, etwa eine Änderung der EEG-Umlage, müssen in Kooperation zwischen Stadtwerken und Abrechnungsdienstleistern, in die Abrechnungssysteme eingespeist werden, wodurch der Abrechnungsaufwand steigt.Aber es bieten sich auch neue Geschäftsfelder in Form von eigenen Erneuerbaren Energien-Erzeugungsanlagen, Energieeffizienzdienstleistungen, z. B. Contracting, und Energiemanagement, z. B. durch virtuelle Kraftwerke.

Was bedeuten diese Einflüsse für die Organisation der Arbeit und für die Beschäftigung in dieser Branche, die bis vor kurzem extrem stabil und von wenig grundlegendem Wandel betroffen war? Die Arbeitsorganisation war unter den Bedingungen des Primats der Versorgungssicherheit an den Erfordernissen der Produktionsökonomie orientiert, d. h. stabile Prozesse und die Gewährleistung optimaler technischer Bedingungen standen im Vordergrund. Die Beschäftigungsbedingungen waren über Jahrzehnte an den Strukturen und Traditionen des öffentlichen Dienstes orientiert. Stabilität, Berechenbarkeit, Loyalität und Identifikation mit dem Versorgungsauftrag waren wesentliche Eckpfeiler sowohl der Personaleinsatzstrategien der Unternehmen als auch des beruflichen Selbstverständnisses der Beschäftigten (vgl. Bontrup und Marquardt 2010b). Diese Bedingungen werden durch zunehmende Marktsteuerung, Tertiarisierung und Digitalisierung infrage gestellt. Flexibilität in funktionaler Hinsicht, d. h. in Bezug auf die Arbeitsinhalte, und in numerischer Hinsicht, d. h. in Bezug auf den Umfang der Beschäftigung, halten Einzug. Solche Neuorientierungen können kaum friktionsfrei umgesetzt werden. Unsere Annahme, die wir im Folgenden empirisch untersuchen, ist, dass in jedem Einzelfall die Verantwortlichen in den Unternehmen und die Beschäftigten Lösungen finden müssen, die beiden Seiten als legitim erscheinen.

Wir untersuchen exemplarisch anhand eines Reorganisationsfalls in den Stadtwerken einer westdeutschen Stadt, wie in den Energieversorgungsunternehmen mit dieser Ungewissheit der wirtschaftlichen Situation umgegangen wird. Die in den Stadtwerken Grünheim[1] ehemals nach den Gesichtspunkten der Produktionsökonomie getrennten Sparten der Strom-, Gas- und Wasserversorgungstechnik wurden in einer Abteilung unter dem Namen „Technischer Kundenservice" zusammengefasst.

---

[1]Fiktiver Name.

Zudem wurde eine zentrale Auftragsannahme für diese technischen Aufgaben installiert. Was auf den ersten Blick unproblematisch erscheint, erwies sich als ausgesprochen konfliktbelasteter Reorganisationsprozess, im Zuge dessen Widersprüche zwischen Produktions- und Marktorientierung sowie zwischen tertiären und primären resp. sekundären sektoralen Traditionen aktualisiert wurden.

Der über zehn Jahre andauernde Reorganisationsprozess verdeutlicht auch, wie tief greifend die Veränderungen in der Energiewirtschaft auch schon vor Verkündung der Energiewende waren. Die in anderen Branchen bereits seit langem praktizierten Reorganisationsstrategien werden nachgeholt und müssen dabei auf die Bedingungen der Branche angepasst werden.

Diese organisatorischen Veränderungen betreffen auch die Mikroebene der Arbeit, indem sie in eingelebte Arbeitspraktiken eingreifen und Arbeitskonflikte erzeugen können. Für die Untersuchung solcher Konflikte und ihrer Bewältigung nutzen wir die in jüngerer Zeit intensiv diskutierte Soziologie der Konventionen. Aus dieser theoretischen Perspektive handelt es sich bei dem Widerstreit der genannten Orientierungen um Auseinandersetzungen über die Geltung von verschiedenen Konventionen. Diese müssen durch situative Aushandlungen geklärt oder in Kompromissen ausbalanciert werden (vgl. zuletzt Diaz-Bone 2015).

Ziel des vorliegenden Beitrags ist es, ein tieferes Verständnis darüber zu gewinnen, wie Rationalisierungsmaßnahmen für mehr Marktsteuerung, Flexibilisierung und Subjektivierung organisationsintern aufgegriffen und umgesetzt werden können. Es wird untersucht, inwiefern die bisher vollzogenen Schritte auf diesem Weg geeignet sind, nicht nur die Unternehmen und die Beschäftigung zu stabilisieren, sondern auch den Ansprüchen der neuen Energiepolitik zur Geltung zu verhelfen.

Der Beitrag skizziert zunächst die Grundlagen der Soziologie der Konventionen sowie die Anwendung dieses Ansatzes für die Untersuchung von Reorganisationsprozessen (Kap. 2). Anschließend werden die empirischen Befunde zur Konflikthaftigkeit des Reorganisationsprozesses bei den Stadtwerken Grünheim vorgestellt (Kap. 3). Den Abschluss bildet die Diskussion der zentralen Ergebnisse und ihrer Bedeutung für die wirtschaftssoziologische Auseinandersetzung mit der Energiewende (Kap. 4).

2 Die Soziologie der Konventionen

Die Soziologie der Konventionen (auch Économie des conventions, Abkürzung EC) beruht auf einer „transdisziplinären Wissenschaftsbewegung" (für einen historischen Abriss siehe Diaz-Bone 2015) in Frankreich, die wirtschaftliches

Handeln als kollektive Koordinationsleistung in ungewissen, interpretationsbedürftigen Situationen konzipiert. Ausgangspunkt des Ansatzes ist die Feststellung, dass kompetente Akteure unter Ungewissheit in konkreten Situationen ihr Handeln aufeinander abstimmen müssen. Eine Konvention bezeichnet einen interpretativen Rahmen für die Koordination und Bewertung in sozialen Situationen. Dem liegt eine Konzeption des Handelns zugrunde, die Handeln als in der Situation verankert versteht und den Handelnden kognitive und evaluative Fähigkeiten zuschreibt, die sie in die Lage versetzen, zu einem situativ angemessenen Koordinationsergebnis zu kommen (Diaz-Bone 2011). Die Kompetenzen der Akteure werden systematisch berücksichtigt, „wenn sie sich in konfliktbeladenen Situationen auf allgemeinere moralische Prinzipien beziehen müssen, um situativ die „Qualität" einer Person oder eines Objektes zu verteidigen oder in Frage zu stellen" (Diaz-Bone 2009a, S. 275).

Damit grenzt sich der Ansatz vom neoklassischen Modell mit seiner exklusiven Rationalitätsannahme ab, wonach soziale Ordnung respektive Handlungskoordination „aus der Aggregation kosten-nutzen-optimierender Einzelentscheidungen" (Knoll 2012a, S. 80) entstehe. Die EC berücksichtigt hingegen die Interpretationsleistungen der Akteure und unterscheidet mehrere Konventionen, „auf die sich Akteure zur *rationalen* – im Sinne einer kognitiv und normativ angemessenen – Lösung eines Problems beziehen können" (Knoll 2012a, S. 81). Das heißt, Rationalität ist situationsspezifisch und muss mit anderen verhandelt und evaluiert werden und ist damit ein „kollektives, interpretatives und verhandelbares Problem in sozialen Situationen" (Knoll 2012a, S. 81). Gleichzeitig kann die EC als Mikrofundierung des Neo-Institutionalismus (vgl. Knoll 2012a) herangezogen werden, denn „[a]us Sicht der Économie des conventions sind Institutionen nicht externe Bedingungen (constraints), die für das Entscheiden und Koordinieren in der Ökonomie als gegeben zu betrachten sind. [...] Die EC geht im Gegenteil davon aus, dass Akteure vielmehr die Wirtschaft praktisch in Situationen „koordinieren" müssen und dass das Gelingen der Koordination trotz vorhandener Institutionen unsicher ist und daher immer wieder neu erreicht werden muss" (Diaz-Bone 2015, S. 20). Die Geltung dieser Grundannahme nehmen wir auch für die sozialen Beziehungen am Arbeitsplatz an.

Die EC stellt also einen Analyserahmen dar, der wirtschaftliche Entscheidungen sowie die Stabilität und Veränderung von Organisationen als Analyse ökonomischer Institutionen mit einer pragmatischen Handlungstheorie verbindet: „Organisationen, Märkte und Netzwerke sind auch in dieser Perspektive zentrale institutionelle Arrangements des Wirtschaftslebens. Sie determinieren jedoch nicht unmittelbar, wie gehandelt werden soll. Stattdessen konfigurieren sie

Sphären situativer Interaktionen, in denen verschiedene Konventionen in komplexen Konstellationen das Handeln regulieren" (Jacobsen 2012, S. 16). Wir wenden den im deutschen Forschungsfeld bisher vor allem in wirtschafts- und organisationssoziologischen Fragestellungen verwendeten Ansatz auf arbeitssoziologische Fragestellungen an. Organisationen funktionieren nicht allein durch formale Aufbaustrukturen und Ablaufprozesse, sondern subjektgebundene Leistungen der Organisationsmitglieder sind essenziell (vgl. Deutschmann 2008, S. 136 ff.). Institutionalisierte Anerkennungsbeziehungen prägen den Arbeitsalltag und sichern die notwendige Kooperationsbereitschaft. Deren Erzeugung und Erhalt kann als konventionelle Passung bzw. Übereinstimmung von beruflichem Selbstverständnis und tätigkeitsspezifischen Arbeitsanforderungen heuristisch konzipiert werden. Konventionen koordinieren *Arbeitsbeziehungen* dementsprechend über Anerkennung. Arbeitsprozesse und Arbeitsstrukturen beruhen auf Kompromissen zwischen Konventionen. Fällt die Passung auseinander, z. B. weil sich die Arbeitsanforderungen zu schnell oder zu fundamental verändern, muss die Kooperationsbereitschaft in konflikthaften (Anerkennungs-) Prozessen neu hergestellt werden.

2.1   Konventionen

Boltanski und Thévenot stellen in ihrem Grundlagenwerk „Über die Rechtfertigung" (französisch 1991, deutsch 2007/2014) auf Basis von Inhaltsanalysen sechs Konventionen vor, die in westlichen Gesellschaften Allgemeingültigkeit beanspruchen können. Diese „Rechtfertigungsordnungen" sind in Konfliktsituationen am wirkmächtigsten, weil sich die Handelnden für die Legitimität oder Überzeugungskraft eines Arguments auf das Gemeinwohl beziehen können (Kozica und Kaiser 2015). Rechtfertigung stellt eine besondere Form der Konfliktbearbeitung dar, bei der nicht Herrschaft den Konflikt entscheidet, sondern die in einer Situation anschlussfähigen, normativen Begründungen. Wir setzen demnach die Konventionensoziologie hier als Heuristik für das Verstehen von Arbeitskonflikten und deren Bearbeitung zur Sicherstellung von Kooperationsbereitschaft ein.

Neben den sechs Konventionen aus dem Grundlagenwerk haben inzwischen zwei weitere „kulturell etablierte Koordinationslogiken" (Diaz-Bone 2015, S. 21) Einzug in den Theoriekanon gehalten, sodass insgesamt acht Konventionen vorliegen, auf die Akteure Bezug nehmen können, um die allgemeingültige Gerechtigkeit und Richtigkeit ihres Handelns zu begründen:

In der **Marktkonvention** zählt die Nutzung strategischer und Tauschbeziehungen zur Erzielung kurzfristiger Erträge. Die Bestimmung der Größe bzw. Qualität von Personen und Objekten erfolgt durch Preise und individuell rationales Verhalten. Entscheidungen dienen der Erhöhung der Wettbewerbsfähigkeit. Im Unternehmen zeigt sich der Einfluss dieser Konvention an der Orientierung an Börsen- und anderen marktbasierten Kennwerten oder an Make-or-buy-Entscheidungen (Diaz-Bone 2015; Boltanski und Thévenot 2014; Knoll 2012a).

Die **industrielle Konvention** stellt die mittel- und langfristige Planung durch ExpertInnen in den Mittelpunkt mit dem Ziel einer effizienten Erledigung einer Aufgabe durch Standardisierung. Auf Funktionalität und Stabilität ausgerichtet, werden unternehmerische Entscheidungen auf Basis von professionell-wissenschaftlicher Kompetenz und anhand von messbaren Daten und Statistiken gefällt (Diaz-Bone 2015; Boltanski und Thévenot 2014; Knoll 2012a).

Die **staatsbürgerliche Konvention** bezieht sich auf die solidarische und gemeinwohlorientierte bürgerliche Ordnung. Argumente und Entscheidungen orientieren sich an der Verwirklichung von Gleichheit, Fairness und Partizipation. Die Qualität von Personen und Objekten ergibt sich aus ihrer Repräsentativität für den Gemeinwillen, z. B. in Form von Funktionären und Beschlüssen (Diaz-Bone 2015; Boltanski und Thévenot 2014; Knoll 2012a).

Die **Umwelt- bzw. ökologische Konvention** stellt die Bewahrung des Planeten für kommende Generationen in den Fokus. Umweltverträglichkeit ist das zentrale Bewertungskriterium, Entscheidungen orientieren sich an Nachhaltigkeit und Verantwortlichkeit für die Umwelt (Diaz-Bone 2015; Knoll 2012a).

In der **häuslichen bzw. handwerklichen Konvention** hängt die Größe von der Position in einer Kette persönlicher Abhängigkeiten ab. Argumente stellen Vertrauen, Autorität und Tradition in den Mittelpunkt (Diaz-Bone 2015). Die Beziehungen innerhalb eines Unternehmens erscheinen aus dieser Perspektive analog zu denen einer Familie: „Ein jeder ist für seine Untergebenen wie ein Vater und seine eigenen Beziehungen zur Autorität gleichen denen eines Kindes" (Boltanski und Thévenot 2014, S. 130).

Die **Konvention der Bekanntheit oder der Meinung** zielt auf die Reputation von Personen und Objekten in der Öffentlichkeit. Ansehen und Ruhm bestimmen die Größe und müssen permanent hergestellt werden. Argumentationen sind deshalb auf die Mehrung der öffentlichen Aufmerksamkeit ausgerichtet, z. B. die Unterstützung von Strategien zur Verbesserung des Markenimages (Diaz-Bone 2015; Boltanski und Thévenot 2014; Brandl und Pernkopf 2015).

In der **Konvention der Inspiration** zählen Selbstverwirklichungsansprüche, Leidenschaft und Kreativität als wertvollste Eigenschaften. Das Ausbrechen aus

Gewohnheiten und Routinen geht mit einer Bereitschaft zu permanenter Verbesserung und Neuorganisation einher (Diaz-Bone 2015; Brandl und Pernkopf 2015). Nach Boltanski und Thévenot (2014) beziehen sich die Argumente darauf, sich inspiriert zu fühlen und begnadet oder einzigartig zu sein. In die Unternehmen hat die Konvention der Inspiration zusammen mit der industriellen Konvention in Form von betrieblichen Kreativitätstechniken, wie Brainstorming oder Qualitätszirkeln Einzug gehalten.

In der **Netzwerk- bzw. Projektkonvention** ist die Koordinationsfähigkeit des Einzelnen, Teamfähigkeit und Kommunikation gefragt, um projektorientiert und vernetzt temporär zusammen zu arbeiten. Unternehmen und Individuen stehen gleichzeitig in einem Kooperations- und Konkurrenzverhältnis bei der Verwirklichung eines gemeinsamen Ziels. Koordination erfolgt über Netzwerkbeziehungen (Diaz-Bone 2015; Boltanski und Chiapello 2006; Brandl und Pernkopf 2015).

Die Konventionen weisen Unterschiede hinsichtlich ihrer Bewertungskriterien auf, also welche Qualitäten von Personen und Objekten in einer Situation relevant sind. Je nach Bewertungskriterium unterscheidet sich, welche Personen und Objekte eine hohe Wertigkeit aufweisen, auf welcher Grundlage die sozialen Beziehungen basieren und welche zeitliche Orientierung zugrunde liegt. Abb. 1 gibt einen tabellarischen Überblick über die Merkmale der Konventionen.

Je nach Bezugnahme auf eine der Konventionen variieren die Bewertungen von Personen, Dingen und Handlungen in einer Situation. Ein Beispiel kann dies verdeutlichen: In einem betrieblichen Personalrekrutierungsverfahren kann das jugendliche Alter von Kandidaten ganz unterschiedlich bewertet werden. Aus der industriellen Logik heraus sind diese nur wenig wertvoll, denn sie sind unerfahren. In der Perspektive der häuslichen Konvention dagegen können junge BewerberInnen als besonders wertvoll betrachtet werden, weil sie noch formbar sind (vgl. Imdorf 2012). Welche BewerberInnen berücksichtigt werden, hängt also von der bzw. den Konventionen ab, die von den Personalverantwortlichen als Bewertungs- und Entscheidungsgrundlage herangezogen werden.

In Organisationen muss die herrschende Konvention nicht in jeder Situation neu ausgehandelt werden. Mit dem Konzept der Forminvestitionen wird die Gültigkeit einer Konvention bzw. die Reichweite der Koordination über die Situation hinaus durch stabilisierende Mechanismen und Praktiken fixiert (Diaz-Bone 2015). Forminvestitionen sind „formgebende Aktivitäten" (Diaz-Bone 2009a, S. 272) für die Handlungspraxis. Forminvestitionen verbinden Gewohnheiten und Fähigkeiten mit Objekten und koordinieren so Akteure situationsübergreifend. Investitionskosten fallen in Form von Geld sowie Zeit und Energie für die Aushandlung an (Kozica, Kaiser 2015, S. 53). Solche Forminvestitionen können

Konvention	Bewertungskriterien	Qualifizierte Personen/ Objekte	Beziehungen	Zeithorizonte
Markt	Preis/Marktwert, Wettbewerbsfähigkeit, Kundenorientierung	Käufer, Verkäufer/ Waren	Strategisch, Wettbewerb	Kurzfristig, an Preisentwicklung ausgerichtet
Industrie	Produktivität, technische Effizienz, Funktionalität, Planung	Fachkräfte, Experten/ Pläne, Methoden, Maschinen, Standards	Hierarchisch, funktional, berechenbar, planbar	Mittel-und langfristiger Planungshorizont
Staatsbürgertum	Kollektivinteresse, Gleichheit und Solidarität	Bürger, Funktionäre, Mitglieder/ Grundrechte, Ansprüche, Beschlüsse	Legal, selbstlos, gleichwertig	Immerwährend, grundsätzlich
Umwelt	Umweltverträglichkeit, Nachhaltigkeit, Erneuerbarkeit Umweltbewusstsein	Umweltschützer/ Stoffliche Natur	Solidarität mit zukünftigen Generationen	Sehr langfristig, kommende Generationen
Häuslich	Autorität, Verantwortungsgefühl, Nähe, Hierarchie, Tradition	Chef/Höflichkeiten	Abhängigkeit, Reziprozität, Gewohnheit, Vertrautheit,	Historisch gewachsen, vergangenheitsbezogen
Meinung	Bekanntheit, Image	Prominente/Marken	Anerkennung, Bestätigung, Sichtbarkeit	kurzlebig
Inspiration	Hingabe, Nonkonformität, Kreativität, Leidenschaft	Künstler/ Innovationen, Kunstwerke	Kreative Beziehungen, offene Haltung	Auf das Hier und Jetzt bezogen
Netzwerk	Flexibilität, Vernetzung, Kommunikationsfähigkeit, Mobilität	Projektmitarbeiter, Manager/Projekte, IuK-Technologien	Temporär, aber reaktivierbar, netzwerkartig, kommunikativ	Befristet

Abb. 1 Merkmale der Konventionen. (Quelle: eigene Zusammenstellung und Ergänzung auf Basis von Grüttner 2013; Hoeppe 2014; Knoll 2012a; Leemann und Imdorf 2015)

bestimmte Objekte, Apparate oder Technologien sein, wie z. B. Regelwerke, die über die einzelnen Arbeits- und Entscheidungsprozesse hinweg Normen und Verfahren vorgeben. Auch solche Forminvestitionen unterliegen jedoch der Kritik und können situativ neu bewertet werden (vgl. Diaz-Bone 2009c, S. 255;

Knoll 2012b, S. 62). Die Ordnungen stellen füreinander potenzielle Kritik dar, d. h. z. B. im oben genannten Fall der Personalentscheidung anhand des Alters eines Bewerbers/einer Bewerberin, dass die am Auswahlverfahren Beteiligten sich wechselseitig der Kritik an den von ihnen angeführten Konventionen stellen müssen. Aus solchen kritischen Auseinandersetzungen resultieren Konflikte, die schließlich durch Verständigung auf die Geltung einer bestimmten Konvention gelöst werden müssen. Koordiniertes Handeln ist nur möglich, wenn die beteiligten Akteure die Situation auf Basis der gleichen Konvention bewerten bzw. sich auf eine herrschende Konvention einigen. In kritischen Situationen sind prinzipiell zwei Lösungen denkbar: Entweder die Klärung, das heißt eine Konvention setzt sich bei den Beteiligten durch, oder der Kompromiss. Dabei stellen Organisationen durch Forminvestitionen Kompromisse zwischen verschiedenen Konventionen her und stellen diese auch auf Dauer, z. B. kann die Position der Werksmeister in Industriebetrieben als formalisierter Kompromiss zwischen der handwerklichen und der industriellen Konvention betrachtet werden. Aus der Perspektive der Konventionensoziologie kommt der Unternehmensleitung eine besondere Rolle bei der Etablierung solcher Kompromisse über Forminvestitionen zu: „Im Unternehmen ist es insbesondere die Aufgabe des Managements, solche Kompromisse zu verwalten, Konflikte zwischen Konventionen zu lösen und gangbare Kompromisse zu institutionalisieren" (Diaz-Bone 2009b, S. 41).

2.2 Anwendung

Dieses konzeptionelle Instrumentarium wurde bisher bereits in wirtschafts-, arbeits- und organisationssoziologischen Studien erprobt: Christian Imdorf (2012) fragt nach den Ursachen für Altersdiskriminierung bei der betrieblichen Ausbildungsplatzvergabe und verwendet ein an der Soziologie der Konventionen orientiertes Modell der Personalselektion. Er zeigt, dass bei der Bewertung von BewerberInnen mehr als eine Konvention herangezogen wird. Dabei kommt er zu dem Ergebnis, dass bei der Bewertung nicht ausschließlich die individuelle Leistungsfähigkeit mit Bezug auf die industrielle Konvention zugrunde gelegt wird. Zusätzlich wird das Alter der BewerberInnen als Indikator für die Qualitäten herangezogen, denen aus der häuslichen, der Netzwerk- und der Marktkonvention ganz unterschiedliche Wertigkeiten zugewiesen werden: „Die Netzwerkkonvention der betrieblichen Koordination führt zu Vorbehalten gegenüber zu jungen Auszubildenden im Hinblick auf gelingende Kundenbeziehungen. Älteren Bewerbern wird dagegen vor dem Hintergrund der häuslichen Konvention die soziale Passung im Betrieb abgesprochen. Zudem erwarten Betriebe bei älteren Auszubildenden unter Bezugnahme auf die Marktkonvention ein erhöhtes Lehrabbruchsrisiko mit Kostenfolgen" (Imdorf 2012, S. 79). Mit seiner Studie zeigt Imdorf, dass in der betrieblichen Praxis verschiedene Konventionen situativ zur Bewertung herangezogen werden können.

Den situativen Rückgriff auf Konventionen hebt auch Michael Grüttner (2013, 2015) hervor, der die Rolle von Konventionen in der Vergabepraxis von Gründungszuschüssen in Arbeitsagenturen untersucht. Er zeigt, dass ein konventionenbasiert attestierter „Mangel" an bestimmten Qualifikationen durch Rückgriff auf andere Konventionen ausgewogen werden kann. So wurde einer jungen Gründerin von einem Arbeitsvermittler mittleren Alters zunächst ein Mangel an Erfahrung attestiert, was für die Gewährung des beantragten Gründungszuschusses abträglich wäre. Im Gespräch kann die Gründende aber ihre Leidenschaft und Motivation ins Feld führen, was der Arbeitsvermittler basierend auf der Konvention der Inspiration als gründungsförderlich interpretiert.

Während die Ergebnisse aus diesen beiden Studien hilfreich für uns sind, die Aushandlung von Konventionen in Organisationen zu operationalisieren, bieten sie noch keinen Hinweis auf den spezifischen Bezugsrahmen in der Energiewirtschaft. Hier kann auf die Studie von Lisa Knoll (2012a) zurückgegriffen werden, die unternehmensspezifisch unterschiedliche Formen des Umgangs mit den Möglichkeiten des Handels mit CO_2-Zertifikaten in zwei Stadtwerken auf Basis der Konventionensoziologie untersucht. Sie zeigt, dass die Versorgungsorientierung („Bedarfswirtschaftlichkeit") weiterhin dominiert und sich institutionelle Veränderungen, wie hier die Energiemarktliberalisierung, nicht kompromisslos auf der organisatorischen Ebene als Marktkonvention durchsetzen, sondern ihr unterordnen.

Im vorliegenden Beitrag wenden wir die Konventionensoziologie auf die Untersuchung von Reorganisationsmaßnahmen in der Energiewirtschaft an. Dabei gehen wir davon aus, dass Unternehmen und organisationsinterne Prozesse aus der Perspektive der Konventionensoziologie nicht der „reinen" Industrieordnung unterliegen. Wie Knoll (2012a) gezeigt hat, werden in kommunalen Versorgungsbetrieben Kompromisse aus der Geltung der staatsbürgerlichen Konvention einerseits und der industriellen Konvention andererseits installiert. Diese Konventionen seinen „füreinander durchaus tolerabel: Beide sind an der langfristigen und planbaren Energieerzeugung interessiert, die eine Seite zum Wohle der Bürgerinnen und Bürger, die andere im Sinne einer effizienten und planbaren Energieerzeugung. Die Logik des Staatsbürgertums würde in diesem Zusammenhang eher von ‚Bedarf' sprechen, wohingegen die Logik der Industrie eher von ‚Nachfrage' sprechen würde" (Knoll 2012a, S. 175).

Diese Kompromisse können brüchig werden, wenn neue Konventionen Gültigkeit beanspruchen. Hier schließt dieser Beitrag an und untersucht am Beispiel der Reorganisation in den Stadtwerken Grünheim, inwiefern Vermarktlichungs-, Flexibilisierungs- und Tertiarisierungsprozesse das Gefüge an etablierten Ordnungen irritieren und neue Kompromisse in zum Teil konflikthaften Prozessen hergestellt werden müssen. Ausgangspunkt ist die Vorstellung, dass innerbetriebliche Veränderungsmaßnahmen unter Rechtfertigungsdruck geraten können, wenn dabei etablierte Anerkennungsbeziehungen infrage gestellt werden und diese Anerkennungskonflikte nicht einseitig durch Machtausübung geklärt werden können, weil die betrieblichen Abläufe in einem hohen Maß auf freiwilliger Kooperationsbereitschaft beruhen. In solchen Situationen entsteht dann Rechtfertigungsdruck, wenn die Beteiligten unterschiedliche, Allgemeingültigkeit beanspruchende Argumente ins Feld führen können, um ihre Position zu verteidigen. Diese Argumente rekonstruieren wir aus qualitativen Interviews und untersuchen, inwiefern diese in Widerspruch zueinander stehen und in welchen Forminvestitionen die Lösung abzusichern versucht wird.

3   Reorganisation im technischen Bereich der Stadtwerke Grünheim

Auf Basis von qualitativen Interviews werden die Schwierigkeiten bei der Restrukturierung des technischen Bereiches in einem mittelgroßen, kommunalen EVU nachvollzogen und anschließend mit Bezug auf die widersprüchlichen Anforderungen aus der Durchsetzung von Marktorientierung, Tertiarisierungserfordernissen und Flexibilitätsanforderungen konventionensoziologisch interpretiert. Die empirische Grundlage bilden Leitfadeninterviews mit vier am Reorganisationsprozess Beteiligten: dem Abteilungsleiter des Technischen Service, einem Meister aus dem Netzbetrieb, einem Betriebsratsmitglied und dem Personalentwickler des Unternehmens. Die Interviews hatten jeweils eine Dauer von 1–2 Stunden und behandelten die mit der Liberalisierung und der Energiewende einhergehenden Veränderungen der Arbeitsorganisation, Arbeitsbedingungen und Arbeitsinhalte im Unternehmen sowie dem Wandel vom Versorger zum Dienstleister vor dem Hintergrund einer voranschreitenden Digitalisierung.

Im Folgenden steht der Konflikt im Technischen Bereich im Zuge der dortigen Reorganisation im Fokus der Analyse. Ziel war es, das Inventar der Konventionensoziologie auf seine Analysekraft hinsichtlich innerbetrieblicher Wandlungsprozesse zu überprüfen. Mit der Operationalisierung des konventionensoziologischen

Instrumentariums durch qualitative Interviews folgen wir dem Vorgehen von Grüttner (2015, S. 263). Dieser schlägt eine inhaltsanalytische Untersuchung von Interviewmaterial vor, bei der offen und theoriegeleitet zentralen Textstellen Konventionen zugeordnet und diese in ihrem gegenseitigen Zusammenhang interpretiert werden. Dazu wurde auf Basis von deduktiven Memos zu den einzelnen Konventionen ein Kategoriensystem entwickelt und die Interviewpassagen, die den Reorganisationsprozess thematisieren, codiert und ko-interpretiert, um die Reliabilität der Auswertung zu gewährleisten. Die Auswertung erfolgte durch qualitative Inhaltsanalysen (Kuckartz 2012).

Der westdeutsche regionale Energieversorger mit ca. 350 Mitarbeitern ist ein klassisches Mehrspartenunternehmen mit eigener Stromerzeugung, Vertrieb, Netzbetrieb und städtischer Infrastrukturbereitstellung. Das Unternehmen hat im Zuge des Liberalisierungsprozesses sowohl Netzkonzessionen dazugewonnen als auch sein Geschäft im Vertrieb ausgebaut und um Stromhandel erweitert, wodurch es eine Zunahme der Beschäftigtenzahlen vorweisen und sich insgesamt erfolgreich im Wettbewerb behaupten konnte.

Der technische Bereich des Unternehmens ist für die Instandhaltung der Netze zuständig und war vor dem Restrukturierungsprozess in drei getrennte Sparten (Wasser, Gas, Strom) gegliedert, die jeweils über eigene Ingenieure, Meister und Monteure verfügten. In der Reorganisation wurden die Ingenieure in einer planenden Strategieabteilung und die Meister und Monteure der drei Gewerke in einen technischen Service zusammengefasst. Der extern rekrutierte Abteilungsleiter der neu gegründeten Abteilung installierte eine mit kaufmännischem Personal besetzte zentrale Auftragsannahme. Die Umsetzung der neuen Organisationsstruktur traf auf massiven Widerstand bei den Meistern und Monteuren. Aus konventionensoziologischer Perspektive gerieten diese Veränderungen unter Rechtfertigungsdruck, weil sich Geschäftsführung und technische Mitarbeiter bei der Bewertung der Reorganisationsmaßnahmen auf jeweils unterschiedliche Konventionen bezogen und dadurch jeweils legitime Begründungen für ihre Bewertungen der Situation hatten. Erst im Laufe eines langjährigen Suchprozesses nach anschlussfähigen Lösungen konnte die Unruhe im technischen Bereich durch Forminvestitionen verringert werden. Im Folgenden werden zuerst die Konflikte bei der Neuausrichtung zu mehr Marktsteuerung, Tertiarisierung und Flexibilisierung im technischen Bereich dargestellt. Im Anschluss werden die Konventionen herausgearbeitet, die jeweils für und gegen die Veränderungen ins Feld geführt wurden. Schließlich werden die Kompromisse vorgestellt, die gefunden wurden, um die innerbetriebliche Koordination sicherzustellen.

3.1　Beschreibung der Konflikte

Durch die Reorganisation des technischen Bereiches in eine planende und eine ausführende Abteilung wurde der technische Service zum internen Dienstleister und ausführenden Organ. Die Bildung des spartenübergreifenden technischen Service ging für die Beschäftigten mit einer funktionalen Flexibilisierung ihrer Tätigkeitsbereiche einher. Sie waren nun nicht mehr nur für ihr Spezialgebiet, z. B. der Elektrotechniker für Freileitungen, zuständig, sondern sollten je nach Bedarf auch in anderen Bereichen ihres Gewerkes (Strom) und darüber hinaus bei den anderen Gewerken (Gas, Wasser) mitarbeiten. Die Meister und Monteure im technischen Service lehnten die spartenübergreifende fachliche Zuständigkeit ab, weil sie diese als Entspezialisierung wahrnahmen. Der Widerstand zeigte sich in Form von Unzufriedenheit und Beschwerden über unklare Zuständigkeiten, welche die Arbeitsprozesse beeinträchtigen, und über Befürchtungen, dass die Versorgungssicherheit darunter leiden könnte.

Durch die Reorganisation sollte bisher ungenutztes „Effizienzpotenzial" nutzbar gemacht und – ganz im Sinne einer Marktsteuerung – Kosten reduziert werden, um im Wettbewerb bestehen zu können:

> Wir können uns das nicht mehr leisten, zu sagen, wir haben hier Monteure sitzen, die haben jetzt grad nichts zu tun und dann sitzen sie da halt, weil sie grad im Wasser nichts zu tun haben. Sondern die müssen irgend-, in irgendeiner Form eben auch für die anderen Bereiche mit dabei sein (Personalentwickler).

Dieses Vorgehen wurde unterstützt durch die Übertragung von netzbezogenen Investitionsentscheidungen auf die Strategie- und Planungsabteilung, die, so die Interviewees, aufgrund ihrer Distanz zum Netzbetrieb auch „schmerzhafte" Entscheidungen treffen konnte, z. B. Kosten-Nutzen-Rechnungen zu erstellen und zu untersuchen, ob sich eine Netzinvestition oder auch die Vergabe von technischen Leistungen nach außen finanziell lohnt. Die Abteilungsleiter wurden dementsprechend extern nach kaufmännischer Qualifikation rekrutiert. Im technischen Bereich herrschte Unverständnis darüber, die Netzinfrastruktur als Asset zu behandeln und einem Kaufmann die Entscheidungen über den technischen Bereich zu übertragen. Der erste, bei der Reorganisation von außen ins Unternehmen geholte Abteilungsleiter wurde ausgetauscht, als sich aus dem technischen Service die Beschwerden häuften, wonach mit ihm keine Zusammenarbeit möglich sei:

> das was wir hier machen, macht keinen Sinn mehr. [...] Und das ist da eskaliert,
> dass eben da dann reihenweise kam, mit diesen Vorgesetzten können wir nicht
> zusammenarbeiten (Personalverantwortlicher).

Er sitze nur im Büro und entwickle Prozesse, anstatt sich ein Bild von den tatsächlichen Arbeitsabläufen zu machen. Der zweite eingesetzte Abteilungsleiter versuchte durch einen Workshop die Meister und Vorarbeiter für die Reorganisation zu gewinnen, was ebenfalls keinen Erfolg zeigte.

Ein weiterer Konflikt drehte sich um die Installation einer zentralen Auftragsannahme und Arbeitsvorbereitung, bei der alle Kundenanfragen eingehen und verwaltet werden. Damit sollten die Meister von Verwaltungsaufgaben entlastet werden, deren Umfang durch neue gesetzliche Vorschriften und Regularien für den Netzbetrieb massiv zugenommen hatten. Außerdem versprach man sich von dem dort eingesetzten kaufmännischen Personal eine gesteigerte Dienstleistungsorientierung, da diese eher gewohnt seien, „vom Kunden her zu denken". Der technische Bereich lehnte die zentrale Auftragsannahme nicht grundsätzlich ab – schließlich gab es vor dem Personalabbau in der Person des Werkschreibers diese Funktion bereits im technischen Bereich. Die dortigen Mitarbeiter hatten allerdings kein Verständnis dafür, dass die Positionen nicht mit technisch geschultem Personal besetzt wurden:

> dann hat man das irgendwelchen kaufmännischen Mitarbeiter halt auch n bisschen
> aufs Auge gedrückt und konnten dann halt auch nicht kompetent Auskunft geben.
> Und wir haben dadurch die Befürchtung gehabt, dass wir dann einfach die Flexibilität verlieren, auch das schnelle Handeln, das eigentlich aus unserer Sicht nach wie
> vor wichtig ist um Kunden zu halten und vielleicht auch neue Kunden dazuzugewinnen (Meister).

Dies beeinträchtige das kompetente Beraten der Kunden und eine schnelle Auftragsausführung, wie sie von den Stadtwerken erwartet und als Wettbewerbsvorteil genutzt werden müsste. Dementsprechend sahen sie die kaufmännisch besetzte Auftragsannahme als Versuch der Etablierung eines durch Digitalisierung ermöglichten „Workforcemanagements", wie es bei den „großen Vier" (RWE, Eon, EnBW und Vattenfall) praktiziert wird. Durch diese zentrale Personaleinsatzplanung und -verwaltung würden die Meister die Deutungshoheit über die Angemessenheit der Arbeitsprozesse verlieren, die Bereitschaft, sich für „sein Netz" einzusetzen würde geschwächt und der Boden bereitet, um die vorhandenen technischen Kompetenzen als Dienstleistungen für andere zur Verfügung zu stellen.

3.2   Konventionensoziologische Rekonstruktion der Konflikte

Der vorhergehende Abschnitt hat verdeutlicht, welche massiven Veränderungen mit der Reorganisation des technischen Bereichs einhergegangen sind. Jetzt wird untersucht, mit Bezug auf welche Konventionen diese Neuausrichtungen jeweils bewertet wurden.

Die Bildung des technischen Service wurde mit dem gestiegenen Wettbewerbs- und Kostendruck begründet. Um am Markt bestehen zu können, habe man die Kosten für den technischen Bereich senken müssen. Sogar die Fremdvergabe von Leistungen wurde nicht ausgeschlossen. Diese *Kosten-Nutzen-Abwägungen* sind das zentrale Bewertungskriterium der Marktkonvention. Durch Marktsteuerung werden die Leistungen des technischen Bereiches dem direkten *Wettbewerb* ausgesetzt – zum einen mit externen Dienstleistungsgebern über den Preis einer konkreten technischen Serviceleistung und zum anderen unternehmensintern über die Profitabilität der einzelnen Abteilungen. Die für den Wettbewerb erforderlichen Kosteneinsparungen sollen durch funktionale Flexibilisierung erreicht werden. Die technischen Mitarbeiter sind nicht mehr *dauerhaft* den gleichen Zuständigkeiten und Arbeitsteams zugeordnet, sondern sollen je nach Auftragslage ihre vorhandenen fachlichen Qualifikationen *flexibel* und *zeitlich begrenzt* für die aktuell anfallenden Aufgaben einsetzen. Sie mussten sich also vom planbaren Zeithorizont der Industriekonvention auf den befristeten Zeithorizont der Netzwerkkonvention umstellen. Nun arbeiten je nach Aufgabe verschiedene Mitarbeiter zusammen, was ein höheres Maß an *Kommunikationsfähigkeit* verlangt. Die Marktkonvention findet somit in der Netzwerkkonvention ihre arbeitsorganisatorische Entsprechung.

Die markt- und netzwerkkonventionelle Perspektive stand in absolutem Kontrast zu den Orientierungen der Techniker: Der Versuch einer funktionalen Flexibilisierung durch Auflösung der Sparten ist aus der Perspektive der industriellen Konvention irrational:

> Die Leute lernen nicht umsonst 3 1/2 Jahre ihr Handwerk. Und heute muss jeder alles können, aber man kann halt nichts mehr richtig. Selbst bei uns im Strombereich sind wir in Sparten aufgeteilt, weil das so komplex inzwischen auch einfach ist (Meister).

Die Komplexität der Aufgabe, eine zuverlässige Netzinfrastruktur bereitzustellen, ist aus dieser Perspektive nur durch *effiziente Planung von Arbeitsprozessen* auf Basis *funktionaler Spezialisierung* möglich. Die Reorganisation dagegen beeinträchtige die „eigentliche Zielstellung" (Betriebsrat), die in der Versorgung der Kunden liege. Der Bezug auf den *Versorgungsauftrag* entspricht der staatsbürgerlichen Konvention und verdeutlicht, wie symbiotisch die staatsbürgerliche und industrielle Konvention in den Handlungsorientierungen der Stadtwerke wirken.

Dementsprechend wenig Verständnis war bei den Technikern dafür vorhanden, die Netzinfrastruktur aus marktkonventioneller Bewertung als *Asset* anzusehen…

> Also das Gefühl ist, das ist mein Netz, ich hab die Anlage hier gebaut und da hänge ich mit meinem Herz dran. Und wenn ich sehe, dass das schwierig ist oder dass das irgendwie alt wird und schlecht wird, dann **muss ich das reparieren.** Wenn jetzt aber mein äh Vorgesetzter sagt, naja, wir wissen gar nicht, ob wir in zwei Jahren überhaupt das Netz hier noch haben. Wir verkaufen s vielleicht […] Wir reparieren das jetzt nicht, weil wir würden da jetzt Kosten investieren, die jetzt **betriebswirtschaftlich keinen Sinn** machen. Dann führt das zu nem Konflikt, wo der eine sagt, wenn er eben nicht genug abgeholt wird, wo kein Verständnis mehr dafür hat (Personalentwickler).

… und kaufmännischem Personal die Entscheidungen über die Netzpflege zu überlassen, denn die hätten einen zu kurzen Zeithorizont:

> früher hat der Techniker praktisch gesagt, wie es gebaut wird und heute sagen es Kaufleute. Also jetzt mal ganz überspitzt. […] die haben das Geld und Macht (Meister).
>
> Wir wollen ja auch nach wie vor ein gutes und stabiles Netz bauen und das ist uns dann halt die letzten Jahre hats immer geheißen, wir haben das Geld nicht mehr. […] Wir haben früher unsere Anlage gepflegt. Vielleicht auch n bisschen zu viel#. Durchaus möglich, aber es war ein gutes Netz. Und von dem guten Netz profitieren wir heute, was die vor 20 Jahren gebaut haben (Meister).

Als *Experten,* also die aus Sicht der industriellen Konvention qualifizierten Personen für wirtschaftliche Entscheidungen in ihrem betrieblichen Funktionsbereich, hätten die technischen Mitarbeiter, allen voran die Meister, am Lösungssuchprozess beteiligt werden müssen. Der zweite Abteilungsleiter führte zwar zur Herstellung von Akzeptanz mit Betriebsrat, Meistern und VorarbeiterInnen des technischen Bereiches einen Workshop durch, der von Unternehmensberatern unterstützt wurde und in einem Tagungshotel stattfand. Dieser wurde allerdings als Alibiveranstaltung verstanden, da die endgültigen Strukturen ja schon vor dem Workshop festgestanden hätten und ihre Expertise nicht wirklich gefragt war. Somit sei der Workshop der Versuch gewesen „irgendwas überzustülpen". Das Tagungshotel, die externen Berater und die Wahrnehmung als Pseudobeteiligung zeugen davon, dass hier versucht wurde, eine auf der Marktkonvention basierende Organisationsstruktur zu realisieren. Diese ist nicht mit Bezug auf die im technischen Bereich vorherrschende industrielle und staatsbürgerliche Konvention begründbar. Stattdessen wird die Konvention der Meinung – man engagiert Unternehmensberater, geht in ein schönes Hotel – und der Inspiration – es gibt Workshops und Beteiligungsangebote – zur Hilfe genommen.

Wie eng Fachwissen (industrielle Konvention) und die historisch gewachsenen Verantwortungsbereiche und Erfahrungen (häusliche Konvention) zusammenhängen und wie diese durch das Top-Down-Verfahren infrage gestellt werden, veranschaulicht der Meister so:

> Also das sind dann sag ich mal, alteingesessene Meister, die wirklich Fachwissen hatten, die sind dann praktisch vom Abteilungsleiter in n Senkel gestellt worden, der fachlich einfach überhaupt keinen Bezug zu der Tätigkeit hatte. […] Wenn der Meister da schon 20 Jahre schafft und sein Handwerk versteht und man dem dann erklären will, wie er praktisch n Ablauf zu händeln hat oder wie er seine Baustelle abzuwickeln hat, das funktioniert nicht (Meister).

Auch die Etablierung einer mit kaufmännischem Personal besetzten Auftragsannahme traf im technischen Service auf wenig Verständnis. Zum einen verletzte das Erwartungen aus der häuslichen Konvention, sich umeinander zu kümmern („geben wir doch n älteren Monteur, der Gesundheitsprobleme zum Beispiel hat [diesen Arbeitsplatz]" (Meister)), zum anderen die der industriellen Konvention nach einer an *Funktionalität* ausgerichteten Besetzung („der gute Arbeitsvorbereitung für uns macht. […] der uns dann entlastet und uns hilft" (Meister)).

Die Ablehnung wurde damit begründet, dass die Dienstleistungsorientierung durch fehlende technische Kompetenz und den Verlust an schneller Bearbeitung leiden wird:

> Also wenn dann irgendjemand anruft, ein Kunde und sagt er möchte, banal, n Baustromanschluss haben und das geht dann über eine zentrale Arbeitsvorbereitung, dann guckt man, wann kann man das eintakten? Dann dauert der ganze Prozess, ich sag mal, eineinhalb Wochen, vielleicht zwei Wochen, bis dann mal n Monteur draußen ist (Meister).

Einen Wettbewerbsvorteil könne ein in der Region verwurzelter, querverbundfinanzierter, bürgernaher, kommunaler Versorger eben nicht durch ein Workforcemanagement erzielen, sondern durch eine kompetente und schnelle Kundenbetreuung. Mit dem Argument eines *positiven Images* als Wettbewerbsvorteil wird ebenfalls die Konvention der Meinung zur Hilfe genommen, um diesmal jedoch den Standpunkt der Meister zu legitimieren. Gleichzeitig macht der aus derselben Konvention stammende Verweis auf die großen Energieversorger als *Vorreiter* der Einführung eines Workforcemanagements wenig Eindruck bei den Meistern. Nicht eine eventuell nur *kurzlebige Bekanntheit* einer Maßnahme, sondern ihre *dauerhafte Bewährung* gilt aus industrieller Perspektive als Qualitätsmerkmal.

Die Bildung eines spartenübergreifenden technischen Service mit einer Entkopplung von der planenden Einheit und der Einsetzung kaufmännischer Abteilungsleiter sowie die Einführung einer zentralen Auftragsannahme drücken Versuche aus, den technischen Bereich auf mehr Marktsteuerung, Flexibilisierung und Dienstleistungsorientierung auszurichten. Die dafür mit Bezug auf die Markt- und der Netzwerkkonvention rational begründeten, an die Techniker herangetragenen Erwartungen an Wettbewerbsfähigkeit und funktionale Flexibilisierung treffen allerdings auf wenig Verständnis. Die von der Reorganisation betroffenen MitarbeiterInnen bringen mit Bezug auf die industrielle, die staatsbürgerliche und die häusliche Konvention sowie die Konvention der Meinung ebenso rationale Argumente *gegen* dieses Vorgehen an. Veränderungen der Arbeitsorganisation sind aus dieser Perspektive dann legitim, wenn sie die Funktionalität und Effizienz des Netzbetriebs steigern und eine schnelle und kompetente Kundenbetreuung ermöglichen.

3.3   Konfliktbearbeitung

In diesem Abschnitt steht die Frage im Mittelpunkt, wie den widersprüchlichen Erwartungen begegnet und damit der Konflikt bearbeitet wurde. Da sowohl die Reorganisationsmaßnahmen selbst als auch deren Ablehnung legitim begründet werden konnten, kommt es nicht zu einer *Klärung,* das heißt, es setzt sich nicht eine Konvention als dominant durch. Stattdessen gab es einen langjährigen (Ver-)Such(s)prozess, in dessen Verlauf der Abteilungsleiter zweimal ausgetauscht wurde. Gesucht wurde nach bei allen Beteiligten anschlussfähigen *Kompromissen* der Arbeitsorganisation, die den „Betriebsfrieden" und damit eine stabilere Handlungskoordination sicherstellten. Mit der Etablierung einer Personalentwicklungsabteilung und eines der Industriekonvention nahestehenden Abteilungsleiters konnten die Widersprüche schließlich ausbalanciert und dadurch Irritationen und Unruhe abgebaut werden.

Die zentrale Forminvestition für einen Kompromiss war in diesem Konflikt die Etablierung einer Personalentwicklungsabteilung, die in schriftlichen Zielvereinbarungen mit den Mitarbeitern sowohl deren jeweilige Spezialisierung anerkennt als auch die Bereitschaft zur Assistenz in anderen technischen Bereichen einfordert. Die Personalentwicklungsabteilung stellt sich so als Vermittlerin zwischen der Markt-/Netzwerk- und der industriellen/häuslichen Konvention auf. Beide Perspektiven haben unternehmerischen Erfolg im Blick, aber auf Basis der Rechtfertigungsordnung mit unterschiedlichen Handlungsempfehlungen: Aus der Marktkonvention heraus (Idealtyp: börsennotiertes Unternehmen: möglichst schnell an Marktänderungen anpassen, fortlaufende Prüfung auf Effizienz zur Optimierung des Profits, sehr kurzfristiger Zeithorizont, hohes Risiko) wirkt die Orientierung der Techniker (Idealtyp: Familienunternehmen, Betriebstradition, Stabilität und weitsichtige Planung) wie ein Hemmnis, während die „aufgemalten Prozesse" und „Theorien" sowie die umbruchartigen Optimierungsmaßnahmen und der Zwang zu funktionaler Flexibilisierung aus Sicht der Industrie- und häuslichen Konvention nicht im Interesse des Unternehmens sind.

Die Personalentwicklung fordert stellvertretend für die Techniker Anerkennung „ihres unternehmerischen Denkens" ein – durch Transparenz (Kommunikation, Beteiligung) und Verbindlichkeit (Personalentwicklungspläne). Bei der Analyse des empirischen Materials zeigt sich, dass die Einrichtung der Personalentwicklungsabteilung als wesentliches Vermittlungsinstrument zwischen den widerstreitenden Konventionen wirkt:

> Seither müssen wir sagen, bewegt sich eigentlich was. Auch haben wir das Gefühl zum Guten. Dass man einfach auch in bisschen das ernst nimmt, was die Techniker sagen. Unsere Probleme ein bisschen ernst nimmt durchaus (Meister).

Die Vermittlung findet durch Forminvestitionen, wie Personalentwicklungspläne, statt, die aus der industriellen Logik heraus sinnvoll für Stabilität und Planungssicherheit sind:

> Davor hatten wir zwar auch Entwicklungen, aber nicht so so direkt oder nicht so geplant. Und nicht so durchdacht. Wie sich ein Mitarbeiter weiterentwickeln kann (Betriebsrat).

Darin werden die Spezialgebiete der einzelnen Techniker festgeschrieben (industrielle Konvention), aber auch ihre Bereitschaft, in anderen Bereichen auszuhelfen, um aus marktkonventioneller Perspektive „Leerlauf" zu vermeiden.

Mit dem dritten (und noch aktuellen) Abteilungsleiter wurde eine hinreichend qualifizierte Person gefunden – qualifiziert sowohl aus industrieller als auch aus markt-/netzwerkbasierter Konventionenperspektive. Zum einen sah er es als seine Hauptaufgabe an, eine Formalisierung, Dokumentation und Digitalisierung von

Arbeitsprozessen einzuführen. Dies entspricht der industriellen Konvention, die auch der Handlungsorientierung der Techniker und Meister zugrunde liegt. Er begründet die damit verbundenen Restrukturierungen mit der Konvention der industriellen Welt. Er sieht die Notwendigkeit einer Lebenszyklusanalyse und systematischen, transparenten, effizienten Arbeitens, ihm ist daran gelegen, Prozesse dauerhaft zu stabilisieren. Dies ist anschlussfähig an die Konvention des Marktes, die versucht, durch Transparenz, Digitalisierung und Formalisierung Kosten einzusparen.

Gleichzeitig versucht der Abteilungsleiter, auch den personellen Vormarsch der Marktkonvention in die Industriekonvention einzudämmen. So sieht er bspw. nicht die Notwendigkeit, Prozesse der Dokumentation durch kaufmännisches Personal erledigen zu lassen, diese Tätigkeiten könnte auch das technische Personal erledigen:

> Wir sind ja kein eigenes Unternehmen, in dem extrem viele tatsächliche kaufmännische Tätigkeiten stattfinden. Wir haben ja keine Abrechnung bei uns. Wir haben keine Personalbuchungen oder Finanzbuchungen und so was bei uns. [Diese Auftragseröffnung] Das kann jeder Techniker (Abteilungsleiter).

Der Industriekonvention entspricht auch seine Argumentation, dass der Marktdruck gar nicht so hoch sei, da der Energieversorger über einen stabilen Kundenstamm verfüge. Dies entspricht der Feststellung des Betriebsrates, der darlegte, dass vonseiten der Techniker der Rechtfertigung von Restrukturierungsmaßnahmen mit Marktdruck lange mit Misstrauen begegnet worden war.

Der Abteilungsleiter argumentiert jedoch nicht ausschließlich auf Basis der Industriekonvention. Auch die Konvention der Inspiration und des Netzwerks, die nahe an der Marktlogik sind, leiten sein Handeln. So wünscht er sich beispielsweise mehr Eigeninitiative und mehr Mitdenken von seinen Mitarbeitern:

> was mir aufgefallen ist, ist ein unheimliches Organisationshandbuch mit unheimlich vielen definierten Prozessen und Absprachen bis ins kleinste Detail. Mit der Zielsetzung, den Kollegen zu helfen, führt aber häufig dazu, dass nur noch in einzelnen kleinen Schritten gedacht wird und in Schemen, aber nicht der Gesamtblick da ist (Abteilungsleiter).

Die Ursache sieht er im Vorherrschen der Industriekonvention und ihrer Dominanz, die sich z. B. aus der Forminvestition von Handbüchern ergibt. Die Konvention des Netzwerks und der Inspiration wiederum ergänzt aber die Konvention des Marktes, denn sie erst macht das Denken in auf kurzfristige Erträge abzielenden Projekten mit verschiedenen strategischen Partnerschaften möglich. Wie nah der Abteilungsleiter hier an der Konvention des Marktes argumentiert, verdeutlicht auch, dass er sich nicht nur Eigeninitiative wünscht, sondern auch marktbasiertes Handeln:

> Im privaten Bereich können es die Leute, das, was sie hier dann plötzlich nicht mehr machen, können sie es schon. Ganz einfaches Beispiel: Angebote miteinander vergleichen. Wir müssen irgendwas kaufen. Dann überlegt man sich, kann ich das nicht irgendwo günstiger bekommen? Von verschiedenen Lieferanten (Abteilungsleiter).

Das Potenzial von Digitalisierung (hier Dokumentenmanagementsystem einführen) sieht er darin, den Bereich von kaufmännischem Personal freizuhalten und es den Technikern zu ermöglichen, sich trotzdem auf ihre eigentliche Arbeit zu konzentrieren:

> Da spielt diese Digitalisierung und Sofortinformation eine ganz große Rolle, so dass unnötige doppelte Arbeit vermieden wird. Ich kann mich auf das konzentrieren, was meine Arbeit ausmacht, und nicht zu viel Nebenschauplätze, ja. Also bei den Arbeitsprozessen ist es hauptsächlich Digitalisierung. Und bei den Arbeitsinhalten ist es so, dass wir unsere Netz und Anlagen viel stärker mit Lebenszyklusanalysen betrachten müssen. Wann muss ich was erneuern? Wie kann ich das Leben dieser Anlagen dauerhaft erhalten? Denn die Kosten für die Erneuerung von Infrastruktur, die sind ja recht groß. Und deswegen muss ich sehen, wie kann ich diese Lebenszeit verlängern? (Abteilungsleiter).

Eine Forminvestition – zurück zu mehr Industriekonvention im technischen Bereich – leistete der Abteilungsleiter, indem er einen Monteur, also eine Person mit technischer Kompetenz, in die Auftragsannahme versetzte.

4   Diskussion

Für die Energieversorgungsunternehmen in Deutschland geht der Richtungswechsel der Klima- und Energiepolitik mit tief greifenden wirtschaftlichen Herausforderungen einher: Sie stehen unter steigendem Wettbewerbsdruck, sind mit einem komplexer werdenden und sich permanent ändernden Geflecht an Vorgaben und Regelungen konfrontiert und es eröffnen sich ihnen vielfältige neue Geschäftsfelder, wie Stromhandel oder Energiedienstleistungen. Der Versorgungsauftrag (staatsbürgerliche Konvention) und dessen zuverlässige Erfüllung auf Basis der industriellen Konvention haben als Garant für wirtschaftliche Stabilität ihre Vormachtstellung verloren. Die Branche ist angehalten, sich im Wettbewerb und unter den Bedingungen der neu ausgerichteten Energiepolitik strategisch aufzustellen, also unter erhöhtem Risiko und Planungsunsicherheit Entscheidungen zu treffen. Dazu werden Leitbilder der Organisation von Arbeit im tertiären Sektor aktiviert, die sich durch Orientierung am Kunden, Flexibilität und Selbstorganisation auszeichnen. Diese müssen in zum Teil konflikthaften Auseinandersetzungen an die Bedingungen der Branche angepasst werden. Die vorliegenden Befunde zeigen am Beispiel der Reorganisation des technischen Bereichs bei den Stadtwerken Grünheim, dass die institutionellen Veränderungen im Zuge der Energiewende in der Arbeitsorganisation kommunaler Energieversorgungsunternehmen zu Widersprüchen zwischen eingelebten und neuen Anforderungen bzw. Handlungsorientierungen führen, die wir oben als grundlegenden Widerspruch zwischen Wettbewerbs- und Versorgungsorientierung charakterisiert haben: Mehr Markt- und Netzwerkorientierung neben der weiterhin gültigen industriellen und staatsbürgerlichen Orientierung. Die Befunde zeigen jedoch auch, dass es nicht den einen Ordnungsrahmen für legitime Bewertungen von wirtschaftlichem Handeln gibt. Stattdessen wird ein zum Teil konflikthafter Suchprozess über Kompromisse zwischen den „alten und neuen" Konventionen in Gang gesetzt.

Wie die Rekonstruktion der Arbeitskonflikte zeigte, wurden von den beteiligten Akteuren unterschiedliche Konventionen herangezogen, um den eigenen Standpunkt als legitim zu begründen: Die Geschäftsführung will Personalkosten sparen und die „alte Kultur" hin zu mehr Dienstleistungsorientierung aufbrechen. Dafür bezieht sie sich auf die Notwendigkeit von Arbeitsverdichtung und Entspezialisierung für Wettbewerbsfähigkeit. Die Techniker wollen ihren Status als Herz der Stadtwerke und Garant der Versorgungssicherheit sowie die damit einhergehende Autonomie (Personalbestand, Budgethöhe und Investitionsentscheidungen) vor Vermarktlichung schützen. Dafür bringen sie die geballte Macht ihrer industriellen Kompetenz (ohne Spezialisierung geht es nicht), handwerklichen Tradition (wir wissen, was wir tun) und staatsbürgerlichen Verantwortung (Versorgungsauftrag) in Stellung.

Diese Befunde zeigen: Das für die Energiewende erforderliche radikale Umdenken von der Produktionsorientierung hin zu Wettbewerbsfähigkeit und Dienstleistungsorientierung ist in den EVU nur bedingt anschlussfähig. Die Orientierung am Versorgungsauftrag bleibt relevant – und damit auch die mit Bezug auf die industrielle, staatsbürgerliche und handwerkliche Konvention legitim begründbaren Stabilitätserwartungen der Beschäftigten. Diese werden jedoch durch Reorganisationsmaßnahmen hin zu mehr Markt- und Dienstleistungsorientierung infrage gestellt. Damit bietet der Ansatz der Économie des conventions mit seiner hier vorgestellten arbeitssoziologischen Anbindung ein tieferes

Verständnis wirtschaftssoziologischen Handelns. Die Energiewende trifft innerhalb der Energieversorger auf etablierte und weiterhin gültige Handlungsorientierungen, die einem schnellen und reibungslosen Umbau im Weg stehen können.

Literatur

Adam, R. (2014). Die Energiewirtschaft wird digital. In C. Aichele & Oliver D. Doleski (Hrsg.), *Smart market* (S. 795–810). Wiesbaden: Springer VS.

Berlo, K., & Wagner, O. (2011). Zukunftsperspektiven kommunaler Energiewirtschaft. *RaumPlanung, 2011*(158/159), 236–242.

Boltanski, L., & Chiapello, È. (2006). *Der neue Geist des Kapitalismus.* Konstanz: UVK.

Boltanski, L., & Thévenot, L. (2014). *Über die Rechtfertigung. Eine Soziologie der kritischen Urteilskraft.* Hamburg: Hamburger Edition.

Bontrup, H. J., & Marquardt, R. M. (2010a). Beschäftigungsbedingungen und Unternehmenskultur in der Elektrizitätswirtschaft. *WSI Mitteilungen, 6,* 291–298.

Bontrup, H. J., & Marquardt, R. M. (2010b). *Kritisches Handbuch der deutschen Elektrizitätswirtschaft. Branchenentwicklung, Unternehmensstrategien, Arbeitsbeziehungen.* Berlin: Sigma.

Bontrup, H. J., & Marquardt, R. M. (2015). *Die Zukunft der großen Energieversorger* (1. Aufl.). Konstanz: UVK (Wirtschaft).

Brandl, J., & Pernkopf, K. (2015). Personalarbeit aus Perspektive der Soziologie der Konventionen. In L. Knoll (Hrsg.), *Organisationen und Konventionen. Die Soziologie der Konventionen in der Organisationsforschung* (S. 301–323). Wiesbaden: Springer VS.

Deutschmann, C. (2008). *Kapitalistische Dynamik. Eine gesellschaftstheoretische Perspektive* (1. Aufl). Wiesbaden: Springer VS.

Diaz-Bone, R. (2009a). Qualitätskonvention als Diskursordnungen in Märkten. In R. Diaz-Bone & G. Krell (Hrsg.), *Diskurs und Ökonomie. Diskursanalytische Perspektiven auf Märkte und Organisationen* (S. 267–293). Wiesbaden: Springer VS.

Diaz-Bone, R. (2009b). Konventionen und Arbeit. Beiträge der „Économie des conventions" zur Theorie der Arbeitsorganisation und des Arbeitsmarktes. In S. Nissen & G. Vobruba (Hrsg.), *Die Ökonomie der Gesellschaft. Festschrift für Heiner Ganßmann* (S. 35–56). Wiesbaden: VS Verlag.

Diaz-Bone, R. (2009c). Konvention, Organisation und Institution: Der institutionentheoretische Beitrag der „Économie des conventions". *Historical social research, 34*(2), 235–264.

Diaz-Bone, R. (2011). Einführung in die Soziologie der Konventionen. In R. Diaz-Bone (Hrsg.), *Soziologie der Konventionen. Grundlagen einer pragmatischen Anthropologie* (S. 9–42). Frankfurt a. M.: Campus.

Diaz-Bone, R. (2015). *Die „Économie des conventions".Grundlagen und Entwicklungen der neuen französischen Wirtschaftssoziologie.* Wiesbaden: Springer VS.

Grüttner, M. (2013). *Zur Bedeutung von „Konventionen" in der Arbeitsverwaltung. Die Vergabepraxis des Gründungszuschusses.* Bielefeld: Bertelsmann.

Grüttner, M. (2015). Soziologie der Konventionen und Implementationsforschung. In L. Knoll (Hrsg.), *Organisationen und Konventionen. Die Soziologie der Konventionen in der Organisationsforschung* (S. 249–274). Wiesbaden: Springer VS.

Hoeppe, J. (2014). *Entscheidungs- und Legitimationsmuster im Nachhaltigen Personalmanagement. Orientierungs- und Handlungsrahmen für die Personalarbeit.* Mering: Hampp.

Imdorf, C. (2012). Zu jung oder zu alt für eine Lehre? Altersdiskriminierung bei der Ausbildungsplatzvergabe. *Journal for Labour Market Research, 45*(1), 79–98.

Jacobsen, H. (2012). Dienstleistungsrationalität. Beiträge einer Soziologie der Konventionen zur Service Science. In: W. Dunkel & B. Bienzeisler (Hrsg.), *3sResearch. Sozialwissenschaftliche Dienstleistungsforschung.* Tagungsband, München 26–27.1.2012. Stuttgart: Fraunhofer, S. 12–22.

Knoll, L. (2012a). *Über die Rechtfertigung wirtschaftlichen Handelns. CO_2-Handel in der kommunalen Energiewirtschaft.* Wiesbaden: Springer VS.

Knoll, L. (2012b). Wirtschaftliche Rationalität. In A. Engels & L. Knoll (Hrsg.), *Wirtschaftliche Rationalität. Soziologische Perspektiven* (S. 47–65). Wiesbaden: Springer VS.

Kozica, A., & Kaiser, S. (2015). Konventionen und Routinen – Beiträge der Économie des Conventions zur Forschung zu organisationalen Routinen. In L. Knoll (Hrsg.), *Organisationen und Konventionen. Die Soziologie der Konventionen in der Organisationsforschung* (S. 37–59). Wiesbaden: Springer VS.

Kuckartz, U. (2012). *Qualitative Inhaltsanalyse. Methoden, Praxis, Computerunterstützung.* Weinheim: Beltz Juventa.

Leemann, R. J., & Imdorf, C. (2015). Ausbildungsverbünde als Organisationsnetzwerke. In L. Knoll (Hrsg.), *Organisationen und Konventionen. Die Soziologie der Konventionen in der Organisationsforschung* (S. 137–161). Wiesbaden: Springer VS.

Mautz, R., & Rosenbaum, W. (2012). Der deutsche Stromsektor im Spannungsfeld energiewirtschaftlicher Umbaumodelle. *WSI Mitteilungen, 2,* 85–93.

Sattelberger, T. (2014). Der Mensch in der digitalisierten Welt: Subjekt oder Objekt? In: A. Boes (Hrsg.), *Dienstleistung in der digitalen Gesellschaft. Beiträge zur Dienstleistungstagung des BMBF im Wissenschaftsjahr 2014.* (S. 35-49). Frankfurt a. M.: Campus.

Energiewende durch neue (Elektro-)Mobilität? Intersektorale Annäherungen zwischen Verkehr und Energienetzen

Weert Canzler, Franziska Engels, Jan-Christoph Rogge, Dagmar Simon und Alexander Wentland

1 Einleitung

Die Energiewende wird medial und politisch oftmals mit regenerativen Energien, dem Ausbau der Stromnetze und der Neuorganisation des Strommarktes gleichgesetzt. Wenig Beachtung findet dagegen die Interaktion dieser technischen, infrastrukturellen Neuerungen mit angrenzenden Bereichen wie dem Mobilitätssektor. Im folgenden Beitrag möchten wir aus wirtschafts- und organisationssoziologischer

W. Canzler (✉) · F. Engels · J.-C. Rogge · D. Simon · A. Wentland
Forschungsgruppe Wissenschaftspolitik, Wissenschaftszentrum Berlin für
Sozialforschung, Berlin, Deutschland
E-Mail: weert.canzler@wzb.eu

F. Engels
E-Mail: franziska.engels@wzb.eu

J.-C Rogge
E-Mail: christoph.rogge@wzb.eu

D. Simon
E-Mail: dagmar.simon@wzb.eu

A. Wentland
E-Mail: alexander.wentland@wzb.eu

© Springer Fachmedien Wiesbaden 2017
S. Giacovelli (Hrsg.), *Die Energiewende aus wirtschaftssoziologischer Sicht*,
DOI 10.1007/978-3-658-14345-9_6

Perspektive den Blick auf die durch die zunehmende Elektrifizierung des Verkehrs entstandene Dynamik zwischen Energiewende und Verkehrswende[1] richten. Durch die Digitalisierung von Elektrizität, Transportwesen und Kommunikation treffen Wirtschaftsakteure mit zum Teil sehr unterschiedlichen Produktzyklen, Branchenlogiken und Innovationskulturen aufeinander. Wir betrachten daher sowohl die strukturellen Spannungen, die sich im aktuellen Innovationsgeschehen zwischen den drei genannten Feldern abzeichnen, als auch die Strategien, die die Akteure auf lokaler Ebene zur Bewältigung dieser Spannungen entwickeln.

Daraus ergibt sich eine Reihe von Fragen, die erste Rückschlüsse auf die Dynamiken bei der Etablierung neuer Felder bzw. der mittelfristigen Restrukturierung bestehender Felder zulassen. Konkret interessiert uns: Entwickelt sich zwischen den bislang weitgehend getrennten Technikfeldern Elektromobilität, Energieinfrastruktur sowie Informations- und Kommunikationstechnologien (IKT) eine neue wirtschaftliche Dynamik? Münden die aktuellen Trends in der Elektrifizierung des Verkehrs womöglich in der Etablierung eines neuen Innovations- bzw. Unternehmensfeldes, das sich als „Mobility-to-Grid"[2] bezeichnen ließe? Wie sehen und bewerten die Akteure das Geschehen, vor allem ihre Konkurrenten und Kooperationspartner? Welche Strategien und Taktiken nutzen neue, aber auch etablierte Unternehmen aus den verschiedenen Branchen? Lässt sich eine gemeinsame Konzeption von „Mobility-to-Grid" ausmachen und, wenn ja, wie sieht diese aus?

Zur Beantwortung dieser Fragen bedarf es einer doppelten Analysestrategie. Zum einen werden gesellschaftliche Trends in den Bereichen der regenerativen Energien und der Elektromobilität unter der Fragestellung aufgezeigt, inwieweit sich hier technisch-ökonomische Synergien ergeben, die zur Formulierung eines neuen Innovationsfeldes beitragen. Zum anderen analysieren wir daran anschließend exemplarisch die lokalen Dynamiken, Strategien und Aushandlungsprozesse auf einem innerstädtischen Innovationscampus in Berlin-Schöneberg, der an der

---

[1]„Energie" bezieht sich hier auf Elektrizität, insbesondere die Generierung, Verteilung und Speicherung (regenerativer) Energie. „Verkehr" meint die Bewegung von Personen und Dingen im weitesten Sinne (vgl. Urry 2011), er beschränkt sich in unserem Beitrag jedoch auf jene Transportmittel, die mittelfristig elektrifiziert werden sollen, vor allem alle Arten von Straßenfahrzeugen, inkl. Nutzfahrzeugen.

[2]Mit dem Begriff „Mobility-to-Grid" wird auf ein Konzept rekurriert, das eine Vielzahl von Verkehrsmitteln auf ihre Integrationsfähigkeit in einem umgebauten, d. h. intelligenten Netzbetrieb testet. Verwandte Konzepte sind z. B. „Vehicle-to-Grid" und „power2mobility".

Schnittstelle zwischen Mobilität, Energie und digitalen Vernetzungstechnologien operiert.[3] Unter der Leitvorstellung des „Mobility-to-Grid" wurde an diesem Ort über mehrere Jahre im Rahmen von förderpolitischen Maßnahmen für eine Vielzahl von Partnern aus der Wirtschaft und der akademischen Wissenschaft eine Art Reallabor geschaffen, in dem sich Annäherungsprozesse wie auch Spannungsfelder nachzeichnen lassen. Anhand dieser weitgehend vom Marktdruck abgekoppelten experimentellen Nische (Geels und Raven 2006) möchten wir prüfen, ob und ggf. wie es in einem räumlich begrenzten Kontext zur Formierung eines neuen Feldes kommt.

Dabei stützen wir uns auf die empirischen Befunde aus Befragungen mit Akteuren des Campus. Unsere Datenbasis bilden insgesamt 49 leitfadengestützte Interviews, die in dem Zeitraum 2012 bis 2015, teilweise als Panelbefragung konzipiert, durchgeführt wurden. Interviewpartner waren leitende Wissenschaftler/innen, Geschäftsführer/innen bzw. Mitarbeiter/innen der Leitungsebene in Unternehmen des Energie- und Mobilitätssektors, sowohl junge Start-ups als auch etablierte Marktakteure, die strategische Entscheidungen der Unternehmen verantworten. Für diesen Beitrag haben wir uns vor allem auf die Interviews mit Personen aus dem privaten Sektor konzentriert. Hinzu kommen Ergebnisse aus Experteninterviews und Dokumentenanalysen zum aktuellen Innovationsgeschehen im Wechselspiel zwischen Energie und Mobilität (s. Anlage 1: Liste der Interviews). Theoretisch greifen wir auf neue akteurszentrierte Ansätze aus der Organisationsforschung zurück, insbesondere auf das von Neil Fligstein und Doug McAdam geprägte Konzept der „Strategic Action Fields" (Fligstein und McAdam 2012a).[4]

---

[3]Die empirische Datenerhebung wurde im Kontext von zwei Forschungsprojekten auf dem Campus durchgeführt: Das Projekt „Forschungscampus Mobility2Grid" wird im Rahmen der Förderinitiative „Forschungscampus - öffentlich-private Partnerschaft für Innovationen" vom Bundesministerium für Bildung und Forschung (BMBF) gefördert. Die Interviews wurden als Teil der internen Qualitätssicherung des Projektverbunds von Christoph Biester, Tim Flink und Jan-Christoph Rogge durchgeführt und als Zweipunkterhebung konzipiert. Zehn der insgesamt 20 Interviewees sind im Abstand von ca. einem Jahr zweimal befragt worden. Das Verbundprojekt „Micro Smart Grid EUREF" wurde im Rahmen der Schaufensterinitiative Elektromobilität Berlin-Brandenburg von der Bundesregierung und den Ländern Berlin und Brandenburg gefördert. Die Interviews wurden im Rahmen der sozialwissenschaftlichen Begleitforschung von Franziska Engels und Anna Verena Münch (TU-Campus EUREF gGmbH) durchgeführt.

[4]Siehe auch den Beitrag von Fuchs und Fettke in diesem Band.

2   Intersektorale Zwischenräume als Strategic Action Fields

Die Annäherung und Verbindung von zuvor weitgehend voneinander unabhängigen Industriesektoren und Infrastrukturen, die sich zeitgleich im Umbruch befinden, wurden wirtschaftssoziologisch bislang kaum untersucht. Die viel beschworene deutsche Energiewende[5] bietet nun eine ideale Fallkonstellation, um die Entstehung neuer Produkte, Geschäftsbereiche und Unternehmungen zu betrachten, die intersektoral und jenseits eingeübter und gefestigter Innovationszyklen bestimmter Branchen gewissermaßen im „Niemandsland" entstehen (Strübing et al. 2004). In diesem Sinne zeigt sich im parallelen Umbau der Elektrizitäts- und Mobilitätssysteme ein aufschlussreiches „Realexperiment" (Gross et al. 2005), eine anhaltende Irritation bestehender Märkte, Akteurskonstellationen und Industriekulturen mit bislang offenem Ausgang (Wentland 2016a). Im Moment jedoch handelt es sich bei den beschriebenen Entwicklungen um punktuelle Adaptionen, die sich vor allem in technologischen Nischen abspielen (Bakker et al. 2012; Dijk 2014). Getragen werden sie in der Regel von der öffentlichen Forschungsförderung und den strategischen Investitionen in Forschung und Entwicklung privater Unternehmen. Derartige vom wirtschaftlichen Konkurrenzdruck geschützte „Inkubationsräume" (Geels und Schot 2007, S. 400, 615) gelten in der Innovationsforschung als Ausgangspunkt für radikale Neuerungen (vgl. Kemp et al. 1998; Kemp et al. 2001; Geels 2004). Der von uns empirisch untersuchte Innovationscampus kann als eine solche geschützte Nische verstanden werden. In diesen Kollaborationen beteiligen sich neben kleinen innovationsgetriebenen Unternehmen und Forschungseinrichtungen auch marktmächtige Konzerne, deren Aktivitäten jedoch oft lokal begrenzt bleiben und nicht notwendigerweise mit den übergeordneten Unternehmensstrategien im Einklang stehen.

Bei der Klärung des Gegenstandsbereiches stellt sich zunächst also die Frage, wie eine zu untersuchende vorkommerzielle Nische konzeptionell gefasst werden kann. Als zentrale analytische Bezugsgröße bietet die Wirtschafts- und Organisationssoziologie die Vorstellung von „organizational fields" (DiMaggio und Powell 1983; Powell und DiMaggio 1991; Scott 2004) an. DiMaggio und Powell

---

[5]Unter der Energiewende verstehen wir, gewissermaßen alltagssprachlich, zunächst die politische Absicht, den Anteil der erneuerbaren Energien am Strommix sukzessive zu erhöhen. Dieser marktstrukturelle Wandel geht freilich einher mit einem Wandel von Erwartungsstrukturen (siehe den Beitrag von Giacovelli in diesem Band). Die Antizipation einer zukünftigen Bewegungsrichtung der Entwicklung auf dem Energiemarkt strukturiert die Kommunikationen und Handlungen der Akteure in der Gegenwart vor.

definieren organisationale Felder als „sets of organizations that, in the aggregate, constitute an area of institutional life" (DiMaggio und Powell 1983, S. 148). Diese Organisationsgeflechte werden durch gemeinsame „meaning systems" (Scott 1994, S. 57 ff.) reproduziert und stabilisiert. Solche Systeme der Sinnzuschreibung konstituieren die Grenzen eines organisationalen Feldes, innerhalb derer angemessene Verhaltensweisen, Zugehörigkeiten und die Beziehungen zwischen verschiedenen Organisationsgemeinschaften definiert werden (Lawrence 1999, S. 165).

Im Zentrum eines Feldes steht nicht zwangsläufig ein Markt oder eine Technologie, wie im Fall der Energie- und Verkehrswende deutlich wird. Der Wirtschafts- und Umweltsoziologe Andrew Hoffman (1999) konnte hierzu in einer historischen Studie der amerikanischen Umweltbewegung im Chemiesektor zeigen, dass auch Themen („issues") heterogene Akteure mit unterschiedlichen Zielsetzungen und gesellschaftlichen Kontexten in einen dauerhaften Interaktionszusammenhang bringen. Ein Feld wird von Akteuren geformt „around the issues that become important to the interests and objectives of a specific collective of organizations" (Hoffman 1999, S. 352). Innerhalb einzelner „issue-based fields" können mehrere Akteursgruppen miteinander wetteifern und Transformationsprozesse anregen.

In den vergangenen Jahren kreisten die konzeptionellen Debatten verstärkt um die Möglichkeiten strukturellen Wandels, wie er im Bereich der Energiewende zu beobachten ist, sowie der Konfiguration neuer feldförmiger Organisationsgeflechte (Hinings et al. 2004; Meyer et al. 2005; Dacin et al. 2002). Da organisationale Felder durch die Einhaltung impliziter („taken-for-granted") Regeln und Normen stabilisiert werden, definiert Hinings Wandel als den Übergang von einem eingeschriebenen und legitimierten Muster von Praktiken zu einem anderen (Hinings et al. 2004, S. 304). In einer vorkommerziellen Nische müssen die institutionellen Elemente allerdings zum Teil erst noch hervorgebracht werden. Im Entstehen befindliche Felder sollten beim empirischen Zugriff darum nicht an greifbaren Ausprägungen organisierter Koalitionen fest gemacht werden (Hoffman 1999, S. 352). Stattdessen schlägt Hoffman drei Indikatoren vor, an denen sich auch unsere empirische Analyse orientiert: 1) die Interaktionen in einem Set von Organisationen verdichten sich, 2) die Menge der geteilten Informationen nimmt zu und 3) die Organisationen entwickeln ein Bewusstsein dafür, an einer gemeinsamen Debatte teilzuhaben.

In unserer Untersuchung gehen wir über die Frage nach der Emergenz eines neuen Feldes noch hinaus, indem wir die strategischen Interessen der Akteure sowie die feldimmanenten Spannungen in den Fokus rücken. Diese Perspektive wurde in den letzten Jahren vor allen von den US-amerikanischen Wirtschaftssoziologen Neil Fligstein und Doug McAdam stark gemacht (Fligstein und McAdam 2011, 2012a). In den meisten Fällen eifern in bereits stabilisierten Feldern

Herausforderer *(Challengers)* und Etablierte *(Incumbents)* um die vorhandenen Ressourcen und die Deutungshoheit über die im Feld ablaufenden Entwicklungen. Der SAF-Ansatz ist also keinesfalls als statisch oder essenzialistisch zu verstehen. Felder lassen sich weder scharf voneinander trennen, noch existieren sie unabhängig von den Wahrnehmungen und Definitionen der Akteure, die sich ihnen zurechnen. Fligstein und McAdam verwenden die Metapher der Matroschka, also ineinander verschachtelte russische Holzpuppen, um zu illustrieren, dass jedes SAF letztlich aus weiteren, kleineren SAFs zusammengesetzt ist, die in sehr unterschiedlichen – oft hierarchischen – Verhältnissen zueinander stehen (Fligstein und McAdam 2012a, S. 58).

In ihrem programmatischen Aufsatz unterscheiden Fligstein und McAdam (2011, S. 11) zwischen drei verschiedenen Feldzuständen: 1) unorganisiert oder emergent, 2) organisiert und stabil, aber in Veränderung begriffen und 3) organisiert, instabil und offen für Transformation. Emergente – also noch nicht stabilisierte und damit relativ anarchische – SAFs definieren sie daran anschließend als „eine Arena, die von zwei oder mehr Akteuren besetzt wird, die sich in ihrem Handeln aufeinander beziehen, aber noch keine Übereinstimmung im Hinblick auf die grundlegenden Bedingungen des SAFs erzielen konnten." Derartige Rahmen können in diesem Sinne als „soziale Sphäre verstanden werden, in der noch keine Regeln existieren, wo sich Akteure jedoch aufgrund von sich entwickelnden, wechselseitig voneinander abhängigen Interessen zunehmend gezwungen sehen, in ihrem Handeln aufeinander zu reagieren" (Fligstein und McAdam 2012b, S. 73).

Zentral für die Entstehung eines neuen Feldes sind ihrer Ansicht nach „sozial geschickte Akteure", die Arenen des Austauschs und der Kooperation für verschiedene soziale Gruppen schaffen, Übersetzungsarbeit leisten und neue kulturelle Rahmen („frames") für ein Feld produzieren (Fligstein und McAdam 2012b, S. 73–74). Um institutionelle Strukturen dauerhaft zu verändern, müssen einzelne Akteure als institutionelle Entrepreneure auftreten (Dorado 2005). Solche Vorstöße haben vor allem dann Erfolg, wenn die treibenden Akteure aufkommende Gelegenheiten erkennen, die sich zum Beispiel aus Veränderungsprozessen und Umbrüchen innerhalb etablierter Felder ergeben können, „to align one's account with the dominant orders of worth in the field, thereby convincing powerful actors to accept one's account as convention" (McInerney 2008, S. 1089). Neben den drei von Hoffman vorgeschlagenen Indikatoren und den „sozial geschickten Akteuren", die als Entrepreneure der Feldformierung auftreten, sehen wir jedoch noch vier weitere Kennzeichen für die Entstehung eines neuen SAF:

Im Anschluss an die neuere Innovationsforschung vertreten wir erstens die These, dass es die – nicht selten innovationspolitischen „Hypes" folgenden – Erwartungen der (öffentlichen) Fördermittelgeber und (wirtschaftlichen) Investoren sind, die den Prozess der Feldemergenz und die Investitionsbereitschaft der Akteure anstoßen. Erwartungen kommt eine große Bedeutung für die wirtschaftliche Entwicklung kapitalistischer Gesellschaften zu, schließlich verleihen sie technologischen Neuerungen eine Strukturierung, legitimieren Handeln, definieren Akteursrollen und helfen Ressourcen zu mobilisieren (Borup et al. 2006; Brown und Michael 2002; Lente 1993). Beckert (2014, S. 10) definiert den Kapitalismus gar als eine auf die Zukunft gerichtete soziale Ordnung, deren außergewöhnliche Kraft darin besteht, Akteure trotz allgegenwärtiger Unsicherheit zum Handeln zu motivieren. So gesehen wird die Erwartung einer positiven Wirkung zur notwendigen Voraussetzung einer Investition.

Zweitens nehmen wir an, dass sich die Erwartungen der beteiligten Akteure im Prozess der Feldformierung entsprechend ihrer Zugehörigkeiten zu ihren angestammten Wirtschaftsbereichen unterscheiden. Das entstehende Feld „Mobility-to-Grid" zeichnet sich dadurch aus, dass es aus drei ganz unterschiedlichen Technikbereichen gebildet wird. Akteure aus dem Verkehr, aus dem Stromnetzsektor sowie aus den Informations- und Kommunikationstechniken werden von je spezifischen Entwicklungsdynamiken und Problemlagen angetrieben. In Abhängigkeit davon, wie die verschiedenen Akteure die neue Technologie rahmen, bringen sie je unterschiedliche Ideen und Vorstellungen in die technologische Entwicklung mit ein (vgl. Benner und Tripsas 2012).

Des Weiteren gehen wir davon aus, dass die physischen *Orte* der Interaktion eine entscheidende Rolle spielen. Sie bringen nicht nur neues Wissen und neue Praktiken hervor, sie verleihen selbigen darüber hinaus Autorität und Universalität (Powell et al. 2002; Gieryn 2002; Whittington et al. 2009). Labore für Forschung und Entwicklung beispielsweise repräsentieren nicht nur die autoritativen Zentren legitimen Wissens, sondern eröffnen auf der Hinterbühne Schauplätze für Ereignisse, die neue Felder ins Leben rufen können. Gerade dort lohnt sich also ein Blick auf die Strategien in der Frühphase, will man die Bedingungen, unter denen eine Feldkonstitution stattfindet, verstehen. Tagungen, Messen, Wettbewerbe, Workshops, Diskussionsforen und Präsentationen von Prototypen lassen sich als „field-configuring events" (Lampel und Meyer 2008) fassen. Im Zuge solcher konstitutiver Ereignisse kommen Personen aus verschiedenen Kontexten zeitlich begrenzt zusammen, um bewusst und gezielt den Grundstein für ein neues Feld zu legen (Garud 2008). Es lohnt sich also die lokalen Dynamiken und die Strategien der beteiligten Akteure an einem Ort in den Blick zu nehmen. Diesem Anliegen wenden wir uns im vierten Kapitel zu.

Viertens vollzieht sich radikaler Wandel in einem SAF meist erst nach einem exogenen Schock oder als Folge einer Phase hitziger Auseinandersetzung (Fligstein und McAdam 2012a, S. 104). Exogene Schocks oder Ereignisse können aber auch den Prozess der Feldentstehung anregen. Ein Beispiel ist die fortschreitende Digitalisierung, die dafür sorgt, dass in einer Vielzahl gesellschaftlicher Bereiche die Transaktionskosten massiv sinken. So ist es auch im Verkehr. Erst die digitale Vernetzung und die Nutzung von Smartphone-Apps hat das sogenannte Free-Floating-Carsharing, das ohne feste Stationen auskommt, überhaupt ermöglicht und attraktiv gemacht. Das gleiche gilt für den umstrittenen Online-Vermittlungsdienst von Fahrdienstleistungen „Uber". Für diese beiden Bereiche der Mobilitätsdienstleistungen hat die Digitalisierung als exogener Schock große Veränderungen im traditionellen Positionsgefüge der jeweiligen strategischen Handlungsfelder hervorgerufen.

Im Folgenden werden wir zunächst aktuelle technisch-ökonomische Trends analysieren, die die Annäherung der drei genannten Branchen charakterisieren, bevor wir die Ergebnisse der empirischen Erhebungen vor diesem Hintergrund präsentieren.

3 Gesellschaftliche Trends und wirtschaftliche Synergien

3.1 Verkehr als klima- und energiepolitisches Problem

Das sich abzeichnende intersektorale SAF „Mobility-to-Grid" muss insbesondere vor dem Hintergrund globaler Entwicklungen in der Umweltpolitik gesehen werden. Bereits im Juli 2009 haben die G-8-Staaten das Versprechen abgegeben, den Anstieg der durchschnittlichen Erdtemperatur auf zwei Grad Celsius zu begrenzen. Um den Treibhauseffekt und die damit verbundenen Klimaveränderungen einzudämmen, so die einhellige Meinung der Klimaforschung, ist eine dramatische Senkung der Emission von Kohlendioxid (CO_2) bis hin zur fast vollständigen Dekarbonisierung bis 2050 unausweichlich (IPCC 2015). Die Umsetzung dieses Zieles erfordert nicht weniger als die Neuerfindung der tragenden Säulen jeder Volkswirtschaft: Energie, Produktion und Transport. In ihrem 2008 veröffentlichten Bericht entwickelt die International Energy Agency (IEA) erstmals ein differenziertes Szenario zur Erreichung der 2-Grad-Zielmarke (IEA 2008). Sämtliche größeren Industriezweige werden darin in der Pflicht gesehen, einen Beitrag zum Klimaschutz zu leisten. Der Verkehrssektor stellt bei der Dekarbonisierung eine der größten Herausforderungen dar. Bereits der durch die OECD-Staaten verursachte Verkehr trägt über ein Viertel zu deren aktuellen CO_2-Emissionen bei (IEA 2012). Die IEA fordert deshalb von den OECD-Staaten die Reduktion der fahrzeugverursachten Emissionen um fast die Hälfte bis zum Jahr 2030. Schon bis 2020 sollen die verkehrsbedingten CO_2-Emissionen um 20 % gegenüber dem Vergleichsjahr 2008 sinken (EU-Kommission 2011). Der Versuch, den Anteil der erneuerbaren Energiequellen im Verkehr signifikant zu erhöhen, blieb bislang jedoch ohne Erfolg. Ihr Anteil am motorisierten Verkehr betrug in Deutschland im Jahr 2014 kaum mehr als 5 % (BMWi 2015).

3.2 Elektromobilität als Lösungsstrategie und neuer Markt

Durch die Verpflichtung auf eine umfassende Dekarbonisierung der Gesellschaft hat die alte Vision der Elektrifizierung des Verkehrs nicht zuletzt in Deutschland an Auftrieb gewonnen.[6] Im Herbst 2009 hat die Bundesregierung die Elektromobilität in ihrem Nationalen Entwicklungsplan Elektromobilität zu einer industrie- und innovationspolitischen Priorität erhoben. Motiviert wurde ihr Engagement nicht nur durch klimapolitische Ziele. Ebenso entscheidend waren und sind industriepolitische Erwägungen, insbesondere mit Blick auf die Stellung deutscher Automobilhersteller auf dem Weltmarkt. Ein besonders wichtiger Impuls für die Initiative der Bundesregierung, so lässt sich aus heutiger Sicht konstatieren, war und ist weiterhin der Innovationsdruck aus China. Der chinesische Markt ist bereits jetzt für alle deutschen Automobilhersteller mit Abstand der wichtigste. Aus diesem Grund werden technische und regulatorische Entwicklungen in China auch in Deutschland aufmerksam verfolgt: Auf der von der Bundesregierung im Mai 2013 veranstalteten „Internationalen Tagung Elektromobilität" erklärte der Vertreter der chinesischen Regierung allen Anwesenden unmissverständlich, dass das Auto in China nur eine Zukunft hat, wenn es elektrisch fährt.

Nach der anfänglichen Aufbruchstimmung ist in Sachen Elektromobilität in Deutschland allerdings Ernüchterung eingekehrt. Große Ambitionen sind mittlerweile einem wirtschaftspolitischen Pragmatismus gewichen. Die Ziele der Elektromobilitätsinitiative der Bundesregierung wurden bisher nur teilweise erreicht. Sämtliche deutsche Fahrzeughersteller bieten ihren Kunden zwar Elektroautos an.

---

[6]Hinsichtlich der CO_2-Bilanz der Elektromobilität ist natürlich entscheidend, welche Primärenergien genutzt werden: Es macht einen bedeutenden Unterschied, ob E-Fahrzeuge beispielsweise mit Strom aus Windkraftanlagen oder aus Kohlekraftwerken betrieben werden (vgl. Canzler und Knie 2015, S. 20). Geht man vom deutschen durchschnittlichen Strommix von einem CO_2-Ausstoß von 559 g/kWh aus, ergibt sich für ein batterieelektrisches Fahrzeug wie beispielsweise dem Nissan Leaf mit einem Durchschnittsverbrauch von 20,4 kWh auf 100 km ein CO_2-Ausstoß von ca. 114 g/km (im Jahr 2013, vgl. UBA 2014). Damit liegt dieser Wert nur leicht unter dem eines vergleichbaren konventionell betriebenen Fahrzeuges. Deutlich bessere Werte lassen sich nur erzielen, wenn E-Fahrzeuge mit erneuerbarem Strom fahren.

Sie investieren zudem Milliarden in die Forschung und Entwicklung und werden dabei durch eine Reihe von Förderprogrammen der Bundesregierung unterstützt (BMBF 2014). Allerdings bleibt die Marktdurchdringung in Deutschland äußerst gering. Gerade einmal 24.000 Elektrofahrzeuge befanden sich 2014 auf den Straßen, ein Großteil von ihnen in Firmenflotten oder im Carsharing. Der Marktanteil betrug trotz der politischen Rhetorik und Förderprogramme lediglich 0,4 % (NPE 2014). Am ehesten konnten sich Pedelecs und E-Roller am Markt etablieren. Ungeachtet der bisher eher schwachen Bilanz hält die Bundesregierung weiterhin an ihrem Plan fest, „Leitanbieter" und „Leitmarkt" für Elektromobilität zu werden (BMVi 2011; Bundesregierung 2015).

Ein wesentliches Hemmnis auf dem Weg dorthin stellen, so haben Mobilitätsexperten wiederholt konstatiert (Canzler und Knie 2015), die Automobilhersteller selbst dar. Auch wenn Hersteller wie BMW signifikante Summen in die Produktion und Vermarktung voll elektrisierter Fahrzeuge investieren, hängen die meisten Akteure in der Branche – einschließlich der Zulieferer und Gewerkschaftsvertreter – einer eher traditionellen Vorstellung des Privatautos mit seinen etablierten Eigenschaften und Nutzungsszenarien an. Sie halten nicht nur in ihrem Kerngeschäft, sondern auch bei der Entwicklung neuer Modelle und Geschäftsfelder am Regime des Verbrennungsmotors fest oder streben ein Substitutionsmodell an. Ansonsten soll sich weder am Fahrzeug noch an der Nutzungspraxis viel ändern. Dabei lässt sich argumentieren, dass der Wechsel vom Verbrennungs- zum Elektromotor Innovationen erzwingt, die über das bisherige Muster der inkrementellen Verbesserungen einer bereits ausgereiften Technik hinausgehen (Canzler und Knie 2011). Eine tief greifende Veränderung der bisherigen Antriebstechnik würde nämlich auch gravierende Änderungen im soziotechnischen Gesamtgefüge zur Folge haben, angefangen bei der Versorgungsinfrastruktur bis zu den Nutzungspraktiken und politischen Regulierungsinstrumenten (Wentland 2016b). Ebenso eröffnen sich über die Elektrifizierung neue Schnittstellen und Konkurrenzpotenziale zu Unternehmen aus Branchen, die mit Mobilität zuvor nur wenig zu tun hatten.

3.3   Annäherung von Energie- und Verkehrswende

Wie sehen nun die Schnittstellen zu anderen ökonomischen Feldern wie der Strom- und Energiewirtschaft konkret aus? Auch wenn die Nationale Initiative Elektromobilität der Bundesregierung in erster Linie industriepolitisch motiviert war, entsteht eine zusätzliche Dynamik aus dem Zuwachs der erneuerbaren Stromproduktion. Neue Chancen für eine Verknüpfung von Strom- und Verkehrswende eröffnen sich angesichts sinkender Kosten der Herstellung von Strom aus erneuerbaren Quellen. Trotz auslaufender Einspeisevergütungen ist mit einem weiteren zügigen Ausbau insbesondere von Windenergie- und Fotovoltaikanlagen zu rechnen. Das Fraunhofer-Institut für Solare Energiesysteme erwartet die deutlichsten Kostenreduktionen bei der Fotovoltaik und gleichzeitig höhere Gestehungskosten bei den konventionellen Energietechniken, insbesondere bei der Steinkohleverstromung und bei Gasturbinen (vgl. FhG ISE 2013). Die meisten Prognosen zum weiteren Ausbau der erneuerbaren Energien bis 2030 sehen mehr als eine Verdoppelung der Erzeugungskapazitäten gegenüber dem Jahr 2014 vor. Vor allem zwischen 2020 und 2030 werden die Fluktuationen in der Stromerzeugung erheblich zunehmen (im Überblick: DLR et al. 2012).

Angesichts dieses Ausbauszenarios von Anlagen zur Nutzung fluktuierend einspeisender Wind- und Solarenergie wächst der Speicherbedarf immens. Elektroautos könnten diese Lücke füllen, wie erste Simulationen und Pilotprojekte andeuten (Loisel et al. 2014). In Wissenschaft und Praxis wird die Integration von Elektrofahrzeugen in das Stromnetz bereits seit Jahren – teils kontrovers – diskutiert (Canzler und Knie 2013; Guille und Gross 2009; Pehnt et al. 2011; Pregger et al. 2012). Sinken die Preise für Batterien weiterhin und nimmt die Zahl der Elektroautos auf den Straßen zu, würde die Nutzung von netzintegrierten Elektrofahrzeugen wirtschaftlich deutlich an Attraktivität gewinnen. Erste Versuche mit verschiedenen Technologien und Nutzungsszenarien sind bereits abgeschlossen. Ein zeitversetztes Laden innerhalb einer definierten Periode ist in frühen E-Mobilitätsprojekten, beispielsweise in einem gemeinsamen Projekt von BMW und Vattenfall, erfolgreich erprobt worden. In einigen von der Bundesregierung geförderten Schaufensterprojekten zur Elektromobilität sowie in diversen Pilotprojekten wird die Integration von Elektrofahrzeugen als produktive Elemente in einem zukünftigen „Smart Grid" erprobt. Einige dieser Projekte sind auf dem Campus in Berlin-Schöneberg angesiedelt, den wir im nächsten Abschnitt untersuchen werden.

Auch politisch hat die Idee einer Verbindung von Energie- und Verkehrswende an Zugkraft gewonnen. Insbesondere in Deutschland wird die Elektromobilität heute explizit als ein notwendiger Teil, als „Schlüssel", der Energiewende gerahmt. Der aktuelle Bericht der Nationalen Plattform Elektromobilität (NPE), einem Zusammenschluss von führende Vertreter/innen aus Politik, Wirtschaft und Wissenschaft, betont dieses Synergiepotenzial:

> Elektromobilität ist weltweit Schlüssel zur klimafreundlichen Umgestaltung der Mobilität und in Deutschland ein Teil der Energiewende. Der Betrieb von Elektrofahrzeugen erzeugt insbesondere in Verbindung mit regenerativ erzeugtem Strom deutlich weniger CO_2. Zusätzlich können Elektrofahrzeuge mit ihren Energiespeichern die Schwankungen von Wind- und Sonnenkraft künftig ausgleichen (Smart Grid) und so den Ausbau und die Marktintegration dieser volatilen Energiequellen unterstützen (NPE 2014, S. 3).

Trotz aktuell geringer Absatzzahlen für Elektrofahrzeuge zeichnet sich also langfristig eine intersektorale Dynamik zwischen Individualverkehr und Energieverteilung ab. Ebenso wie die Fahrzeughersteller geraten Energieversorgungsunternehmen, Netzbetreiber und andere etablierte Marktakteure allmählich unter Druck ihre Strategien anzupassen, um an dem Transformationsprozess teilzuhaben. Zu den neuen Optionen gehört auch für sie die Ausschöpfung möglicher Synergien zwischen Stromnetz und Elektrofahrzeugen in Form von „Mobility-to-Grid". Die Befürworter solcher integrativer Ansätze wie der Stromanbieter LICHTBLICK sehen in der E-Mobilität erhebliche Potenziale für das Lastmanagement und die Speicherung volatiler Energie in der von ihnen angestrebten Stromwirtschaft auf Basis erneuerbarer Energien. Die Vorteile, die Elektroautos für die Umstellung auf erneuerbare Energieträger erbringen könnten, reichen von der kurzfristigen Stabilisierung von Verteilernetzen über eine flächendeckende Bereitstellung von Speicherkapazitäten bis zur Ermöglichung individueller „Vehicle-to-Home"-Lösungen, d.h. die Verknüpfung von Hausstromnetz und Elektrofahrzeug.

Diskutiert werden in diesem Zusammenhang vermehrt dienstleistungsbasierte „on demand-" und „sharing-" Geschäftsmodelle, die der Elektromobilität in ihrer Frühphase Auftrieb verschaffen sollen. Dahinter liegt jedoch ein fundamentaler Wechsel des Autos vom Privatgefährt zu einem Produkt, das von einem professionellen Anbieter als Teil einer Dienstleistung angeboten wird. Die Folgen dieses Wechsels für die Fahrzeughersteller und die ganze Verkehrsbranche wären erheblich. Der Bedarf an Autos zur Befriedigung der Mobilitätsbedürfnisse könnte sinken, gleichzeitig wären zusätzliche Dienstleistungen zu erbringen, um die Integration der verschiedenen Verkehrsmittel und ihre Verknüpfung mit dem Stromnetz zu gewährleisten. Damit könnte sich die Wertschöpfung von der Produktion hin zur Dienstleistung verändern. Bei diesem Bild einer „Verkehrswende" handelt es sich jedoch um eine – zunehmend populärer werdende – Minderheitenposition. Multimodalität bzw. die „sharing economy" sind jüngere „Trends" in der Automobilbranche, die zwar zunehmend mehr Beachtung finden, die jedoch mit der Elektrifizierung des Verkehrs nicht automatisch einhergehen.

3.4 Digitalisierung als „missing link" zwischen Strom und Mobilität

Die beschriebenen Nutzungsszenarien und Geschäftsmodelle werden größtenteils durch den Einsatz fortgeschrittener Informations-und Kommunikationstechnologien (IKT) ermöglicht. Sie sind der lange Zeit fehlende, verbindende Baustein für

Stromanbieter und Netzbetreiber zur Elektromobilität. Mit der Entwicklung marktreifer IKT im „Mobility-to-Grid"-Feld steht und fällt die Entstehung eines intersektoralen Wirtschaftsfeldes. Zum einen erleichtern sie für die Nutzer/innen den Zugang zu Verkehrsangeboten generell und ermöglichen eine bequeme Verknüpfung verschiedener Verkehrsmittel.[7] Smartphones können eine Schlüsselfunktion einnehmen: Über sie fließen nicht nur die nötigen Echtzeitinformationen. Sie dienen zugleich als Ticket, Zugangsschlüssel, persönlicher Assistent in allen Verkehrslagen und auch als Ladefernsteuerung. Zum anderen tragen die IKT – gleichsam im Hintergrund und ohne von den Nutzer/innen bemerkt zu werden – zur Integration verschiedener Verkehrsträger und eben auch zur Verknüpfung von Verkehrs- und Stromanbietern bei. Netzbetreiber und Stromanbieter können so überhaupt erst Smart Home- und Smart-Grid-Modelle entwickeln (Bundesnetzagentur 2011; Reetz 2012). Nur wenn komplexe Datenabgleiche in Smart Grids gesichert sind, ist die skizzierte Kopplung und Integration der bisher getrennten Sektoren Strom und Verkehr denkbar.

IKT zeichnen sich dadurch aus, dass sie eine eigene katalytische Funktion für das Zusammenwachsen historisch separater Sektoren haben, indem sie die Interaktionskosten von Sektoren übergreifender Kooperationen radikal senken können und zudem Nutzungsoberflächen schaffen, die einfach und dennoch flexibel sind. Digitale Medien wirken als Zugangstechniken für die Nutzer/innen im Vordergrund und als Brücken zwischen den verschiedenen Betreibern im Hintergrund. Sie haben daher voraussichtlich das Potenzial, über kompatible Schnittstellen als eine gemeinsame technische Andockposition für Vertreter/innen beider Sektoren – sowohl des Strom- als auch des Verkehrssektors – zu fungieren und damit eine Schlüsselrolle für die Entstehung eines neuen SAF einzunehmen. Dies zeigt sich besonders deutlich in lokalen „Mobility-to-Grid"-Pilotprojekten, wie wir im Folgenden anhand des Innovationscampus in Berlin empirisch demonstrieren möchten.

---

[7]Bereits jetzt besitzen rund 90 % der unter 30jährigen ein internetfähiges Smartphone. Dadurch, dass alle Verkehrsangebote und die verschiedenen Fahrzeuge digital erfasst sind, sind sie jederzeit erkennbar und nutzbar. Das einzelne Fahrzeug spielt eine immer weniger wichtige Rolle: Damit sind auch die technischen Eigenschaften nicht mehr allein entscheidend, sondern die Wahl folgt in aller Regel pragmatischen Kriterien: es wird das Fahrzeug gewählt, das gerade passt. Durch die steigende Verbreitung von mobilen Endgeräten sowie aufgrund der wachsenden Zahl von Personen, die verschiedene Verkehrsmittel – beispielsweise Fahrrad, Auto und Bahn – kombinieren, löst sich die Attraktivität eines Fahrzeuges tendenziell von seinen physikalischen Eigenschaften (vgl. Canzler und Knie 2015, S. 38 ff.).

4   Innovationscampus als Laborsituation für die Entstehung eines neuen, intersektoralen Strategic-Action-Field (SAF)?

Am empirischen Beispiel eines innerstädtischen Innovationscampus werden die diskutierten übergreifenden Trends anhand von Beobachtungen der lokalen Dynamiken überprüft. Wir begreifen den Campus als die geografische Manifestation einer lokalen Nische für die Schnittstellen zwischen den Feldern Energie, Mobilität und IKT, wo Prozesse der Annäherung wie unter einem „Brennglas" beobachtet werden können. Da wir ein sich rasant entwickelndes Phänomen betrachten und die Schauplätze einer vermuteten intersektoralen Annäherung begrenzt sind, ist es schwierig, generalisierbare Aussagen über die Zukunft ganzer Industrien zu treffen. Wir können jedoch Entwicklungen aufzeigen, die Hinweise dafür liefern, wie diese Zukunft aussehen könnte. Im Bewusstsein dieser Limitierungen soll die Annahme der Emergenz eines neuen SAF durch die beschriebene Konvergenz von Energie- und Mobilitätssektor anhand eines konkreten Falls der Kooperation in Forschung, Entwicklung und zukünftiger Vermarktung empirisch nachvollzogen werden.

Mit dem Ziel, ein „intelligentes Stadtquartier der Zukunft" zu realisieren, wird das abgegrenzte Areal in Berlin-Schöneberg seit 2006 zu einem Wirtschafts- und Forschungsstandort im Namen der Energiewende entwickelt. Der über 50.000 Quadratmeter große Campus liegt am Rande des Berliner Stadtkerns und ist eingebettet in ein Gründerzeitwohnquartier. Auf dem Areal stehen ein historischer Gasometer, der die Außenwahrnehmung des Ortes prägt, sowie einige denkmalgeschützte Backsteingebäude. Daneben sind in den letzten Jahren mehrere Neubauten entstanden. Geplant ist, die Energieversorgung des gesamten Areals mithilfe von Windkraftanlagen, Fotovoltaikanlagen und biogasbetriebenen Blockheizkraftwerken in Zukunft weitgehend CO_2-neutral zu gestalten. Ein skalierbares Micro Smart Grid, d. h. ein dezentrales, intelligentes Stromnetz, soll die einzelnen erneuerbaren Energiequellen mithilfe von Informations- und Kommunikationstechnologien miteinander verknüpfen.

Der Campus ist Arbeits- und Demonstrationsort sowie Labor und Forschungsgegenstand verschiedener privat und öffentlich geförderter Projekte, in denen Wissenschaft und Wirtschaft in Kooperation im Themencluster Mobilität, Energie, Nachhaltigkeit und Digitalisierung arbeiten. In den vergangenen Jahren haben sich zahlreiche Start-ups, kleine und mittlere Unternehmen, wissenschaftliche Institute sowie Niederlassungen größerer Konzerne, darunter von Schneider Electric, der Deutschen Bahn, Cisco, der Berliner Gaswerke (GASAG) sowie der Netzgesellschaft Berlin-Brandenburg (NBB), auf dem Areal angesiedelt. Überdies wird ein Inkubator zur Förderung von Start-ups mit nachhaltigen Unternehmenskonzepten betrieben. Insgesamt sind derzeit (Stand Ende 2015) über 80 Unternehmen und Forschungseinrichtungen mit mehr als 2000 Mitarbeiter/innen auf dem Campus angesiedelt. Die verschiedenen Organisationen sind zum einen in den meisten Fällen durch ihren Bezug zu den genannten Themenclustern, zum anderen teilweise aber auch konkret durch die gemeinsame Arbeit in einer Vielzahl meist öffentlich geförderter Projekte miteinander verbunden. Den Förderschwerpunkt bildet dabei die Elektromobilität. Während auf diesem Wege einerseits versucht wird, die *„Identität"* und *„Codierung des Geländes"* zu etablieren (I1), zeichnet sich die Akteurskonstellation auf dem Campus andererseits durch eine große Heterogenität in Bezug auf die Strukturen und Referenzsysteme, aber auch in Bezug auf ihre organisationalen Strukturen und Produktionszyklen aus:

> Das sind drei Branchen, die da drin stecken, die ganz anders planen, ausgerichtet sind, in der Art und Weise wie sie denken, die Zeithorizonte sind ganz unterschiedlich und das ist die große Herausforderung (…) Energiewirtschaftler planen oftmals in Dekaden, selbst jetzt noch, das ist noch in den Köpfen verankert (I2).

Für die Entstehung von sektorenübergreifenden Innovationen sind einheitliche Entwicklungszeiträume und Geschwindigkeiten jedoch eine wesentliche Voraussetzung. Während die Energiebranche gewohnt ist, in Dekaden zu planen, ist die Automobilindustrie traditionell sehr viel stärker innovationsgetrieben. Die Produktion eines neuen Fahrzeugs ist mit vier bis sieben Jahren aber noch immer vergleichsweise lang, stellt man den Innovationszyklus der Digitalbranche, mit jährlich einer neuen Smartphone-Generation, gegenüber. Ob sich ein neues Feld „Mobility-to-Grid" langfristig etabliert und welche Akteure in diesem Feld dominieren, wird ganz entscheidend davon abhängen, wie die Akteure aus den drei Branchen (Energie, Mobilität, Digital) auf diese Herausforderungen reagieren.

4.1   Zwischen Kooperation und Konkurrenz

Bisher gibt es für die meisten technischen Lösungen und Konzepte, an denen auf dem Areal im Kontext der Einbindung von elektromobilen Fahrzeugen in intelligente Stromnetze gearbeitet wird, weder einen definierten Markt noch tragfähige Geschäftsmodelle. Weder für die Speicherung noch für die Rückspeisung von Strom in und aus Elektrofahrzeugen gibt es derzeit marktfähige Vergütungsmodelle, die einen wirtschaftlichen Anreiz setzen könnten. Die notwendigen Technologien haben das Stadium der Marktreife noch nicht erreicht.

Die Interviewpartner/innen artikulieren zwar ihre Hoffnung auf eine zukünftige Verwertbarkeit, insgesamt dominiert aber das Bild des *„unbestellten Ackers"*, für den erst noch tragfähige Geschäftsideen zu entwickeln sind:

> Aber das Thema intelligente Netze ist halt noch so unbestellt, dieser Acker, dass man da noch gestalterisch mitwirken kann, im Gegensatz zu anderen Bereichen, wo durch die Marktsituation mit den wenigen Konzernen, die es dafür gibt, da ist der Gestaltungsspielraum relativ begrenzt (I3).

Das neue Feld wird damit als ein offener Handlungsraum charakterisiert, der für Vertreter/innen insbesondere der Branchen Energie, Mobilität und digitale Kommunikation Anschlussmöglichkeiten bereithält. Diese Offenheit hat jedoch ein Doppelgesicht. Einerseits ermöglicht sie Akteuren aus vormals getrennten Sektoren an der Entwicklung des neuen Feldes zu partizipieren, ohne dass bereits eine gemeinsam geteilte Vorstellung über den Kern des Feldes existiert. Andererseits haben die Akteure divergierende Erwartungen und verfolgen je unterschiedliche Strategien, mit denen sie versuchen, die Ausrichtung und Entwicklung des Feldes zu beeinflussen. In Anlehnung an Hoffman (1999, S. 352) lässt sich beobachten, dass sich die Interaktionen zwischen den Akteuren verdichten und dass ein Bewusstsein vorherrscht, an einer gemeinsamen Debatte teilzuhaben. Die Vertreter/innen der verschiedenen Branchen auf dem Campus tauschen sich – formell und informell – aus, kooperieren im Rahmen gemeinsamer Forschungsprojekte und reagieren aufeinander: *„die wollen bei Innovationen dabei sein, die wollen vielleicht dann selbst Innovationen lernen und mitbekommen"* (I4). Gleichzeitig ringen sie jedoch um die Deutungshoheit und konkurrieren um die begrenzten finanziellen Ressourcen in der neuen Arena. Die Akteure aus den verschiedenen Branchen gehen von sehr unterschiedlichen Erwartungen und Vorstellungen über das Feld aus, die stark von ihren jeweiligen Kernkompetenzen geprägt sind, und versuchen die Bedeutung der Feldentwicklung entweder in die eine Richtung – *„dass diese übergreifende Betrachtung der Energieträger eigentlich das Entscheidende ist"* (I5) oder in die andere – *„sind die Fahrzeuge ja ein wichtigeres Medium als Speicher, um das Ganze zu testen"* (I6) – zu lenken.

In einigen Fällen entpuppt sich die propagierte Offenheit auch als eine Strategie des abwartenden Beobachtens der Entwicklungen im Prozess der Feldemergenz. Die Akteure registrieren offensichtlich, dass in diesem Bereich etwas entsteht und wollen daran partizipieren, ohne jedoch selbst die Entwicklung aktiv voranzutreiben. Dabei lässt sich ein Unterschied zwischen den Branchen feststellen. Während sich die Digitalbranche bzw. die Digitalisierung als Katalysator für die Entstehung des „Mobility-to-Grid"-Feldes erweist (siehe unten), nehmen die traditionellen Incumbents im Energie- und Mobilitätssektor abseits von kleineren Innovationsprojekten eine eher abwartende Haltung ein. Dabei stehen vor dem Hintergrund erodierender Geschäftsmodelle sowie den Investitions- und Erwartungsunsicherheiten, mit denen die Automobil- und Energiebranche derzeit konfrontiert sind, gerade in diesen Bereichen aktuell massive Reorganisationsprozesse an. Deren wesentliche Treiber sind weniger proaktive Veränderungen der Unternehmensausrichtung, sondern vielmehr politische Entscheidungen, denkt man beispielsweise an die Energiewende mit ihren Klimaschutzzielen, den politisch verordneten Atomausstieg und nationale bzw. supranationale Abgasregeln:

> Das bestimmt unsere komplette Unternehmensausrichtung, so wie für alle anderen Energiekonzerne, weil die Geschäftsmodelle nur noch zum Teil so funktionieren wie vor 20 Jahren, und komplett geändert werden müssen. Also es hat extrem gravierende Auswirkungen, weil der Energiemarkt sich komplett wandelt und wir uns da auch anpassen müssen (I7).

Mit Blick auf die Akteurskonstellation im Feld „Mobility-to-Grid" manifestiert sich dieses Doppelgesicht in einem Spannungsverhältnis zwischen Kooperation und Konkurrenz. Da es derzeit keinen einzelnen Akteur gibt, der systemisch integrierte Lösungen für die Einbindung von Elektrofahrzeugen in intelligente Stromnetze bereitstellen kann, hängt die weitere Technologieentwicklung von Kooperationen zwischen heterogenen Akteuren ab.

> Die sagen, ich will jetzt hier Strom, ich will Wärme, und ich will auch Autos, alles regenerativ, so. Da gibt es im Moment keinen, der das hat. Der eine hat immer nur das, und so, und das Gelände soll hier die Übungsform sein, und wie es immer so ist, da es keinen gibt, der das machen kann, machen wir es halt selber (I8).

Ein Grund für die hohe Bedeutung von Kooperation in dieser frühen Phase der Technologieentwicklung ist, dass die Entstehung des neuen SAF den Beginn einer intersektoralen Konvergenz der Felder Energie und Mobilität markiert. Während bspw. das SAF Elektromobilität oder die von Bakker et al. (2012) ausgeleuchtete technologische Nische, die sie als „car of the future" bezeichnen, neue Subeinheiten *innerhalb* etablierter Felder bzw. Marktbereiche darstellen, entsteht das SAF „Mobility-to-Grid" *zwischen* mehreren vormals sektoral getrennten Feldern. In der derzeitigen Phase der Feldentstehung erscheint der Austausch zwischen Akteuren mit je unterschiedlichen, feldspezifischen Wissensbeständen dafür als notwendige Voraussetzung. Anders als bei den Digitalkameras, deren Entwicklung Benner und Tripsas (2012) untersucht haben, bringen die Unternehmen aus verschiedenen Branchen nicht Produkte mit je unterschiedlichen Spezifika und Eigenschaften auf den Markt, die mit der Zeit zu einem Standardmodell konvergieren, sondern müssen gemeinsam an einer größeren Systemtransformation arbeiten. Einzelne neue Technologien können als „Basis-innovationen" dabei zum Ausgangspunkt für die Entwicklung komplementärer Interessen werden, wie das folgende Zitat zeigt:

> … und da kommen andere und sagen, okay, jetzt könnt ihr aber vielleicht die Lampe da anschließen und die gleich damit steuern. Dann kommt der Nächste an und sagt, ich habe gerade so eine Art Parkplatzsensor hier in der Entwicklung, die können wir auch gleich da mit oben dran schnallen. […] Solche Sachen laufen dann zusammen, da sagt man, hey, super, jetzt wachsen da verschiedene Sachen zusammen (I9).

Immer wieder ist aber auch Konkurrenz ein Thema in den Interviews, insbesondere dann, wenn direkte Mitbewerber sich in ähnlichen oder gleichen Projekten engagieren. Ein Beispiel dafür ist die Gründung einer gemeinsamen Verwertungsgesellschaft im Rahmen eines großen Technologieentwicklungsprojekts auf dem Campus, in dem zwei der größten beteiligten Unternehmen direkte Konkurrenten in einigen ihrer Geschäftsbereiche sind. Aufgrund firmeninterner Vorbehalte gegenüber einer derart engen Kooperation mit einem Mitbewerber ist deshalb zunächst nur eines der beiden Unternehmen Gründungsmitglied der Verwertungsgesellschaft geworden. Darin zeigt sich: Obgleich es derzeit noch keine konkreten Geschäftsmodelle gibt, führen die Erwartungen einer zukünftigen Verwertbarkeit der Kooperationserträge zur Aktualität von Konkurrenz. Ein zweites Beispiel ist die latente Angst der „kleineren" Kooperationspartner, *„auf dem Präsentierteller"* (I4) zu sitzen und von größeren Unternehmen *„weggeblasen"* zu werden, wie es ein Interviewpartner aus einem Start-up berichtet:

> Wir sind klein. […] Also man könnte uns und kann uns in kürzester Zeit mit vernünftig Geld und vernünftig Ressourcen, kann man uns einfach wegblasen. Und davor hat man als Gründer enormen Respekt. Weil wir leben von Innovationen und wir leben von Geschwindigkeit und sicherlich nicht davon, dass wir mit großen, tiefen Taschen Dinge an anderen vorbei machen können, die das wirklich machen wollen (I4).

Unter den Bedingungen der latenten Spannung zwischen Kooperation und Konkurrenz ist ein gemeinsames Verständnis der Grenzen und Regeln des Feldes, das Fligstein und McAdam (2011, 2012b) als wesentliches Charakteristikum eines strategischen Handlungsfeldes erachten, ungleich schwieriger zu erreichen. Die Analyse unseres Interviewmaterials zeigt, dass sich die Akteure ein solches geteiltes Verständnis erst erarbeiten müssen. In diesem frühen Stadium der Feldentwicklung vollzieht sich die soziale Konstruktion eines Feldes nicht über eine gemeinsame Sicht auf das Feld, sondern über die „sich entwickelnden, wechsel-seitig voneinander abhängigen Interessen" (Fligstein und McAdam 2012b, S. 73) und eine Verdichtung der Interaktionen zwischen Akteuren aus ehemals getrenn-ten Bereichen.

4.2 Grenzgänger und sektorenübergreifende Projektverbünde

Neben der Entwicklung interdependenter Interessen und einer Interaktionsver-dichtung finden sich in unseren Daten noch weitere „Ermöglicher" der Emer-genz eines neuen Feldes: Das sind zum einen sogenannte Grenzgänger und zum anderen die Zusammenarbeit in sektorenübergreifenden Projektverbünden. Unter Grenzgängern verstehen wir Akteure, die nicht einem Feld bzw. Sektor originär zuzurechnen sind, sondern sich in mehreren Sektoren gleichzeitig bewegen und als intersektorale Vermittler fungieren. Bei der Entstehung eines neuen SAF spie-len sie eine aktive Rolle, indem sie „Übersetzungsarbeit" leisten und Akteure aus unterschiedlichen Feldern zusammenbringen. Grenzgänger sind in diesem Sinne die „sozial geschickten Akteure", die Fligstein und McAdam (2011, S. 73) im Sinn haben. Ihre besondere Qualität liegt jedoch darin, dass sie als Akteure zwi-schen „den Welten" eine wichtige Schnittstellenfunktion zwischen bereits beste-henden strategischen Handlungsfeldern übernehmen.

Grenzgänger können als Einzelpersonen, aber auch als Organisationen, bspw. Unternehmen, oder in Form von Netzwerken auftreten. In diesem Sinne sind sie auch als institutionelle Entrepreneure zu begreifen (vgl. Dorado 2005). Diese dritten Akteure braucht es, so die Vermutung, um zwischen den Wahrnehmungen und Logiken der unterschiedlichen Orientierungssysteme der beteiligten Akteure vermitteln zu können. Sie beherrschen die verschiedenen Sprachen, kennen die Reputationssysteme der jeweiligen Felder und suchen nach einem Weg, die kon-kurrierenden Orientierungen zu verbinden. Gerade vor dem Hintergrund der technologischen, ökonomischen und gesellschaftlichen Komplexität dieses Trans-formationsprozesses kommt ihnen bei feldübergreifenden Kooperationsprozes-sen eine besondere Bedeutung zu. Viele der Akteure, die an den auf dem Campus angesiedelten Kooperationsprojekten beteiligt sind, berichten, dass Grenzgänger den initialen Kontakt zu den anderen Partnern hergestellt haben und der Grund für ihren Eintritt in das neue Feld gewesen sind.

Die gemeinsamen Projekte schaffen für Unternehmen, Forschungseinrich-tungen und andere gesellschaftliche Akteure aus unterschiedlichen Sektoren Anschlussmöglichkeiten und konstituieren eine Arena des Austauschs, die im

Falle ihrer Verstetigung zum Nukleus für die Entstehung eines neuen Feldes werden kann. Für die Ermöglichung einer sektoren- und disziplinenübergreifenden Zusammenarbeit in den Verbundprojekten erfüllt das Micro Smart Grid als gemeinsames Grenzobjekt dabei eine vereinende und koordinierende Funktion, indem es eine flexible Folie für die teilweise divergierenden Interessen und Strategien der beteiligten Kooperationspartner bietet. Dabei, so zeigt unsere Forschung, erzielt bereits die bloße Vision eines Micro Smart Grid eine verbindende Wirkung, die unabhängig ihrer materiellen Realisierung die Kooperation und Investition von Ressourcen fördert (Engels und Münch 2015).

> Und da gehören solche Projekte wie eben das [Projektname] dazu, eine Folie zu gestalten, auf der jeder Partner, ich sag mal, seinen Aktionsraum findet. [...] Und insofern müssen unsere Projekte, die wir hier etablieren, eigentlich immer so wandlungsfähig sein, dass man die in jede Richtung dehnen kann (I1).

Ein Engagement in diesen Projekten bedeutet für die aus den angrenzenden Feldern kommenden Unternehmen keineswegs eine grundlegende Änderung ihrer Firmenstrategie, sondern bietet ihnen die Chance, sich in neue Geschäftsbereiche vorzutasten.

> Beispielsweise Elektromobilität war ein Thema, was ganz klein angefangen hat, wo wir durch die Projekte erstmal gelernt haben, wie funktioniert eine Ladesäule, wo kriegt man die her. [...] Und daraus kann sich ein Geschäft entwickeln. Heute haben wir Produkte, die wir europaweit vertreiben zum Thema Ladeinfrastruktur (I7).

Es ist also durchaus nicht verwunderlich, wenn Unternehmen aus einem strategischen Handlungsfeld in die Entwicklung eines neuen Handlungsfeldes involviert sind. Dies gilt umso mehr, da sich neue Felder typischer Weise im Umfeld bestehender Felder herausbilden (Fligstein und McAdam 2011, S. 12). Im Gegensatz zu Start-ups, die oft Nischen zwischen etablierten Akteuren besetzen, nutzen Konzerne sektorenübergreifende Projektverbünde als Testballon für die zukünftige Ausweitung ihrer Geschäftstätigkeit, ohne dabei ihr angestammtes Feld zu verlassen.

> Als Lösungslieferant für Energiemanagement und die ganzen Geschichten hat es sich dann natürlich ergeben, dass wir hier eine Menge an Hardware mitbringen können (...) So sind wir in die ganze Geschichte reingekommen, durch unsere Kernkompetenzen (I3).

Dazu passt, dass die an sektorenübergreifenden Technologieentwicklungsprojekten beteiligten Mitarbeiter/innen oftmals nicht im Kernbereich der Konzerne, sondern bspw. in gesonderten Innovationsabteilungen angesiedelt sind. Innerhalb der Unternehmen haben diese Einheiten und Personen oft einen unklaren Status, der die inhärente Spannung zwischen dem Kerngeschäft und der Erschließung neuer Tätigkeitsbereiche zum Ausdruck bringt. Das notwendige Trial-and-Error-Verfahren und die eher kurz- bis mittelfristige Orientierung bei der Geschäfts-feldentwicklung stehen im Widerspruch zur langfristig angelegten Logik der oft als „träge" bezeichneten Konzernstrukturen. Üblicherweise erfolgt eine insti-tutionalisierte Verfestigung des Themas in den organisationalen Strukturen erst dann, wenn sich das Geschäftsfeld als erfolgsversprechend erwiesen hat.

> Weil ich schon so eine gesonderte Situation, eine Einzelstellung bei uns im Unter-nehmen habe, weil, ich bin der einzige, der sich einfach mit den Themen der Ener-giewende konkret beschäftigt und allein nur damit beschäftigt, deshalb habe ich vielleicht einen anderen Sichtwinkel als das Gros der Mitarbeiter (I10).

Unabhängig von ihrer Stellung in anderen Handlungsfeldern müssen Unterneh-men in Arenen, aus denen neue Felder hervorgehen können, erst ihren Platz fin-den. Gerade große Konzerne, die mehrere thematisch verwandte Geschäftsfelder besetzen, können entweder mit mehreren Unternehmensbereichen gleichzeitig oder über die Zeit hinweg mit verschiedenen Bereichen an der Entstehung eines neuen Feldes mitwirken. Diese „Such- und Neustrukturierungsprozesse" (Dolata 2011, S. 265) lassen sich gut am Beispiel eines Unternehmens in unserem Sample illustrieren, das sich zunächst mit einem Interesse am Geschäft mit Ladesäulen an den Forschungsaktivitäten auf dem Campus beteiligt hat, im weiteren Verlauf diesen Fokus aber aufgegeben und sich auf den Aufbau einer Mobilitätsplattform und die Elektrifizierung von Bussen konzentriert hat.

Daraus ergibt sich, dass die interne Struktur und die Ausrichtung der Konzerne bei der Beobachtung der Entstehung neuer Felder stärker als bislang berücksich-tigt werden müssen. Wenn sektorenübergeifende Projekte als Testläufe für die Emergenz neuer strategischer Handlungsfelder aufgefasst werden, dann genügt es nicht, die beteiligten Akteure als geschlossene Entitäten abzubilden. In dieser Hin-sicht erweist sich die schematische Gegenüberstellung von Challengern und Incumbents als zu grobkörnig. Für einige Bereiche mag ein solcher Antagonismus durchaus zutreffen[8]. Um die Entstehung eines neuen Feldes analytisch fassen zu

---

[8]Im Bereich Autonomes Fahren bspw. fordert in jüngster Zeit Google die etablierten Auto-mobilhersteller durch seine ambitionierten Entwicklungsvorhaben heraus. Anhand des Konflikts um die Rekommunalisierung des Berliner Energienetzes konnte Blanchet (2015) die Machtkämpfe zwischen zwei lokalen Initiativen und der Koalition der Etablierten um den Berliner Senat und den Energiekonzern Vattenfall aufzeigen.

können, reicht eine solch dichotomische Betrachtung allerdings nicht aus. Schließlich darf nicht vergessen werden, dass Unternehmen durch ihre verschiedenen Divisionen und Abteilungen auf mehreren, meist miteinander verbundenen oder benachbarten Geschäftsfeldern gleichzeitig aktiv sind und in der Hierarchie dieser Felder jeweils unterschiedliche Positionen einnehmen können.

4.3 Digitalisierung als Katalysator

Eine besondere Rolle kommt in dieser Gemengelage dem Feld der digitalen Kommunikation zu, erweist sich doch die Digitalisierung als notwendige Voraussetzung für die Vernetzung des Stromnetzes mit Elektrofahrzeugen. Die Digitalisierung traditioneller Industrien und Dienstleistungen wird als Versprechen einer zukunftsfähigen, innovativen Wertschöpfung und Wirtschaftlichkeit in Deutschland im internationalen Wettbewerb gesehen – die viel zitierten Stichworte „Industrie 4.0", „Internet der Dinge" und „Open Innovation" beschreiben die digitale Reorganisation, betitelt als „vierte industrielle Revolution"[9]. Gerade in den soziotechnischen Systemen der Automobilproduktion und des Energiemarktes, die traditionell von hoher Bedeutung für den Wirtschaftsstandort Deutschland sind, stehen massive Reorganisationsprozesse in den traditionell produzierenden Industrien und Sektoren an. Die Digitalisierung befördert und beschleunigt dabei zum einen die Entstehung von Innovationen innerhalb der Systeme: Intelligente, sich selbststeuernde Produktionslinien in der Automobilindustrie oder die Vernetzung dezentraler Energienetze durch IKT sind Beispiele. Zum anderen fungieren digitale Technologien als zusätzlicher Katalysator für die Annäherung und Verbindung technischer Systeme und die Emergenz neuer Innovationsregime: Über IT-gestützte, integrierte Energie- und Mobilitätsdienste, wie Smart Grid-Infrastrukturen, werden die Vernetzung von Verkehrs- und Energiewende ermöglicht und komplementäre Dienstleistungen von Anbietern aus den Sektoren in neue gemeinsame Wertschöpfungsnetzwerke und Geschäftsmodelle eingebunden.

Auf dem Campus lässt sich zunächst der Eindruck gewinnen, es handele sich bei den beschriebenen Entwicklungen um einen reinen „Wandel durch Technik" (Dolata 2011). Akteure aus dem Energie- und Mobilitätssektor nutzen die neuen Möglichkeiten der digitalen Vernetzung, ohne dass Akteure aus diesem Bereich in größerem Umfang an den verschiedenen Projekten beteiligt wären. In jüngerer Zeit bringen sich jedoch Unternehmen aus der IKT-Branche aktiv in die Entwicklung ein und gewinnen auch auf dem Campus zunehmend an Bedeutung.

---

[9]„Zukunftsprojekt Industrie 4.0" des BMBF: http://www.bmbf.de/de/9072.php.

> Und dann ist es am Ende des Tages die Frage, sind es überhaupt die Automobil-
> oder die Energieleute, die dort das Geschäft machen, weil die Kernkompetenz am
> Ende des Tages, das sind immer Vernetzungsdienstleistungen im IT-Bereich. Wer
> bringt die mit? Da sind wir halt schnell wieder bei Google oder bei Apple, bei IBM
> vielleicht, die aus diesem Bereich kommen […] und oftmals sind die Kleinen dann
> auch, die dort über diese Innovationskraft über diese Autarkie an vielen vorbeizie-
> hen. (…) Das ist offen, das ist sehr sehr offen, aber es bleibt spannend (I2).

Darauf, dass die Innovationskraft von Akteuren sowohl auf bestehende als auch
neu entstehende Felder großen Einfluss hat, haben auch Fligstein und McAdam
(2012b, S. 79) bereits aufmerksam gemacht: „Die von verschiedenen Akteuren
ausgehenden Innovationen [transformieren] die bestehende Ordnung bzw. ihre
eigene Position darin auf unmerkliche Art". Im Prozess der Feldemergenz ist
offen, welche Akteure sich durchsetzen werden, welche Ordnung und Regeln das
Feld haben wird. Ob sich eine hierarchische Ordnung oder eine Koalition heraus-
stellen wird, hängt unter anderem von der Verteilung der Ressourcen – Macht,
Wissen, Geld – ab. Beide Organisationsformen bedeuten aber eine Stabilisierung
für das Feld. Bis es dazu kommt, kann eine Situation der Instabilität, der Unor-
ganisiertheit und des Konflikts vorherrschen, dies auch über längere Zeiträume
andauernd (Fligstein und McAdam 2012b, S. 75). Sie ist geprägt, so zeigt unser
empirischer Fall, von gegenseitiger Beobachtung und Annäherung – über sekto-
rale Grenzen hinweg.

5   Konklusion

In unserem Beitrag haben wir sowohl auf der Ebene gesamtgesellschaftlicher
Trends als auch im lokalen „Laboratorium" bzw. „Brennglas" eines urbanen
Innovationscampus nach Anzeichen einer intersektoralen Konvergenz zwischen
(elektrifiziertem) Straßenverkehr und Energie gesucht. Obwohl der durchschla-
gende Erfolg der Elektromobilität bislang ausblieb und der Übergang zu einer
Versorgung basierend auf erneuerbaren Energien weiterhin hart umkämpftes Ter-
rain bleibt, zeichnen sich im Rahmen von „Mobility-to-Grid" durchaus Potenziale
für neue Produkte, Dienstleistungen und Joint Ventures ab. Diese sind noch weit
von der Marktreife bzw. institutionellen Stabilisierung außerhalb des eng abge-
steckten lokalen Kontexts des Innovationscampus entfernt.

Die theoretische Brille der „Strategic Action Fields" von Fligstein und
McAdam (2011, 2012b), angereichert durch Überlegungen zur Analyse von
Prozessen der Feldemergenz (Hoffman 1999) und unter Berücksichtigung von

Einsichten aus der Soziologie der Erwartungen, legt den Blick frei auf die Formierung eines neuen SAF, in dem Unternehmen und Forschungseinrichtungen über die Grenzen ihrer angestammten Sektoren hinweg zunehmend aufeinander Bezug nehmen. Routinen kollektiver Verständigung und heterogener Kollaboration entwickeln sich, wenn auch zaghaft und unter dem Vorbehalt des Scheiterns. Dieses neue Feld ist geprägt durch ein ambivalentes Nebeneinander von Kooperation und Konkurrenz und präsentiert sich den Akteuren als ein offener Handlungsraum, den sie durch verschiedene Strategien zu bespielen und in seiner Entwicklung zu beeinflussen versuchen. Je nach Branchenzugehörigkeit bringen die Akteure unterschiedliche Vorstellungen in die technologische Entwicklung ein und versuchen die Feldentwicklung entsprechend zu beeinflussen. Nukleus des neuen Feldes sind auf lokaler Ebene meist mit öffentlichen Geldern finanzierte, sektorenübergreifende Projektverbünde, die eine Arena des Austauschs institutionalisieren, in der die Annäherung verschiedener Wirtschafts- und Forschungsbereiche abseits des Markt- und Verwertungsdrucks in einem weitgehend geschützten Raum erprobt werden kann. Initiatoren dieser Projekte sind oftmals Akteure, die wir als Grenzgänger bezeichnen, weil sie zwischen verschiedenen Sektoren operieren und als intersektorale Vermittler fungieren. Eine bedeutende Rolle auf technischer Ebene spielt die Digitalisierung, ohne die eine Verbindung von Mobilitäts- und Energiebranche überhaupt nicht denkbar wäre. Zunehmend zeigt sich dabei, dass es nicht nur die Technik selbst ist, die den Wandel ermöglicht, sondern dass Akteure aus der Digitalbranche sich aktiv in das Geschehen einmischen und eigene Lösungen für die Veränderung von der Mobilitäts- und Energiemärkte einbringen.

Für die theoretisch-konzeptionelle Arbeit zeigt die empirische Analyse eines ganz deutlich: In der Phase der Feldemergenz greift die dichotomische Gegenüberstellung von Incumbents und Challengern zu kurz. Die beteiligten Akteure müssen ihren Platz erst finden und ihre Stellung in anderen strategischen Handlungsfeldern sagt wenig über die Positionsverteilung in dem neuen, sich noch formierenden Feld aus. Beispiele wie Google oder Facebook belegen eindrücklich, dass selbst ehemals kleine Start-ups in neuen Feldern innerhalb kürzester Zeit eine ungeahnt marktbeherrschende Stellung einnehmen können. Vielmehr lohnt es sich, den Blick auf die ermöglichenden Faktoren der Feldemergenz zu richten. Fligstein und McAdam betonen die Rolle der „sozial geschickten Akteure", die auch in unserem Fall von entscheidender Bedeutung sind. Darüber hinaus konnten wir vier weitere wichtige Faktoren identifizieren: 1) Die sich entwickelnden, voneinander abhängigen Interessen der Akteure sind verknüpft mit Erwartungen, dass sich lohnende Investitionsmöglichkeiten im Bereich des sich neu formierenden Feldes abzeichnen. 2) Diese Erwartungen sind jedoch je nach früherer Branchenzugehörigkeit höchst unterschiedlich. Das entstehende Feld ist daher Gegenstand von Deutungskämpfen zwischen den verschiedenen Akteuren. An dieser Stelle kommen die sozial geschickten Grenzgänger ins Spiel, die Übersetzungsarbeit zwischen den verschiedenen Logiken und Erwartungen leisten. 3) Die physischen Orte der Interaktion, an denen die Vertreter/innen unterschiedlicher Branchen und Forschungsrichtungen zusammenkommen, sowie gemeinsame Projektverbünde, die um diese Orte herum angelegt sind, können als Nukleus für neu entstehende Felder fungieren. 4) Die Digitalisierung wirkt als externer Schock auf die Felder Mobilität und Energie, indem es die Transaktionskosten radikal senkt, und ist Katalysator für die Entstehung eines neuen Feldes, das sich um die digitale Vernetzung der beiden etablierten Felder formiert. „Mobility-to-Grid" lässt sich in diesem Sinne als Indikator für größere strukturelle Veränderungen begreifen, ist und bleibt letztlich jedoch Innovation „in the making". Rentable Geschäftsmodelle sind bislang nicht in Sicht. Dazu fehlen jedoch auch noch die entsprechenden gesetzlichen und regulativen Rahmenbedingungen. Ob und in welcher Weise sich das Feld langfristig organisieren und behaupten kann, wird nicht nur von den strategischen Interessen der wirtschaftlichen, sondern auch der politischen Akteure abhängen.

Anlage: Liste der Interviews

Code	Beschreibung
I1	Transdisziplinäre Beratungsorganisation für die Sektoren Mobilität, Energie und Digitalisierung, „Grenzgänger"
I2	Joint venture internationaler Unternehmen aus den Branchen Mobilität, Energie und Technologie
I3	Internationales Unternehmen im Bereich Energiemanagement
I4	Start-up für Ladeinfrastruktur an der Schnittstelle von Mobilität, Energie und Digitalisierung
I5	Internationales Unternehmen im Bereich Energiemanagement
I6	Unternehmen der Mobilitätsbranche und Fuhrparkanbieter
I7	Internationales Energieunternehmen
I8	Transdisziplinäre Beratungsorganisation für die Sektoren Mobilität, Energie und Digitalisierung, „Grenzgänger"
I9	Start-up für Ladeinfrastruktur und nachhaltige Technologien
I10	Energienetzanbieter

Literatur

Andersen, P. H., Mathews, J. A., & Rask, M. (2009). Integrating private transport into renewable energy policy: The strategy of creating intelligent recharging grids for electric vehicles. *Energy Policy, 37,* 2481–2486.

Ash, M. G. (2006). Wissens- und Wissenschaftstransfer – Einführende Bemerkungen. *Berichte zur Wissenschaftsgeschichte, 29,* 181–189.

Bakker, S., Lente, H. van, & Engels, R. (2012). Competition in a technological niche: The cars of the future. *Technology Analysis & Strategic Management, 24*(5), 421–434.

Beckert, J. (2014). *Capitalist dynamics: fictional expectations and the openness of the future.*

Benner, M. J., & Tripsas, M. (2012). The influence of prior industry affiliation on framing in nascent industries. The evolution of digital cameras. *Strategic Management Journal, 33*(3), 277–302.

Blanchet, T. (2015). Struggle over energy transition in Berlin: How do grassroots initiatives affect local energy policy-making? *Energy Policy, 78,* 246–254. doi:10.1016/j.enpol.2014.11.001.

BMBF. (2014). *Bundesbericht Forschung und Innovation 2014.* Berlin: Bonn.

BMVi. (2011). *Elektromobilität – Deutschland als Leitmarkt und Leitanbieter.* Berlin.

BMWi. (2015). Arbeitsgruppe Erneuerbare Energien. http://www.bmwi.de/DE/Themen/Energie/Energiedaten-und-analysen/arbeitsgruppe-erneuerbare-energien-statistik,did=630368.html. Zugegriffen: 25. Juli. 2016.

Borup, M., Brown, N., Konrad, K., & Lente, H. van. (2006). The sociology of expectations in science and technology. *Technology Analysis & Strategic Management, 18,* 285–298.

Brown, N., & Michael, M. (2002). A sociology of expectations: Retrospecting prospects and prospecting retrospects. *Technology Analysis & Strategic Management, 15,* 3–18.

Bundesnetzagentur. (2011). Smart Grid und Smart Market, Eckpunkte-Papier der Bundesnetzagentur, Dezember 2011 Bonn.

Bundesregierung. (2011). *Regierungsprogramm Elektromobilität.* Berlin: Bundesregierung.

Bundesregierung. (2015). „Elektromobilität – Stark in den Markt", Rede der Bundeskanzlerin. http://www.bundesregierung.de/Content/DE/Rede/2015/06/2015-06-15-elektromobilitaet.html. Zugegriffen: 2. Okt. 2016.

Canzler, W., & Knie, A. (2011). *Einfach aufladen. Mit Elektromobilität in eine saubere Zukunft.* München: Oekom.

Canzler, W., & Knie, A. (2013). *Schlaue Netze. Wie die Energie- und Verkehrswende gelingt.* München: Oekom.

Canzler, W., & Knie, A. (2015). Die neue Verkehrswelt. Mobilität im Zeichen des Überflusses: schlau organisiert, effizient, bequem und nachhaltig unterwegs. Ein Grundlagenstudie im Auftrag des Bundesverbandes Erneuerbare Energien, Bochum. http://www.bee-ev.de/fileadmin/Publikationen/Studien/BEE_DieneueVerkehrswelt.pdf. Zugegriffen: 2. Okt. 2016.

Coutard, O., Hanley, R. E., & Zimmerman, R. (Hrsg.). (2005). *Sustaining urban networks. The social diffusion of large technical systems.* London: Routledge.

Dacin, M. T., Goodstein, J., & Scott, W. R. (2002). Institutional theory and institutional change: Introduction to the special research forum. *Academy of Management Journal, 45*(1), 45–56. doi:10.5465/AMJ.2002.6283388.

Dijk, M. (2014). A socio-technical perspective on the electrification of the automobile: Niche and regime interaction. *International Journal of Automotive Technology and Management, 21*(14), 158–171.

DiMaggio, P. J., & Powell, W. W. (1983). The iron cage revisited: Institutional isomorphism and collective rationality in organizational fields. *American Sociological Review, 48,* 147–160.

DLR, FhG ISE, IFHT-RWTH, & FGH. (2012). Perspektiven von Elektro-/Hybridfahrzeugen in einem Versorgungssystem mit hohem Anteil dezentraler und erneuerbarer Energiequellen, Juli 2012. http://e-mobility-nsr.eu/fileadmin/user_upload/down-loads/info-pool/DLR_Elektromobilitaet_Energiesys-tem_2012.pdf. Zugegriffen: 2. Okt. 2016.

Dolata, U. (2011). *Wandel durch Technik. Eine Theorie soziotechnischer Transformation* (Schriften des Max-Planck-Instituts für Gesellschaftsforschung Köln, Bd. 73, 1. Aufl.). Frankfurt a. M.: Campus.

Dorado, S. (2005). Institutional entrepreneurship, partaking, and convening. *Organization Studies, 26,* 385–414.

Engels, F., & Münch, A. V. (2015). The micro smart grid as a materialised imaginary within the German energy transition: Special issue on smart grids and the social sciences. *Energy Research & Social Science, 9,* 35–42. doi:10.1016/j.erss.2015.08.024.

EU-Kommission. (2011). Whitepaper on Transport, Luxembourg. http://ec.europa.eu/transport/themes/strategies/doc/2011_white_paper/white-paper-illustrated-brochure_en.pdf. Zugegriffen: 2. Okt. 2016.

FhG ISE. (2013). Stromgestehungskosten Erneuerbare Energien, Eine Studie. https://www.ise.fraunhofer.de/de/veroeffentlichungen/veroeffentlichungen-pdf-dateien/studien-und-konzeptpapiere/studie-stromgestehungskosten-erneuerbare-energien.pdf. Zugegriffen: 2. Okt. 2016.

Fligstein, N., & McAdam, D. (2011). Toward a general theory of strategic action fields. *Sociological Theory 29*(1): 1–26

Fligstein, N., & McAdam, D. (2012a). *A theory of fields.* New York: Oxford University Press.

Fligstein, N., & McAdam, D. (2012b). Grundzüge einer allgemeinen Theorie strategischer Handlungsfelder. In S. Bernhard & C. Schmidt-Wellenburg (Hrsg.), *Feldanalyse als Forschungsprogramm 1* (S. 57–97). Wiesbaden: Springer VS.

Fuchs, G., Hinderer, N., Kungl, G., & Neukirch, M. (2012). *Adaptive capacities, path creation and variants of sectoral change: The case of the transformation of the German energy supply system.* Stuttgart: University of Stuttgart.

Garud, R. (2008). Conferences as venues for the configuration of emerging organizational fields: The case of cochlear implants. *Journal of Management Studies, 45,* 1061–1088.

Geels, F. W. (2004). From sectoral systems of innovation to socio-technical systems. *Research Policy, 33,* 897–920.

Geels, F. W., & Raven, R. (2006). Non-linearity and expectations in niche-development trajectories: Ups and downs in dutch biogas development (1973–2003). *Technology Analysis & Strategic Management, 18,* 375–392.

Geels, F. W., & Schot, J. (2007). Typology of sociotechnical transition pathways. *Research Policy, 36,* 399–417.

Gieryn, T. F. (2002). Three truth-spots. *Journal of the History of the Behavioral Sciences, 38,* 113–132.

Graham, S., & Marvin, S. (2001). *Splintering urbanism. Networked infrastructures, technological mobilities and the urban condition*. London: Routledge.

Gross, M., Hoffmann-Riem, H., & Krohn, W. (2005). *Realexperimente. Ökologische Gestaltungsprozesse in der Wissensgesellschaft*. Bielefeld: transcript.

Guille, C., & Gross, G. (2009). A conceptual framework for the vehicle-to-grid (V2G) implementation. *Energy Policy, 37*, 4379–4390.

Hinings, C. R., Greenwood, R., Reay, T., & Suddaby, R. (2004). Dynamics of change in organizational fields. In M. S. Poole & A. H. Van de Ven (Hrsg.), *Handbook of organizational change and innovation* (S. 304–323). New York: Oxford University Press.

Hoffman, A. J. (1999). Institutional evolution and change: Environmentalism and the US chemical industry. *Academy of Management Journal, 42*, 351–371.

IEA. (2008). *World Energy Outlook 2008*. Paris: IEA.

IEA. (2012). *World Energy Outlook 2012*. Paris: IEA.

IPCC. (2015). Climate Change 2014. Synthesis Report. http://www.ipcc.ch/report/ar5/syr/. Zugegriffen: 2. Okt. 2016.

Kemp, R., Schot, J., & Hoogma, R. (1998). Regime shifts to sustainability through processes of niche formation: The approach of strategic niche management. *Technology Analysis & Strategic Management, 10*, 175–198.

Kemp, R., Rip, A., & Schot, J. (2001). Constructing transition paths through the management of niches. In R. Garud & P. Karnoe (Hrsg.), *Path Dependence and Creation* (S. 269–299). Mahwa: Erlbaum.

Lampel, J., & Meyer, A. D. (2008). Field-configuring events as structuring mechanisms: How conferences, ceremonies, and trade shows constitute new technologies, industries, and markets. *Journal of Management Studies, 45*(6), 1025–1035.

Lawrence, T. B. (1999). Institutional Strategy. *Journal of Management, 25*, 161–187.

Lente, H. van. (1993). *Promising technology. The dynamics of expectations in technological developments*. Delft: Eburon.

Loisel, R., Pasaoglu, G., & Thiel, C. (2014). Large-scale deployment of electric vehicles in Germany by 2030: An analysis of grid-to-vehicle and vehicle-to-grid concepts. *Energy Policy, 65*, 432–443. doi:10.1016/j.enpol.2013.10.029.

McInerney, P.-B. (2008). Showdown at Kykuit: field-configuring events as loci for conventionalizing accounts. *Journal of Management Studies, 45*, 1089–1116.

Meyer, A. D., Gaba, V., & Colwell, K. A. (2005). Organizing far from equilibrium: Nonlinear change in organizational fields. *Organization Science, 16*(5), 456–473.

NPE. (2014). Fortschrittsbericht 2014 – Bilanz der Marktvorbereitung. Berlin: Bundesministerium für Verkehr und Digitale Infrastruktur.

Pehnt, M., Helms, H., Lambrecht, U., Dallinger, D., Wietschel, M., Heinrichs, H., et al. (2011). Elektroautos in einer von erneuerbaren Energien geprägten Energiewirtschaft. *Zeitschrift für Energiewirtschaft, 35*, 221–234.

Peng, M., Liu, L., & Jiang, C. (2012). A review on the economic dispatch and risk management of the large-scale plug-in electric vehicles (PHEVs)-penetrated power systems. *Renewable and Sustainable Energy Reviews, 16*, 1508–1515.

Powell, W. W., & DiMaggio, P. (1991). *The New institutionalism in organizational analysis*. Chicago: University of Chicago Press.

Powell, W. W., Koput, K. W., Bowie, J. I., & Smith-Doerr, L. (2002). The spatial clustering of science and capital: Accounting for biotech firm-venture capital relationships. *Regional Studies, 36*, 291–305.

Pregger, T., Tena, D. L. de, O'Sullivan, M., Roloff, N., Schmid, S., Propfe, B., et al. (2012). *Perspektiven von Elektro-/Hybridfahrzeugen in einem Versorgungssystem mit hohem Anteil dezentraler und erneuerbarer Energiequellen*. Stuttgart: DLR-TT.

Rammert, W., & Krohn, W. (1993). Technologieentwicklung: Autonomer Prozeß und industrielle Strategie. In W. Rammert (Hrsg.), *Technik aus soziologischer Perspektive. Forschungsstand, Theorieansätze, Fallbeispiele; ein Überblick*. Opladen: Westdt. Verl.

Reetz, F. (2012). Multidimensionale Vernetzung. Lösungen für urbane Fragestellungen. *Polis – Magazin für Urban Development, 12*(4), 80–81.

San Román, T. G., Momber, I., Abbad, M. R., & Sánchez Miralles, Á. (2011). Regulatory framework and business models for charging plug-in electric vehicles: Infrastructure, agents, and commercial relationships. *Energy Policy, 39*, 6360–6375.

Scott, R. (1994). *Institutional environments and organizations. Structural complexity and individualism*. Thousand Oaks: SAGE.

Scott, W. R. (2004). Reflections on a half-century of organizational sociology. *Annual Review of Sociology, 30*, 1–21.

Sovacool, B. K., & Hirsh, R. F. (2009). Beyond batteries: An examination of the benefits and barriers to plug-in hybrid electric vehicles (PHEVs) and a vehicle-to-grid (V2G) transition. *Energy Policy, 37*, 1095–1103.

Srivastava, A. K., Annabathina, B., & Kamalasadan, S. (2010). The challenges and policy options for integrating plug-in hybrid electric vehicle into the electric grid. *The Electricity Journal, 23*, 83–91.

Strübing, J., Schulz-Schaeffer, I., & Meister, M. (Hrsg.). (2004). *Kooperation im Niemandsland. Neue Perspektiven auf Zusammenarbeit in Wissenschaft und Technik*. Opladen: Leske + Budrich.

UBA. (2014). *Entwicklung der spezifischen Kohlendioxid-Emissionen des deutschen Strommix in den Jahren 1990 bis 2013*. Umweltbundesamt website: http://www.umweltbundesamt. de/sites/default/files/medien/376/publikationen/climate_change_23_2014_komplett.pdf.

Urry, J. (2011). Does mobility have a future? In M. Grieco & J. Urry (Hrsg.), *Transport and society. Mobilities. New perspectives on transport and society* (S. 3–21). Farnham Surrey, Burlington VT: Ashgate.

Wentland, A. (2016a). An automobile nation at the crossroads: Re-imagining Germany's car society through the electrification of transportation. In G. Verschraegen, F. Vandermoere, L. Braecksmans, & B. Segaert (Hrsg.), *Shaping the future. Collective imaginaries within science, technology, and society*. London: Routledge.

Wentland, A. (2016b). Imagining and enacting the future of the German energy transition: Electric vehicles as grid infrastructure. *Innovation: The European Journal of Social Science Research, 29*(3), 285–302.

Whittington, K. B., Owen-Smith, J., & Powell, W. W. (2009). Networks, propinquity, and innovation in knowledge-intensive industries. *Administrative science quarterly, 54*, 90–122.

How to Analyze Transformative Processes in the Constitution of Markets? The Example of Solar Power Technology in Germany 1990–2007

Guido Möllering

When, in everyday conversations, people refer to *Energiewende* (literally "energy turn") as the fundamental transformation of the German energy sector, they mostly imply the technological shift away from fossil fuels and nuclear power toward renewable sources of electricity. However, this technological turn coincides, and has been thought to at least partly depend upon, a simultaneous turn towards liberalization and privatization of markets related to the generation and distribution of electricity. Within this larger context and against the historical background of state-run utilities, solar power in particular was envisioned by many, early on, to become a thriving arena of *private* investments in developing, manufacturing, installing and using innovative technology for tapping *renewable* sources of energy.

This chapter addresses the issue that the constitution of new markets for such technologies goes far beyond technological issues from the perspective of economic sociology, organizational institutionalism and structuration theory. I outline

A previous version of this chapter was published as *MPIfG Working Paper 09/7* by the Max-Planck-Institut für Gesellschaftsforschung, Köln. The text has been modified slightly for this volume. The author thanks Ulrike Fettke, Gerhard Fuchs, Sebastian Giacovelli and Georg Reischauer for valuable comments in the process of preparing this revised version.

G. Möllering (✉)
Reinhard-Mohn-Institut für Unternehmensführung, Universität Witten/Herdecke, Witten, Deutschland
E-Mail: guido.moellering@uni-wh.de

S. Giacovelli (Hrsg.), *Die Energiewende aus wirtschaftssoziologischer Sicht,*
DOI 10.1007/978-3-658-14345-9_7

a general framework which emphasizes the transformative processes of market constitution. The technological transformation of products to be traded in a new market makes up just one of the processes and is linked to the transformation of various other constitutive elements of markets. Once we appreciate the different transformations that need to take place more or less simultaneously, we can better understand how they do not happen easily against the background of vested interests, power asymmetry and structural conflicts. Solar power technology markets in Germany obviously did not emerge within an unstructured economy but in complementary and competitive relation to prior structures in the energy sector and through transformations that interested actors have tried to influence (see also Fettke and Fuchs, this volume).

Already implied in the notion of market constitution is that I will not talk about neoclassical market theory but about various aspects of empirical markets that have been discussed in economic sociology and related disciplines (see for example Aspers 2006; Beckert 2009; Fligstein 2001; Lie 1997; Swedberg 2003). References to "the market" have been replaced with accounts of a broad empirical variety of markets in the plural and their typical preconditions, processes, and outcomes. Callon emphasizes: "It is wrong to talk of laws … of the market. There exist only temporary, changing laws associated with specific markets" (Callon 1998, p. 47; see also Callon and Muniesa 2005). Along with a richer empirical basis, many theoretical perspectives of markets have been proposed alongside each other, conceptualizing markets as, for example, institutions, fields, systems, cultures, networks, regimes, discourses, practices, and mechanisms. How can we make sure that when we talk about markets—and remind ourselves that every market is special—we are talking about roughly the same general phenomenon?

My approach in this chapter takes into account that market economies consist of a multitude of interrelated markets and overarching institutional contexts (Fligstein 2001; White 2002). However, the purpose is neither to explain the constitution of entire market economies and capitalisms nor to shed light on the development of the social preconditions for markets in general (see for example Beckert 2009; Greif 2006; Fourcade and Healy 2007). While these aspects do come into play, my core interest is in developing a method for understanding how individual markets are constituted, using solar power technology markets as a case in point. Special attention is given to how actors come to participate in such a market and shape its constitution, which involves—in a structuration theoretical sense—its initial establishment as well as continued reproduction and modification. While borrowing from structuration theory (particularly Giddens 1984), I prefer to refer to the *constitution of markets* in the general dictionary sense of "constitution" as the process of establishing, making (up), or forming markets (cf. *Oxford English Dictionary Online*), rather than solely to the *structuration of markets* in a narrower technical sense associated mainly with Giddens. Especially in the constitution of *new* markets, structuration takes place in transformative processes, which are at the core of the framework presented in this chapter. The Polanyian terminology is intended here, although I focus mostly on transformations at the level of actors, organizations, and devices in the development of specific markets and not so much on the societal transformation that Polanyi (1944/1957) analyzes. Nevertheless, the transformations that I describe do have societal impact and the constitution of a new market is always entangled with structural conditions and conflicts.

I build on a definition of markets as systems of discrete but related economic exchanges between self-interested actors who are in competition with each other. Note that self-interest and competition are regarded here as part of the *role* that market actors are expected to adopt and enact (more or less competently) and not as a given "natural propensity" (Smith 1776/1976, p. 17) of supposedly rational human beings and their organizations (Polanyi 1944/1957). Market exchanges are possible when certain constitutive elements are in place. The elements are generated and reproduced in constitutive processes by which they gain their typical "market" features. In these processes, the problem of dealing with uncertainty is pivotal (Beckert 1996, 2009) and contains a number of tensions that influence whether and how a market can be constituted. Further, the processes which shape the constitutive elements of markets are triggered and driven by three different mechanisms: spontaneous emergence, endogenous coordination, and exogenous regulation. Finally, market constitution is framed by resources and interests on the "input" side and individual and collective outcomes on the "output" side.

In applying the framework to solar power technology markets in the second half of this chapter, I will focus on three examples of how the constitutive mechanisms operate in distinct but interrelated ways: the exploitation of technical inventions, business diversification, and political entrepreneurship. My analysis shows that the provision of solar power technology in *markets* (instead of other systems of exchange) is a complex social, economic, and technological accomplishment. The market cannot be taken for granted in this empirical case or, rather, the degree of its actual taken-for-grantedness is one measure of its constitution (i.e. the degree of its institutionalization).

This chapter includes an illustrative account of how the market for solar power technology developed in Germany from around 1990 to 2007. Hence the main interest is especially in the early phases of market constitution for solar power technology in Germany. From there being virtually no solar power installations in Germany in 1990, the market for this technology began to grow until the end of the 1990s at an average rate of around 50 % in capacity per year, but the overall volume was still modest with a total capacity of 36 MWp (megawatt peak) photovoltaic solar power in 1997 and 100 MWp in 2000. Afterwards, the growth has accelerated and over 800 MWp of capacity were added (and technology sold) in the years 2004 to 2007 (BMU 2008). This development was marked by important government initiatives in Germany, first with the Electricity Feed-in Law (*Stromeinspeisungsgesetz*) in 1991 and its successors in 2000 and 2004—representing "the key element of renewable energy policy in Germany" (Wüstenhagen and Bilharz 2006, p. 1685)—and second with the Solar Electricity Program *(100.000 Dächer-Solarstrom-Programm)* of 1999. Remarkable new companies were founded in the 1990s, entered the stock market, and became key global players in this sector (see below). By looking at the empirical case of solar power technology in Germany, my approach also connects with the emerging field of research on "sustainability transitions" (Markard et al. 2012) and other analytical frameworks for the study of early phases of transformational processes in renewable energy (e.g. Jacobsson and Lauber 2006).

Systematic theoretical research on market constitution processes is rare. Fligstein (2001, p. 14) complains that too little consideration has been made of "where new markets come from." It is telling that his contribution emphasizes the "architecture" of markets. He discusses the stable structures required for markets in general, but much less so the processes of building a specific market. Similarly, White's (1981) seminal piece on where markets come from proposes an analysis of particular network structures rather than the constitutive processes that produce these structures (see also White 2002). Building largely on White, Aspers (2009) seeks to answer the question of *how* markets are made and, in particular, how order is achieved in new markets.

New Institutional Economics, on the other hand, is concerned mainly with the question of when coordination through a market is preferable to hierarchical (or hybrid) solutions, but again it hardly considers the processes involved in implementing or adapting a particular market (e.g. North 1990; Williamson 1975), despite some exceptions (Ensminger 1992). Alternatively, research in New Institutional Economics equates the firms' role in the creation of new markets narrowly with firms' activities in finding new customers with or without developing and commercializing new products (Anderson and Gatignon 2005). Making a market, however, involves more than just making more sales.

The approach developed in this chapter contributes to a broader understanding of *how* markets are constituted as systems of exchange. My main interest here is in the "marketization" of individual exchange systems. Research building on the work of Callon (Callon 1998; Callon and Muniesa 2005) has moved in a similar direction, highlighting constitutive processes and the mobilization of resources.

1   Outline of an Analytical Framework for Market Constitution

In this section of the chapter, I describe a general framework that can be used to analyze how different empirical markets are constituted over time. I first introduce and briefly explain the main assumptions and ideas behind the framework. The ambition of this chapter and the framework in particular is to devise *heuristic* categories for understanding market constitution processes. In other words, the current added value is the provision of a set of things to consider and questions to ask when analyzing markets empirically. In response to Fligstein and Dauter (2007, p. 106–107), who identify "three theory groups" and worry about the sociology of markets resembling "the blind monks and preachers who fail to see the whole elephant in Buddha's famous parable," the framework presented here is more comprehensive and integrative than the dominant perspectives that have been recognized before (i.e. the "three major camps" referred to by Fourcade 2007, p. 1019). The presentation of the framework in this section follows Fig. 1 from bottom to top, i.e. from markets to mechanisms, and readers might like to keep referring to this figure as the text progresses.

1.1   Definitions of Markets and Market Constitution Phases

I propose that the analysis of market constitution should start from the following basic definition: *A market is a system of discrete but related economic exchanges between self-interested actors who are in competition with each other.* The central phenomenon in what we refer to as a "market" is the economic exchange as such, i.e. the activity of buying and selling (Aspers 2005; Coriat and Weinstein 2005; Weber 1922/1978). A single, isolated exchange does not make a market, but it can be the seed of an emerging market. The existence of a market presumes that multiple exchanges take place over time. These exchanges are similar to each other, but discrete. At the same time, each exchange has to be seen in relation to other relevant exchanges occurring in the past, present, or future. The market represents a system of all the discrete exchanges that are related to each other. It will be part of the analysis to understand how, and to what extent, exchanges in a given empirical market have acquired these characteristics and a degree of "systemness" (Giddens 1984, p. 283) across time and space.

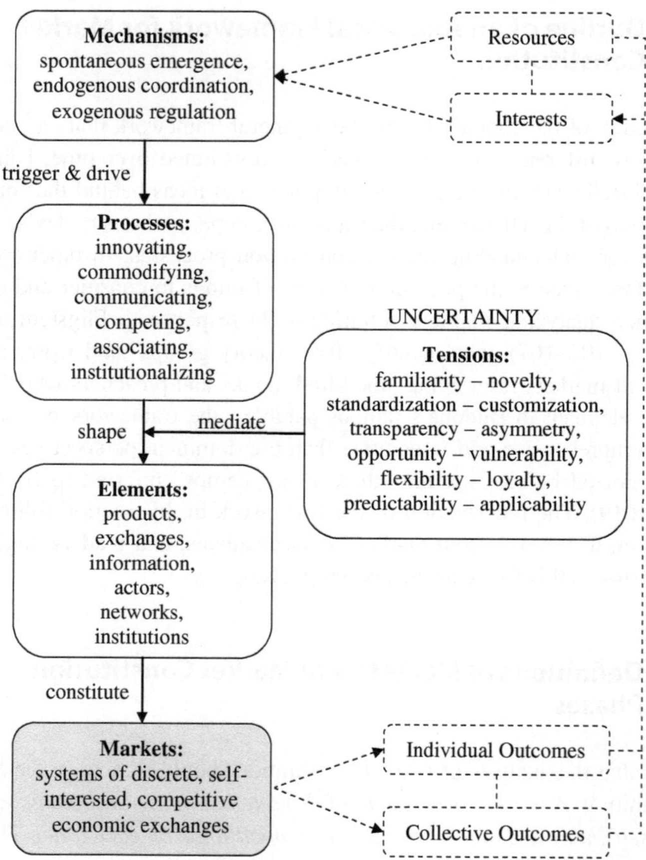

Fig. 1 Framework for Market Constitution Analysis

My proposed definition of markets also specifies the character, or "spirit", of the exchanges in order to distinguish market exchanges from other interactions between actors (see also Biggart and Delbridge 2004; Polanyi 1944/1957). Following Weber (1922/1978, p. 635–636), I see market exchanges as economic exchanges performed voluntarily among self-interested, intendedly rational actors (and any agents acting on their behalf) who are in peaceful, non-violent competition with each other over the arrangement and conditions of exchanges. To say that exchanges in markets are voluntary and peaceful does not belittle structural conflicts and the imbalances in choice and power that exist among market actors, but serves to delineate markets, for example, from outright exploitation, robbery, and war. Self-interest and competition also serve definitional rather than normative purposes here and enable us to distinguish markets from other forms of economic organization (e.g. redistribution and reciprocity, according to Polanyi (1944/1957) or hierarchies and networks, according to Powell (1990)). Market actors, as such, seek to make deals to their own advantage. In this, they will use their structural position and power within the market but, if market constitution is to succeed, they must not destroy it.

Actual markets vary significantly in size, stability, and sophistication. Nevertheless, *when market exchanges are regularly performed, this is the primary evidence that a market has been constituted.* This statement is not tautological, but expresses the important claim that structural conditions alone do not make a market (yet); there has to be action in the form of actual exchanges with typical market characteristics. By implication, in this way we can also distinguish phases of market constitution: the *market generation phase,* in which a market is not yet constituted but "in the making" as exchanges are envisaged but are not yet taking place; the *market continuation phase,* in which the performance of exchanges reproduces the market; and the *market termination phase,* when, for whatever reason, exchanges no longer take place and the market dissolves. The market continuation phase can be subdivided further into young markets and mature markets, whereby exchanges in the latter take a much more routine form than in the former. The market generation phase is similar to what Fligstein (2001, p. 75) calls "market formation", i.e. emergence, stability, and crisis. Hence, in empirical research, one of the first questions to ask is whether exchanges are actually performed—in order to determine which phase of constitution the studied market is in.

1.2 Constitutive Elements of Markets

The next issue is what enables the performance of market exchanges. Market exchanges are possible when certain constitutive elements are in place (see Fig. 2). *Products, exchanges, information, actors, networks, and institutions represent the main elements required to constitute a market.* None of these elements should be overlooked in market analysis, but the list is likely to become longer or more detailed when applied in empirical studies. For example, the category of institution captures the whole spectrum from formal to informal rules and from regulative to normative to cultural-cognitive aspects (see Scott 2008, p. 47 ff.).

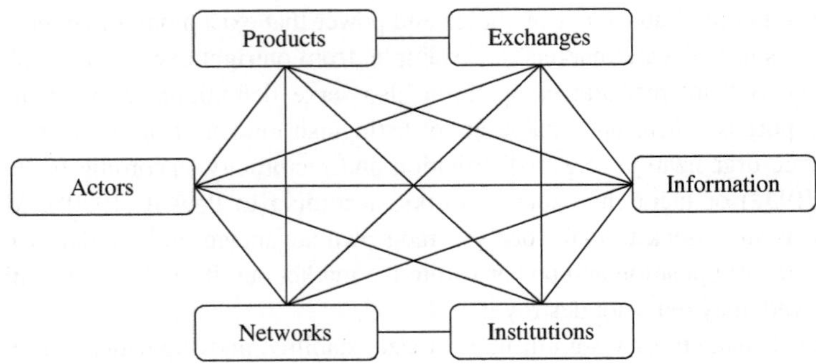

Fig. 2 Interrelated Constitutive Elements of Markets

Any such categorization of the elements needed to constitute a market is bound to fulfill primarily heuristic and descriptive purposes, even when the categories are relatively well established in the theoretical discourses from which they are taken and to which they relate. Notwithstanding the focus on exchanges in the previous section, the six elements are at the same level. Other market theories tend to adopt a "markets as …" approach that identifies a conceptual core—e.g. networks, institutions, or products—to which other aspects of markets are subordinated (vgl. Reischauer in diesem Band). In contrast, the framework that I use here shows markets as an outcome of the interplay of a number of equally important constitutive elements. Note that the market actors in this framework can be not only individuals but also organizations, of course. Primary market actors are the buyers and sellers who are directly involved in market exchanges, and who have duly received most of the attention in research on markets to date. Secondary market actors are intermediaries and regulators who do not perform market exchanges but influence what buyers and sellers do. These secondary market actors must be recognized, too. In particular, the state as regulator is not a detached entity, but a proper market actor.

If we analyze markets using only one of the categories, we overlook the fact that *the six constitutive elements of markets are interrelated and constitute the market as well as each other.* This means that in order to fully describe and understand any one of the constitutive elements of markets (and the market as such), we need to make references to the other elements. For example, institutions are not only supposed to enable or constrain market exchanges, but the exchanges also (re)produce institutions in return (e.g. Beckert 2009; Fourcade 2007). Hence, the interrelatedness of elements that I have in mind resembles the recursive logic that characterizes, for example, structuration theory (Giddens 1984). For instance, to say that market actors have to "avoid at least striking infringements of the rules of good faith and fair dealing" (Weber 1922/1978, p. 637) expresses both a restriction on actors and, on the other hand, their potential to maintain or destroy the market. Moreover, institutions that regulate the market—and any policy makers trying to shape those institutions—will be responding to how the development of the product, as another constitutive element, is progressing (see Hoppmann et al. 2014).

1.3 Transformative Market Constitution Processes

Working backwards in the overall market constitution framework (see Fig. 1 again), it is now time to ask where the six constitutive elements come from. That they constitute each other (see above) is only a partial answer to this question. More importantly, one specific market constitution process can be identified for each of the six constitutive elements (see Table 1, second column). The main idea is that the elements need to undergo a transformative process to acquire their market-constituting potential. Hence the analytical question that should be asked is how objects, exchanges, pieces of information, people, etc. become "marketized" and acquire market characteristics. *The constitutive elements of markets are shaped by distinct but interrelated transformative market constitution processes, labeled as innovating, commodifying, communicating, competing, associating, and institutionalizing.*

Specifically, *innovating* denotes the process that turns objects and inventions into new products (Callon and Muniesa 2005; Coriat and Weinstein 2005). *Commodifying* is the process that increases the similarity of exchanges, making them *market exchanges,* which is important because a market is constituted as a system of distinct but similar and related exchanges, facilitating the "calculativeness" emphasized by Callon (1998). *Communicating,* the third transformative constitution process in my framework, is transformative by making "facts" relevant and available to market actors, who then interpret and act on them (see also Akerlof 1970; Anand and Peterson 2000; Arrow 1974; MacKenzie 2006). *Competing* captures not only the structural condition of competition (i.e. multiple actors having a vying interest in making exchanges) but also the spirit in which market exchanges are initiated and performed; it is by competing that relevant actors turn into competitors and, thus, become market actors (see also Andersson et al. 2008; Aspers 2005; Callon 1998; MacKenzie 2006; Weber 1922/1978). *Associating* is used here as a general term denoting the process of establishing relationships between

Table 1 Elements, processes, tensions, and mechanisms of market constitution

Constitutive elements of markets	Market constitution processes	Constitutive tensions in reducing and maintaining market uncertainty	*Constitutive mechanisms*		
			Spontaneous emergence	Endogenous coordination	Exogenous regulation
Products	Innovating	Familiarity—Novelty	Discoveries and inventions	New product development	Precompetitive R&D funding
Exchanges	Commodifying	Standardization—Customization	Recurrent trade of a type of good	Quality management	Industry standards and requirements
Information	Communicating	Transparency—Asymmetry	Direct contact and negotiation	Marketing management	Provision of reports and infrastructure
Actors	Competing	Opportunity—Vulnerability	Entrepreneurial opportunism	Strategic management	Policies on antitrust and entrepreneurship
Networks	Associating	Flexibility—Loyalty	Recurrent interaction with known partners	Relationship management	Policies on cartels, consortia, associations
Institutions	Institutionalizing	Predictability—Applicability	Normalization, repetition, and objectivation	Contracting and institutional entrepreneurship	General legislation and cultural-political development
			EVOLUTION	MANAGEMENT	GOVERNANCE

NB: Cell content in columns four to six is illustrative, not exhaustive

actors that constitute networks, convey status, and work against the anonymity of markets (see also Aspers 2005; Podolny 1993; Rauch and Hamilton 2001; White 2002). Finally, *institutionalizing* means that certain rules of exchange and the sanctions attached to them are applied across many exchanges and become taken for granted (Berger and Luckmann 1966; Fligstein 2001; Scott 2008). Empirically, any one of the six transformative processes may be more or less advanced than the others at any point in time.

All the processes in the framework combine to capture the "value problem" (Beckert 2009, p. 253–257). Valuation means establishing the worth of an exchange. Valuation results from processes of innovating (when objects become products as actors recognize their value), commodifying (when the products become more comparable), communicating (when supply and demand are made transparent), competing (when actors become involved and priorities are assigned), associating (when a network of actors reproduces and protects a certain valuation), and institutionalizing (when the "marketability" of a product (Weber 1922/1978, p. 82) becomes taken for granted).

Moreover, *market constitution processes are ongoing; the constitutive elements need to be reproduced, and their characteristics change over time.* This means, first of all, that the simplified sequence shown in Fig. 1 is repeated over and over again. The full framework captures a cycle and can be used to analyze new markets as well as mature or changing ones (Beckert 2008). It is a matter of degree whether a market is "young" or "mature," and a new market can grow from an established one if there is considerable change in its constitutive elements. Geroski (2003, p. 69) observes that "there is a rhythm of displacement in markets—that new markets grow from the ashes of old markets—meaning that the dynamics of the development of a new market are likely to be affected by the response of producers in the old market that it displaces." More generally, new markets may be very similar to older ones in that they borrow elements from related markets (Fligstein 2001, p. 78).

Note that "market constitution processes" are different from "market processes." The former refers to substantial transformations of market elements, such as the general valuation of a type of exchange object, whereas the latter refers to price negotiations and other activities leading up to a discrete exchange. Prices mark specific instances in the interplay of the constitutive elements when actual exchanges take place in a sufficiently established market.

1.4 Uncertainty and Constitutive Tensions in Markets

So far, I have argued that there are distinct, ongoing transformative processes that generate the constitutive elements of markets. This does not yet capture the full complexity of what happens in these processes. The framework needs to take uncertainty into account. Beckert (1996, 2009) argues—not least with reference to Knight (1921/1971)—that economic sociology in general and sociological theories of markets in particular revolve around the problem of uncertainty (see also Podolny and Hsu 2003). In my framework, I see market constitution processes as mediated by the need to maintain a moderate level of uncertainty, which can be high or low, but not extreme. *Market constitution requires that the uncertainty resulting from typical tensions in markets is reduced, but not eliminated, by applying and reconciling opposing forces.*

This idea cannot be fully explored in this chapter, but a brief description of the basic tensions associated with each of the six constitutive elements and their processes will convey the general idea (Table 1, third column). First, the products that markets require are generated by innovating, but in the social process of constructing the value of a new product, a balance between familiarity and novelty needs to be struck (see also Geroski 2003, p. 180–182). Second, while commodifying enables similarity between exchanges and is enhanced by standards, some customization is required that reflects the unique capabilities of the seller or the special needs of the buyer. Otherwise, offers will be indistinguishable, competition will be stifled, and the choice of exchange partners will be random. Third, while communicating promotes the transparency of information needed in a market in order for exchange partners to find each other and evaluate each other's offers, it is also functional for market actors and the market as a whole to retain some information asymmetry because not everything is always relevant and many deals are only possible because different things are relevant (and valuable) to different actors (Akerlof 1970; Knight 1921/1971).

Fourth, actors become market participants by competing, but they are torn between the resultant opportunities and the vulnerability that the "market struggle" means for them when they initiate exchanges (Weber 1922/1978, p. 72; see also Adler and Adler 1984). Aspers (2009, p. 15–16) calls this the "orientation" phase, when market actors' identities and interests are formed and they learn to play their roles as competitors looking for a good deal. Callon (1998, p. 17) speaks of the "framing of actors and their relations" in markets. Fifth, by associating, market actors maintain trusted network relationships based on loyalty, but also gain access to alternative partners. The importance of the flexibility provided by this opportunity to switch exchange partners should not be underestimated (Abolafia 1984; Granovetter 1985; Rauch and Hamilton 2001; Uzzi 1997). Finally, institutions are torn between predictability and applicability, because highly specific rules increase the former but reduce the latter, and very generic rules, in return, may be widely applicable but interpreted and implemented in unpredictable ways (Abolafia 1996).

A detailed examination of these constitutive tensions will be instructive for explaining variance across markets, because each empirical market will reconcile the tensions in idiosyncratic ways, depending on the nature of its constitutive elements as well as the phase and history of its constitution overall. The particular balances in a market at any given point in time are not simply a matter of economic equilibrium and efficiency. They reflect earlier and ongoing cultural and political influences on the market, path dependencies, structural conflicts, and the intensity of business cycles and fashions (Fligstein 2001; Greif 2006). Analytically, the tensions serve to mediate market constitution processes and explain why every market is a special case. Last but not least, any balance reached at a particular point in time can be challenged later on. The tensions are not eliminated but can resurface as conflicts and controversies between market actors over the constitutive elements of markets.

1.5 Constitutive Mechanisms

The framework for analyzing market constitution, in the narrower sense, is made complete by the mechanisms that trigger and drive market constitution processes (see Fig. 1 and Table 1, fourth to sixth columns). Extending Hayek's (1973, p. 35 ff.) distinction between *cosmos* and *taxis*, as well as common notions of evolution versus governance, I propose a simple heuristic distinction between three constitutive mechanisms which capture and integrate three very broad theoretical traditions in explaining the occurrence and development of markets: *Market constitution processes are triggered and driven by the constitutive mechanisms of spontaneous emergence, exogenous regulation, and endogenous coordination.*

First, in this conceptualization, the mechanism of spontaneous emergence is based on the desire to make exchanges without the vision of establishing a full "market" for oneself and others. Second, exogenous regulation is undertaken to create a market, i.e. to stimulate and regulate market exchanges from the outside without any intention of participating directly in the market. Third, I add the mechanism of endogenous coordination in markets which presumes that the actors within the market look beyond individual exchanges and have an interest in the existence of particular markets as larger exchange systems in which they will be directly involved (see also Aspers 2009; Greif 2006). This comes close to Chandler's (1977) idea of the "visible hand" of management and its influence on markets. Spontaneous emergence is an unintentional mechanism, while the other two are intentional with a view to market constitution. In another dimension, the distinction is based on whether the mechanism originates inside or outside the market as an exchange system, hence endogenous coordination versus exogenous regulation. Spontaneous emergence is a mechanism that works prior to the point at which the market is established (in the sense of exchanges taking place regularly), and it is neither inside nor outside the market. If its effect continues, its source can be located inside or outside later on.

It is important to note that the three types of mechanisms all have an effect on market constitution and they are related to each other in the sense that one may prompt the other. While each of the three constitutive mechanisms outlined here warrants a much more detailed analysis, their interplay is probably the most interesting issue to be studied further, especially if we presume that none of the mechanisms is principally superior to the others, nor that one mechanism alone will be sufficient to explain the constitution of a specific, empirical market. The contribution this framework makes, even in this rough outline, is to give equal space to evolution, management, and governance (see Table 1, bottom row). The constitutive mechanisms described here already anticipate the typical tensions of market constitution processes as referred to above, for example the tension between familiarity and novelty in new product development.

1.6   Framework Boundaries, Inputs, and Outputs

The preliminary boundaries of the framework are also given in Figure 1. Specifically, market constitution in the narrower sense begins with the constitutive mechanisms and ends with the creation and maintenance of a system of discrete, self-interested, and competitive economic exchanges. Beyond the boundaries of the model lie, on the input side, the resources and interests that enable the constitutive mechanisms to operate and, on the output side, the individual and collective outcomes of markets (Swedberg 2003). When inputs and outputs are connected, the framework forms a dynamic loop of continuous market constitution.

Taken together, interests and resources represent the power that goes into the market constitution mechanisms described. Fligstein (2001) points to the political-cultural dimensions of market constitution and stresses that "[r]ules are not created innocently or without taking into account 'interests'" (p. 28). Different power distributions and structural conflicts may explain, for example, why some markets are driven more by exogenous regulation or endogenous coordination than others. Resources, both material and immaterial, are not simply the means to realize interests but, rather, they often embody ideas and values that shape interests in the first place (Callon 1998). And the interests that motivate participation in markets as a seller or buyer go beyond the display of competitive self-interest expected within the market. The constitutive mechanisms draw on social, cultural, and political contexts outside of the market (Beckert 2009; Fligstein 2001). This also applies to the individual and collective outcomes of market exchanges that market actors and society at large will analyze in order to determine whether a continuation of market exchange is desirable. As outcomes shape the resources and interests for the next sequence of market constitution, inequalities in terms of power and welfare outside of the market are carried over as structural conditions and conflicts into the subsequent market development and the strategic actions of market actors. The inherently political nature of market constitution must not be overlooked.

1.7 Implications of the Framework for Empirical Studies of Markets

All the points raised above imply a comprehensive set of questions to be asked and answered by empirical research into specific exchange systems. Do they have the typical characteristics of markets? Are exchanges taking place, or is the market in an earlier or later phase of its constitution? Can we identify products, exchanges, information flows, actors, networks, and institutions? What makes them relevant and what makes them special, compared to other markets? How are the typical tensions dealt with, which market constitution processes are critical, and do we find manifestations of the three constitutive mechanisms?

The framework proposed here is intended as a heuristic model for the systematic description and comparison of all sorts of markets that will reveal common patterns of market constitution as well as the unique features of particular markets resulting from their history and stage of development. In the remainder of this chapter, I will illustrate the potential of the framework by applying it to the case of solar power technology markets in Germany.

2 Examples from Solar Power Technology Markets: Green Inventors, Diversifying Giants, and Political Entrepreneurs

In this part of the chapter, I will give three accounts of transformative market constitution processes in solar power technology markets, based on the framework outlined above (see Fig. 1 for reference when reading the following sections). The three examples are chosen to represent market constitution processes triggered by spontaneous emergence, endogenous coordination, and exogenous regulation respectively, but it will also become rapidly clear how strongly these mechanisms are related to each other.

2.1 Illustrative Case Method

It is important to note that the empirical findings presented below are illustrative. This means that I neither intend nor claim to provide a definitive account of the development of solar power technology markets in Germany. The primary contribution of this illustration is to given an idea of the rich, systematic analysis that the proposed framework yields.

The evidence for the interpretation of constitution processes in the German solar power technology market as offered below has been drawn mainly from secondary sources. In particular, I used publicly available statistics from the German Federal Ministry for the Environment, Nature Conservation and Nuclear Safety as well as trade associations (e.g. *Bundesverband Solarwirtschaft*) and environmental interest groups (e.g. EUROSOLAR) on the general development of this market. Moreover, in order to understand better the transformative processes of the whole market and especially of the actors described in more detail below, I used the *Lexis Nexis News* archive and retrieved 374 relevant articles from all English and German speaking news sources up to 2005. The search terms included "Solar Energy" (industry), "Germany" (geography), "photovoltaic" or "solar power", as well as the names of the actors used as examples in this chapter. The content analysis of these articles helped to make sense of the statistical information on this market. In addition, documents on the websites of the actors studied were examined critically and in detail with the aim of extracting pertinent facts (e.g. year of foundation) and rhetoric (e.g. company slogans). Last but not least, I have consulted prior published research on solar technology in Germany for the relevant time period (e.g. Jacobsson et al. 2004; Jacobsson and

Lauber 2006; Wüstenhagen and Bilharz 2006; Dewald and Truffer 2011). Solar power is often studied in terms of energy markets, but much less so in terms of technology markets, although the former are very obviously related to the latter.

My analysis starts in 1990 in line with Jacobsson et al. (2004, p. 12), who distinguish between a preparatory phase up to 1989, which included public discussions on the oil crises concerning shifts to non-fossil energy sources as well as important technological developments in this direction, and a market-building phase after 1990 (see also Jacobsson and Lauber 2006; Wüstenhagen and Bilharz 2006; Hoppmann et al. 2014). Although market constitution involves continuous and dynamic processes, as stated above so that it is hard to specify any point in time at which the market-building phase ended, I do not consider developments after 2007 in this chapter because the solar technology market was fairly established in Germany by then, but also entering a very challenging phase of fierce global competition as well as financial and economic crises, which complicate the analysis beyond the scope of this chapter.

The selection of actors whom I use as examples below was based on their generally accepted status as pioneers and prominent players (see details below). As will become clear, the actors also represent different structural positions in the market, as start-ups, incumbents and political activists. Clearly, the chosen examples are highly restricted and it might be argued that more important players could have been included. I also acknowledge that my illustration emphasizes innovators, manufacturers and activists while not paying much attention to the side of customers and users which we need to understand in their role as market actors just as much as any other type of actors (see Dewald and Truffer 2011). A further disclaimer is that the analysis is restricted to photovoltaic solar power technology and excludes thermal technologies. This is plainly because thermal solar power installations played almost no role on German territory and because the market started with photovoltaics first. I fully acknowledge that German firms have become very active in the international thermal technology business, too, and that it is possible that thermal will be more important than photovoltaics globally in the long run.

2.2 The general Picture of Solar Power Technology Markets in Germany, 1990–2007

Fig. 3 documents the growth of solar power technology markets in Germany in terms of the installed capacity of photovoltaic power in megawatt peak (MWp)

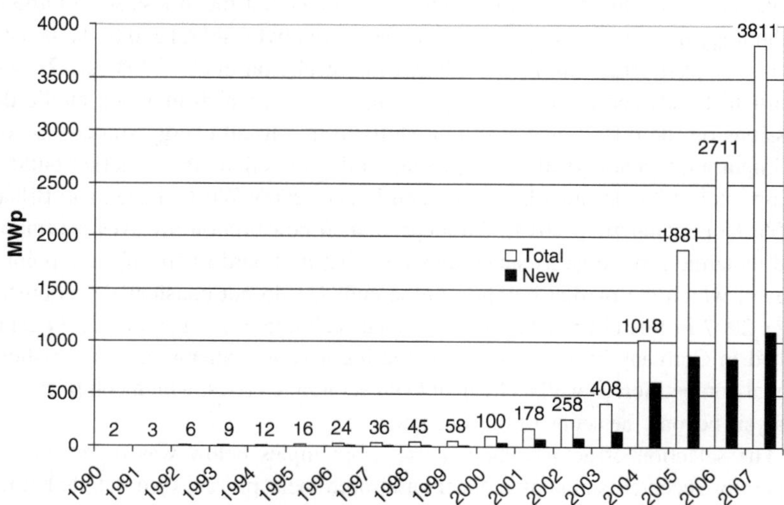

Source: Federal Ministry for the Environment, Nature Conservation and Nuclear Safety, Germany (BMU2008)

Fig. 3 Total and newly installed photovoltaic capacity in Germany (MWp), 1990–2007. (Source: Federal Ministry for the Environment, Nature Conservation and Nuclear Safety, Germany; BMU 2008)

from 1990 to 2007 (for a general picture see also Grau et al. 2012). Not only was total capacity built up around the country over those years, the annual growth in capacity of new installations increased almost every year as well, indicating a very significant and presumably attractive market growth (BMU 2008). This is confirmed by figures from the *Bundesverband Solarwirtschaft,* a trade association, which showed the total annual turnover in the German photovoltaics sector to have grown from around € 201 million in 2000 to around € 7,000 million in 2008 (BSW 2009). Given that crucial supportive legislation was implemented in Germany in 1991, it is interesting to see that the market still took some time to take off (see also Jacobsson et al. 2004; Jacobsson and Lauber 2006). The transformative processes outlined above were just getting started in the early 1990s and key companies were only founded from 1995 onwards. They had to be in place with their products and networks to make the boom from 1999 possible when further legislation and funding programs were implemented to help this market grow. By 2008 about 130 firms were producing solar power cells, modules, and installations in Germany (BSW 2009). On the demand side, considering the future provision of energy, solar power was "the most attractive energy source in public opinion" (Wüstenhagen and Bilharz 2006, p. 1682) since the early 1990s. Public opinion was favorable (see also Hoppmann et al. 2014), but the market for the technologies required still had to be constituted and this was not a smooth process at all but involved a "battle over institutions" (Jacobsson and Lauber 2006).

Below, I apply the framework for market constitution analysis (Fig. 1) to the case of solar power technology markets in Germany to show how it helps to identify the processes behind a market development such as the one illustrated quantitatively in Fig. 3. The case of solar power technology in Germany can only be fully understood if it is also seen in a transnational context; however, for presentational reasons, the account here is limited to Germany, while the international reach of activities by the actors studied is fully recognized. Moreover, the development of solar power technology markets in Germany has to be understood in the broader context of renewable energy markets there (e.g. Jacobsson et al. 2004; Wüstenhagen and Bilharz 2006). Even in 2007 and despite its impressive growth rate, solar power still played only a small role in the total energy generation in Germany, accounting for 3.5 % of power production and less than 1 % of consumption (BMU 2008). Moreover, when I talk about the market in Germany, I acknowledge, but do not further investigate regional variations of how the market was constituted within the country (see Dewald and Truffer 2012).

2.3 Spontaneous Emergence: Green Inventors Turned Global Business Players

As part of the revival of solar power cell manufacturing in Germany in the mid-1990s, companies such as Solon and SolarWorld, which would soon become major players, started out as fairly small enterprises in the solar power sector. From the point of view of market constitution, Solon and SolarWorld emerged rather spontaneously and have evolved with the market, for good or bad. Their founders were looking for innovative technology and economic opportunities for themselves, but they did not set out as such to create an overall market for solar power technologies for everyone.

In the case of Solon, founded in 1996, the initial venture brought together a set of highly idealistic people in Berlin who believed in renewable energy sources and were interested in inventing technological solutions. Wuseltronik, the key precursor to Solon, saw itself as a socialist engineering collective—as opposed to capitalist market makers. In the case of SolarWorld, established in 1998, a small firm offering diverse engineering services related to renewable energy sources since 1988 managed to secure a major public contract for installing solar power generators on a public building in Bonn. Hence, SolarWorld reacted to a demand-side market impetus. The company's founder, Frank H. Asbeck, was a politically active environmentalist, but it was this contract, actually the biggest photovoltaic installation in the world at the time, that somewhat coincidentally led his small firm to grow specifically in the solar power sector. Both Solon and SolarWorld are cases of small, green, inventive engineering companies that became major global players in solar power technology markets. They also have in common the fact that they went from buying solar cells for the devices they made to manufacturing solar cells themselves. They went public quite quickly and were listed on the stock market in 1998 and 1999 respectively, which was generally seen as an indication of the feasibility of solar power technology markets.

For market constitution analysis, the first few years of these companies' existence are particularly interesting. Their more recent history and troubles are certainly worth analyzing in depth, but here I focus on the steep learning curves and the transformations that they had to undergo early on. They had to turn from idealistic engineers into actors in a new market. While they were being "marketized," they were also driving the development of solar power technology markets in Germany and beyond. The analytical question is: What enabled Solon and SolarWorld to participate in the market and, thereby, to contribute to its creation? Specifically, how did they affect the constitutive processes and elements of the market? The following account is structured using the framework shown in Fig. 1 and Table 1.

Innovating Products

First, regarding products, I already mentioned that the two companies started off buying solar power cells made by others (e.g. SolarWorld imported BP Solar's technology) to build them into more complex modules and installations. Hence, a major transformation they underwent was to develop their own products (solar power cells). Solon set up its own plant in Berlin-Kreuzberg, while SolarWorld initially went the way of acquiring other manufacturers before establishing its own factories later on. They both invested many resources in product innovation, building on their prior knowledge as buyers as well as developing and acquiring new patents. Interestingly, in terms of the constitutive tensions of markets, both companies focused initially on the photovoltaic technologies most common and familiar in Germany and not the more novel thermal technologies. Solon and SolarWorld did not invent a completely new product category, but they contributed to market constitution by extending the range of products and the capacity of production available in a growing market.

Commodifying Exchanges

Regarding the commodification of products so that comparable exchanges can take place in a market, it is interesting to note with respect to the tension between standardization and customization that Solon and SolarWorld retained a relatively high level of customization by integrating the production of relatively standardized solar power cells with the design of devices and installations that could be tailored to specific needs. In this way, the companies contributed to market constitution by offering exchanges with an added value beyond the solar technology as such, i.e. they were selling expertise as well as hardware. As new players in the emerging market, their main concern was to engage in enough exchanges in the first place in order to grow and achieve returns on their investments.

Communicating Information

As far as market information and communication flows are concerned, both Solon and SolarWorld, starting out as small enterprises, had to learn as they grew to serve not only a small number of customers directly known to them but also a larger mass market, taking advantage for example of the 100,000 Rooftops Solar Electricity Program of the German Federal Government (administered by KfW bank). The companies also had to get used to greater transparency requirements from their investors, who wanted to see their market data and projections. Solon, in particular, ran into serious difficulties in this regard in 2001.

Competing Actors

Probably the biggest transformation that both companies underwent was to actually become *market* actors, i.e. to see themselves as not only (or even primarily) inventors of promising green technologies but as global business players in a still nascent but already highly competitive market (Lorenz et al. 2008). This is, in other words, the "marketization" of these actors as they adopt market logic. In the case of SolarWorld, its founder and CEO, Frank H. Asbeck, managed to evolve in his own role with the company. In the case of Solon, however, the initial "gang" of idealistic entrepreneurs ran into trouble and was soon replaced by financial directors and other professionals who had no experience or commitment in the solar sector but who knew how to manage a company in a complex and difficult market environment by focusing, for example, on the core profitable business areas. Solon and SolarWorld had to learn to compete and be competitive as is expected of market actors, especially the big players. At Solon, some did miss the cozy Kreuzberg days.

Associating Networks
The Solon and SolarWorld cases are also interesting in how they built networks within the solar power technology markets. Being small firms with ambitious projects to start with, they had to convince their own investors and customers that they could actually deliver. An important part of SolarWorld's strategy was to not only cooperate but actually acquire important suppliers. Solon attempted more of an organic growth strategy in the beginning, but when the company had to announce huge losses in 2000, it started looking for strategic partners and announced cooperative agreements, which did not fully convince its investors at the time, however. In terms of market constitution and the role of networks, SolarWorld went for less flexibility and more integration, while Solon was looking for trusted partners and less integration. It is also clear that the solar power technology market was not constituted merely by arm's-length exchanges but, more importantly, by building durable relationships between buyers and sellers, i.e. supplier networks (see for example Baker et al. 1998).

Institutionalizing market institutions
Companies like Solon and SolarWorld played a key role in the institutionalization of solar power technology markets in Germany. Virtually no solar power cells were manufactured in Germany anymore by the 1990s (Jacobsson et al. 2004, p. 16) and the newly founded companies were thus important examples of what could be accomplished. Because they not only survived but were also actually successful in the stock market, it became "normal" after a few years for solar power cells to be made and sold in Germany. It is well known that government initiatives and regulations also played a big role in making the market possible (as will be discussed below), but market constitution nevertheless required companies like Solon and SolarWorld that would seize the opportunities, become market actors, and perform market exchanges regularly and "normally."

2.4 Endogenous Coordination: Diversifying Giants Looking for Dominance

We can contrast the start-up scenarios of Solon and SolarWorld with BP Solar, a full subsidiary of BP (the outcome of the merger between British Petroleum and Amoco). In the time period considered, BP Solar had a distribution center in Germany but manufacturing facilities only in the United States, Spain, India, Australia, and China. During the 1990s, when Solon and SolarWorld were founded, BP Solar played a very different role in the constitution of solar power technology markets. First of all, BP Solar as part of a gigantic corporate group brought immense resources to the solar power markets and could afford, for example, to remain unprofitable until 2004. However, BP Solar also had to compete for investments with other business units in BP, not only with the oil division but with units engaged in other alternative energy sources from biofuels to wind power. Secondly, BP started diversifying its business a long time ago and has been active in the solar power sector for more than 30 years, producing both solar power cells and full installations. In the 1990s, the company already had several solar power cell manufacturing facilities around the world and one of their customers was SolarWorld, set to become a competitor later. Even though solar power technology markets were still emerging in the 1990s, we can state for analytical purposes that BP Solar was already within the market at that time and that its activities contributed to the endogenous coordination of market constitution in Germany (according to Fig. 1 and Table 1).

Innovating, Commodifying, Communicating
Even in its role as an incumbent, though, BP Solar had to invest heavily in innovation and new product development, generating new products for the emerging and growing solar power technology markets. A key problem in this market has been that the efficiency of the products needs to be vastly enhanced in order to be able, one day, to compete with other sources of energy without requiring public subsidies (Jacobsson et al. 2004; Lorenz et al. 2008). Hence, BP Solar's new products needed to be commodified as alternatives to gas and oil, for example, apart from the competition with other renewables. The advantage of BP Solar was that it could fund its R&D from within the BP corporate group, meaning that they viewed government funding of new firms (but not so much the subsidies to customers) with some suspicion, because the new entrants such as SolarWorld would increase competition in the market. When it came to the actual exchanges and information flows required for market constitution, BP Solar had the advantage of drawing on BP's corporate experience in quality management and marketing— but also the legacy of being seen as an oil company with less credibility "beyond petroleum."

The demand for new products from solar power technology manufacturers such as BP Solar, or firms like Solon and SolarWorld, is affected by changes in valuation on the part of energy consumers and the introduction of "green power" products by energy marketers (see Wüstenhagen and Bilharz 2006, p. 1689–1691). While solar power may still be a niche market, private households can pull the market from the demand side. When they buy a green electricity mix, they legitimize and necessitate the installation of new capacity, especially for the very popular but expensive solar power.

Competing, Associating, Institutionalizing

BP Solar did not have to transform itself into a market actor but was "marketized" from the start and strategically designed to create and exploit profitable business for BP. Regarding the extent to which BP Solar's relationship management influenced the network structures in the solar power technology markets in 1990–2007, it is hardly surprising that the company cooperated regularly with R&D institutions and managed sophisticated supply and distribution networks. Their products went to households or businesses as end customers, but BP Solar (like its competitors) tended not to sell directly to them but to certified wholesalers and smaller engineering companies specializing in solar module installation (such as SolarWorld initially). When it comes to influencing the institutionalization of solar power markets, BP Solar drew on BP's huge public relations machinery and kept sending the message that it was only a matter of time and persistent product development before the markets would become viable. It can be noted that the endogenous coordination performed by BP Solar was designed to maintain a strong position and even to gain dominance in the market, with much less interest shown in opening the market up, much less reliance on external subsidies, and much more belief in the continued dynamic of a fast-growing market with much future potential. BP Solar clearly helped to constitute the market but, unsurprisingly, sought to shape it in its own business interest. The company also labeled solar power a "profitable investment" instead of, for example, pointing to the hazards of climate change. This is very different from the early days of Solon and SolarWorld, whose founders wanted to make money but also saw their market participation in much more idealistic and publicly spirited terms. Solon's company logo, for example, featured the slogan "Don't leave the planet to the stupid".

2.5   Exogenous Regulation: A Political Entrepreneur Generating Momentum

To understand the influence of external regulation on solar power technology markets, especially in the German context, one should consider legislation such as the Electricity Feed-in Law of 1991, replaced in April 2000 by the national

Renewable Energy Sources Act *(Erneuerbare-Energien-Gesetz)*, as an outstanding motor of market constitution (e.g. Hoppmann et al. 2014). The core mechanism of this legislation has been the feed-in-tariff system which imposes a purchase obligation for the public grid operator plus a price guarantee above market prices granted to investors who install new solar power generators and provide energy to the public grid (see Wüstenhagen and Bilharz 2006, p. 1685; a further important element is a nationwide settlement system to balance out regional disparities). This has made solar power technology much more attractive for customers and has meant business opportunities for suppliers like BP Solar, Solon, and SolarWorld. 157,000 jobs related to renewable energies were created by 2004 in Germany alone (BMU 2006, p. 6). The trade association BSW reported around 48,000 jobs in the photovoltaics sector in 2008, up from about 1,500 in 1998 (BSW 2009).

In this short illustration, I cannot analyze the whole political process and the debate on renewable energy sources in Germany (on the evolution of the feed-in-tariff for photovoltaics, see Hoppmann et al. 2014), but I can illustrate the role of exogenous regulation for market constitution by reference to the most prominent political entrepreneur to play a pivotal role in generating momentum for solar power in Germany and beyond: Hermann Scheer. I am certainly aware that we need to be careful and avoid attributing too much agency to individuals like Scheer, whose influence was obviously dependent on certain societal conditions and resources that worked for him, against him, and with him. Nevertheless, he was an outstanding figure who possessed "projective agency" (Emirbayer and Mische 1998) and was involved in organizing core initiatives that have shaped solar power technology markets by external regulation.

In the 1990–2007 period, Scheer himself was outside of the markets in the narrower sense because he did not engage in market exchanges, i.e. he did not appear as a buyer or seller of solar power equipment. He was still a highly relevant market actor, though, because it was his mission to promote solar power broadly and to do so effectively by advocating a regulated market economy relying on private investments and market exchange, aided by public subsidies until the market would be self-sufficient. Scheer was a political scientist by education and a political activist by calling. Since 1980 until his death in 2010, he was a Member of Parliament in Germany (Social Democrats) and used this position to introduce environmental legislation such as the 100,000 Rooftops Solar Electricity Program in 1999 and the Renewable Energy Sources Act in 2000. Wüstenhagen and Bilharz (2006, p. 1687–1688) point out that it was parliamentarians like Scheer—rather than government ministers, industry leaders, or public opinion—that drove the legislative initiatives. Scheer was also the founder and president of EUROSOLAR, the European Association for Renewable Energies set up in 1988, which initiated the World Council for Renewable Energy, of which Scheer was also General Chairman (see also Jacobsson et al. 2004). Moreover, he was a prolific author and speaker, publicizing his vision of solar power and renewable energy at every opportunity. His initiatives and ideas were recognized by numerous awards including the Right Livelihood Award ("Alternative Nobel Prize") in 1999.

How can we interpret his impressive vita in the light of the constitution of markets for solar power technology (see Table 1)? First of all, the scenarios of energy provision in the future, which Scheer sketched in his books, articles, and speeches, gave legitimacy and motivation to actors interested in developing products for solar power markets, such as the founders of Solon. Second, his legislative initiatives produced economic incentives for private suppliers and buyers of solar power technology to engage in market exchanges. Through EUROSOLAR, founded in 1988, Scheer gave the solar power industry and all other stakeholders in renewable energy a platform for exchanging information on alternative energy markets, enabling the key players to interact and to publicize their successes and concerns. By joining this association, market actors could get organized, gain recognition, and become involved in long-term market development and political discourses. The activities of EUROSOLAR worked against a short-term investment orientation and thus stabilized the "young" solar power markets, which might otherwise collapse in times of low profitability. It was certainly also the aim of Scheer personally and EUROSOLAR as an association to influence the cultural and political climate around the world and to build a global social movement in support of solar power (Jacobsson et al. 2004). Although he clearly did not do so single-handedly, Scheer shaped significantly the governance of solar power markets in Germany and beyond.

3   Summary, Discussion, and Conclusion

The previous section provides an illustrative analysis of how spontaneous emergence, endogenous coordination, and exogenous regulation triggered and drove constitutive market processes and contributed to producing the constitutive elements of solar power markets in Germany. In future studies, it will be particularly interesting to analyze in more detail how the mechanisms are interrelated. For example, against the background of structural conflicts, it was political agitation and legislation outside of the market that paved the way for endogenous initiatives such as BP's investments in solar power as well as the emergence of Solon and SolarWorld. BP's position is intriguing because BP Solar helped indirectly to build its own competition, i.e. SolarWorld, but the new entrants did not only challenge BP, they also helped to grow and stabilize the solar power markets, which is desirable form BP's long-term point of view, too. This way, it was more or less taken-for-granted in Germany by 2007 at the latest that the provision of solar power technology would take place through *private* markets (Jacobsson et al. 2004)—even if they were heavily subsidized—and not mainly through *public* infrastructure projects (e.g. solar power plants built, owned, and run by the state). This is most evident in the move towards establishing solar power companies as publicly listed firms that have to perform in the stock markets, which means that they are not only assessed in their capability to provide green technologies per se, but also in their growth, efficiency, and profitability as market actors. This reflects what I have referred to, in the introduction to this chapter, as the double turn implied by the term *Energiewende:* a turn towards renewables and towards liberalization at the same time.

In summary, the relevant market actors including buyers, sellers, intermediaries, and regulators built solar power technology markets purposefully and signaled that the solar-powered future had to be situated within a market. This means that technologies initially had to become marketable products; exchanges had to become standardized and comparable; not only technical features needed to be specified, but also prices and delivery times; the providers and users had to start competing and be sellers and buyers; associations had to be created in anticipation of future trade in the market; and, last but not least, the institutional framework needed to be developed to legitimate profit motives in an environmentalist, even anti-capitalist domain. At the same time, the market was kept permeable in order to be able to draw on the resources of social movements that have a non-market or even anti-market orientation. The market philosophy of solar power was also fairly loose, given the realization that the intended markets were not feasible without exogenous protection and promotion by governments.

The details of the analytical framework I have outlined and applied in this chapter are a subject for future research and refinement. The framework captures the fact that markets differ in the way they are constituted, especially because of the inherent tensions that mediate market constitution processes. The framework provides categories that enable us to make comparisons between markets and trace changes in markets over time. For example, the analysis of the German solar power technology markets sketched out in this chapter could be extended to further countries, more forms of energy generation, other technological innovations, or pre-1990 and post-2007 developments.

In this chapter, I have argued that we will understand markets better when we examine the three constitutive mechanisms, the six transformative processes with their typical tensions, and the six basic elements of market constitution. We also need to study markets as special systems of economic exchange in the context of the resources and interests that they draw on and the individual and collective outcomes they produce. In other words, the framework presented here has to be applied within the given structural conditions and conflicts that will have an impact on how the transformative processes unfold. The approach represented by the framework is open and supportive, in principle, to all disciplines and paradigms that are currently undertaking post-neoclassical research on markets. The general contribution from this chapter to the discourses and debates on *Energiewende* is that it provides various pointers to the transformative processes that happen not just in terms of new technologies for renewable energy but of new markets to be constituted. This is particularly relevant to those fields of renewable energy which – like solar power technology—are supposed to achieve technological revolutions *within* and *through* market governance.

References

Abolafia, M. Y. (1984). Structured anarchy: Formal organization in the commodities futures market. In P. A. Adler & P. Adler (Eds.), *The social dynamics of financial markets* (p. 129–150). Greenwich: JAI Press.

Abolafia, M. Y. (1996). *Making markets: Opportunism and restraint on wall street.* Cambridge: Harvard University Press.

Adler, P. A., & Adler, P. (1984). Toward a sociology of financial markets. In P. A. Adler & P. Adler (Eds.), *The social dynamics of financial markets* (p. 195–201). Greenwich: JAI Press.

Akerlof, G. A. (1970). The market for 'lemons': Quality uncertainty and the market mechanism. *Quarterly Journal of Economics, 84,* 488–500.

Anand, N., & Peterson, R. A. (2000). When market information constitutes fields: Sensemaking of markets in the commercial music industry. *Organization Science, 11,* 270–284.

Anderson, E., & Gatignon, H. (2005). Firms and the creation of new markets. In M. Claude & M. M. Shirley (Eds.), *Handbook of New Institutional Economics* (p. 401–431). Dordrecht: Springer.

Andersson, P., Aspenberg, K., & Kjellberg, H. (2008). The configuration of actors in market practice. *Marketing Theory, 8,* 67–90.

Arrow, K. J. (1974). *The limits of organization.* New York: Norton.

Aspers, P. (2005). *Status markets and standard markets in the global garment industry* (MPIfG Discussion Paper 05/10). Cologne: Max Planck Institute for the Study of Societies.

Aspers, P. (2006). Sociology of markets. In J. Beckert & M. Zafirovski (Eds.), *International encyclopedia of economic sociology* (p. 427–432). London: Routledge.

Aspers, P. (2009). *How are markets made?* (MPIfG Working Paper 09/2). Cologne: Max Planck Institute for the Study of Societies.

Baker, W. E., Faulkner, R. R., & Fisher, G. A. (1998). Hazards of the market: The continuity and dissolution of interorganizational market relationships. *American Sociological Review, 63,* 147–177.

Beckert, J. (1996). What is sociological about economic sociology? Uncertainty and the embeddedness of economic action. *Theory and Society, 25,* 803–840.

Beckert, J. (2008). *How do markets change? On the interrelations of institutions, networksand cognition in the evolution of markets.* Conference paper. MPIfG Conference on "Theoretical Approaches to Economic Sociology," Berlin, February 18–19, 2008.

Beckert, J. (2009). The social order of markets. *Theory and Society, 38,* 245–269.

Berger, P. L., & Luckmann, T. (1966). *The social construction of reality.* Garden City: Doubleday.

Biggart, N. W., & Delbridge, R. (2004). Systems of exchange. *Academy of Management Review, 29,* 28–49.

BMU. (2006). Erneuerbare Energien: Arbeitsplatzeffekte. Website of the Federal Ministry for the Environment, Nature Conservation and Nuclear Safety, Germany. www.bmu. de/files/pdfs/allgemein/application/pdf/arbeitsmarkt_ee_lang.pdf. Zugegriffen: 21. Juli 2009.

BMU. (2008). Entwicklung der erneuerbaren Energien in Deutschland im Jahr 2007. Website of the Federal Ministry for the Environment, Nature Conservation and Nuclear Safety, Germany. www.erneuerbare-energien.de/inhalt/39830/20010/. Zugegriffen: 17. Juli 2009.

BSW. (2009). Statistische Zahlen der deutschen Solarstrombranche (Photovoltaik). Website of the Bundesverband Solarwirtschaft. www.solarwirtschaft.de/fileadmin/content_files/ Faktenblatt_PV_Mai09.pdf. Zugegriffen: 11. Juli 2009.

Callon, M. (1998). Introduction: The embeddedness of economic markets in economics. In M. Callon (Ed.), *The laws of the markets* (p. 1–68). Oxford: Blackwell.

Callon, M., & Muniesa, F. (2005). Economic markets as calculative collective devices. *Organization Studies, 26,* 1229–1250.

Chandler, A. D. (1977). *The visible hand: The managerial revolution in American business.* Cambridge: Belknap Press.

Coriat, B., & Weinstein, O. (2005). The social construction of markets. *Issues in Regulation Theory, 53,* 1–4.

Dewald, U., & Truffer, B. (2011). Market formation in technological innovation systems— diffusion of photovoltaic applications in Germany. *Industry and Innovation, 18,* 285–300.

Dewald, U., & Truffer, B. (2012). The local sources of market formation: Explaining regional growth differentials in German photovoltaic markets. *European Planning Studies, 20,* 397–420.

Emirbayer, M., & Mische, A. (1998). What is agency? *American Journal of Sociology, 103,* 962–1023.

Ensminger, J. (1992). *Making a market: The institutional transformation of an african society.* Cambridge: Cambridge University Press.

Fligstein, N. (2001). *The architecture of markets.* Princeton: Princeton University Press.

Fligstein, N., & Dauter, L. (2007). The sociology of markets. *Annual Review of Sociology, 33,* 105–128.

Fourcade, M. (2007). Theories of markets and theories of society. *American Behavioral Scientist, 50,* 1015–1034.

Fourcade, M., & Healy, K. (2007). Moral views of market society. *Annual Review of Sociology, 33,* 285–311.

Geroski, P. A. (2003). *The evolution of new markets.* Oxford: Oxford University Press.

Giddens, A. (1984). *The constitution of society.* Berkeley: University of California Press.

Granovetter, M. (1985). Economic action and social structure: The problem of embeddedness. *American Journal of Sociology, 91,* 481–510.

Grau, T., Huo, M., & Neuhoff, K. (2012). Survey of photovoltaic industry and policy in Germany and China. *Energy Policy, 51,* 20–37.

Greif, A. (2006). *Institutions and the path to the modern economy: Lessons from medieval trade.* Cambridge: Cambridge University Press.

Hayek, F. A. (1973). *Law, Legislation and Liberty: A New Statement of the Liberal Principles of Justice and Political Economy. Bd. 1: Rules and Order.* Chicago: University of Chicago Press.

Hoppmann, J., Huenteler, J., & Girod, B. (2014). Compulsive policy-making—The evolution of the German feed-in tariff system for solar photovoltaic power. *Research Policy, 43,* 1422–1441.

Jacobsson, S., & Lauber, V. (2006). The politics and policy of energy system transformation—Explaining the German diffusion of renewable energy technology. *Energy Policy, 34,* 256–276.

Jacobsson, S., Sandén, B. A., & Bångens, L. (2004). Transforming the energy system: The evolution of the German technological system for solar cells. *Technology Analysis & Strategic Management, 16,* 3–30.

Knight, F. H. (1921/1971). *Risk, uncertainty, and profit.* Chicago: University of Chicago Press & Phoenix Books.

Lie, J. (1997). Sociology of markets. *Annual Review of Sociology, 23,* 341–360.

Lorenz, P., Pinner, D., & Seitz, T. (2008). The economics of solar power. *The McKinsey Quarterly, 4,* 66–78.

MacKenzie, D. A. (2006). *An engine, not a camera: How financial models shape markets.* Cambridge: MIT Press.

Markard, J., Raven, R., & Truffer, B. (2012). Sustainability transitions: An emerging field of research and its prospects. *Research Policy, 41,* 955–967.

North, D. C. (1990). *Institutions, institutional change and economic performance.* Cambridge: Cambridge University Press.

Podolny, J. M. (1993). A status-based model of market competition. *American Journal of Sociology, 98,* 829–872.

Podolny, J. M., & Hsu, G. (2003). Quality, exchange, and Knightian uncertainty. *Research in the Sociology of Organizations, 20,* 77–103.

Polanyi, K. (1944/1957). *The great transformation.* Beacon Hill: Beacon Press.

Powell, W. W. (1990). Neither market nor hierarchy: Network forms of organization. *Research in Organizational Behavior, 12,* 295–336.

Rauch, J. E., & Hamilton, G. G. (2001). Networks and markets: Concepts for bridging disciplines. In J. E. Rauch & A. Casella (Eds.), *Networks and markets* (p. 1–29). New York: Russell Sage Foundation.

Scott, W. R. (2008). *Institutions and organizations* (3rd ed.). Thousand Oaks: Sage.

Smith, A. (1776/1976). *The wealth of nations.* Chicago: University of Chicago Press.

Swedberg, R. (2003). *Principles of economic sociology.* Princeton: Princeton University Press.

Uzzi, B. (1997). Social structure and competition in interfirm networks: The paradox of embeddedness. *Administrative Science Quarterly, 42,* 35–67.

Weber, M. (1922/1978). *Economy and society.* Berkeley: University of California Press.

White, H. C. (1981). Where do markets come from? *American Journal of Sociology, 87,* 517–547.

White, H. C. (2002). *Markets from networks: Socioeconomic models of production.* Princeton: Princeton University Press.

Williamson, O. E. (1975). *Markets and hierarchies.* New York: Free Press.

Wüstenhagen, R., & Bilharz, M. (2006). Green energy market development in Germany: Effective public policy and emerging customer demand. *Energy Policy, 34,* 1681–1696.

Die Klammerung der Energiewende in Webportalen

Jürgen Schraten

Der vorliegende Text ist das soziologische Experiment, den voraussetzungsreichen und komplexen Vorgang des Anbieterwechsels in der Elektrizitätsversorgung an einem Ort seiner Klammerung zu beobachten und zu beschreiben. Der Artikel fragt, wie unter den Bedingungen eines marktwirtschaftlichen Wettbewerbs die Konsumenten der Elektrizität darauf konditioniert werden sollen, durch individuelle Entscheidungen für umweltverträglich produzierte Elektrizität einen Beitrag zur sogenannten Energiewende zu leisten, die auf eine Risikoverminderung in den Folgen des Energieverbrauchs abzielt. Die gesellschaftliche Konstellation, die den Handlungsrahmen eines solchen Reformversuchs bildet, ist geprägt von einem wettbewerbs- und wachstumsorientierten europäischen Elektrizitätsmarkt, auf dem Versorgungsunternehmen – politisch intendiert – um die Bereitschaft zum Anbieterwechsel von Kunden werben, obgleich eine Versorgung im Normalfall bereits gegeben ist.

Die administrativen Bedingungen der Bereitstellung von Energie sowie die rechtliche Rahmung und ökonomische Lenkung der Versorgung mit Elektrizität spielt sich auf nationalstaatlicher Ebene ab, in der vorliegenden Studie in der Bundesrepublik Deutschland. Bevor das Wahlverhalten von Konsumenten als Faktor der politischen Umsteuerung in der Energiewende überhaupt eingesetzt werden kann, muss eine solche Wahlbereitschaft erst erzeugt werden. Die Motivation zur Auswahl stellt also das primäre Hindernis dar. Dies ist von hoher Relevanz, da die Möglichkeit der individuellen Anbieterwahl auf dem

J. Schraten (✉)
Institut für Soziologie, Schwerpunkt Allgemeiner Gesellschaftsvergleich,
Justus-Liebig-Universität Gießen, Gießen, Deutschland
E-Mail: Juergen.Schraten@sowi.uni-giessen.de

© Springer Fachmedien Wiesbaden 2017
S. Giacovelli (Hrsg.), *Die Energiewende aus wirtschaftssoziologischer Sicht,*
DOI 10.1007/978-3-658-14345-9_8

Elektrizitätsmarkt selbst sehr jung ist, und nur selten genutzt wird (Bundesnetzagentur und Bundeskartellamt 2014, S. 19–21).

Der paradigmatische Ort ist ein Interface zum World Wide Web, an dem mit Hilfe von Suchmaschinen auf Vergleichsportalen zunächst eine Anbieterin gewählt, und dann auf der Seite entweder einer Brokerin oder der Anbieterin selbst der Wechsel vollzogen wird. Der Ort der Klammerung, der Bezug nehmend auf Muniesa et al. (2007) als Marktapparatur[1] bezeichnet wird, repräsentiert im doppelten Sinne verteilte Aktivität. Zum einen gibt es keine definierte Lokalität des Wechsels, weil eben ein per definitionem multiples und mobiles Webinterface den typischen Ort darstellt. Zum anderen laufen an diesem Webinterface zahlreiche technische Pfade und Interaktionskanäle, ökonomische, rechtliche und sonstige diskursive Linien zusammen, die auf diese Aktivität des Wechsels einwirken, und diesen Wechsel bewirken.

Die materiale und diskursive Kollektivität, die sich im Webinterface versammelt, macht den gewünschten Vorgang, dass Elektrizitätskonsumenten mit der Zielsetzung ökologischer Nachhaltigkeit einen Anbieterwechsel vollziehen, zu einem höchst prekären Vorgang mit ungewissem Ausgang. Denn auf der einen Seite benötigen potenzielle Kunden eine klar präsentierte Auswahl, und diese muss orientieren – daher muss sie in ihrer Komplexität reduziert sein. Zum anderen muss sie gesellschaftlich wirksam sein, daher benötigt sie zugleich ein Mindestmaß an Komplexität – denn der Vertragsabschluss soll rechtlich bindend und ökonomisch funktional sein, vor allem muss er aber wirksam werden. Dies erfordert die Einbindung zahlreicher Organisationen und Akteure. Schließlich soll im Sinne der Energiewende dem Motiv der ökologischen Nachhaltigkeit zur Durchsetzung verholfen werden, was eine Einflussnahme auf den Verlauf des Diskurses erfordert, ohne ihn zu formen – die Entscheidung für ökologisch nachhaltige Elektrizität soll von Konsumenten autonom gefällt werden, die Option also als reizvolles Angebot, nicht jedoch als zwingende Vorgabe präsentiert werden.

Zum Verständnis der Vorgänge an der Marktapparatur sind Grundzüge der historischen Genese des bundesdeutschen Elektrizitätsmarktes von Bedeutung, denn die Energiewende muss in historisch gewachsenen Strukturen stattfinden, die nur verständlich sind, wenn jene Bedingungen rekapituliert werden, die zur jetzigen Verteilung von Macht, Ressourcen und Optionen geführt haben. Die Elektrizitätsversorgung ist erst seit relativ kurzem eine Frage der Wahl seitens der Konsumenten, und jenes Netzwerk, dass letztlich die geänderte Versorgung einer Kundin

---

[1]Im Original heißt es „market device", das als ein Mittler zwischen Dispositionen im Sinne Bourdieus und Dispositiven im Sinne Foucaults gesehen wird, daher scheiden jedoch Disposition und Dispositiv als Übersetzung von „device" aus (Muniesa et al. 2007, S. 2).

mit Elektrizität bewirkt, ist durch diese Geschichte strukturiert. Mit reformierten Energiewirtschaftsgesetzen wurden rechtliche und ökonomische Prozeduren geändert, und in ihrem Gefolge sind andere Unternehmen entstanden – aber das Elektrizitätsnetz ist in seiner Grundstruktur erhalten geblieben. Daher muss mit einem kurzen Überblick über die Historie der deutschen Elektrizitätsversorgung begonnen werden. Diese Vergangenheit ist am Webinterface gewissermaßen als Komplikation wirksam.

Durch diese Problemstellung rückt die Hauptfrage der Energiewende, ob sich Elektrizitätsproduktion und -konsum unter demokratischen Bedingungen in einer Weise verändern lassen, die eine unbegrenzte Verlängerung der Zukunft der Menschheit bedeutet, etwas in den Hintergrund, allerdings nicht aufgrund politischer Ignoranz, sondern aufgrund akademischer Bescheidenheit. Denn in den Vordergrund treten zwei miteinander zu verknüpfende Probleme, die allein bereits eine hohe Komplexität erzeugen. Erstens nämlich muss im Zuge der Energiewende auf dem Elektrizitätsmarkt eine große Anzahl von Verbrauchern, die jeweils mit Entscheidungsfreiheit ausgestattet, aber auch bereits dauerhaft mit Elektrizität versorgt sind, darauf konditioniert werden, ihre Wahl zugunsten umweltverträglicher Produkte zu treffen. Dies ist schwierig vor dem Hintergrund, dass aufgrund des vormals geltenden Gebietsmonopols in der bundesdeutschen Elektrizitätsversorgung eine lokale Anbieterin jeweils bereit steht, und sich der finanzielle Aufwand – damit die Grundlage potenzieller Einsparmöglichkeiten – auf durchschnittlich 2 % des Nettoeinkommens beschränkt (Eickhof und Holzer 2006, S. 2). Und zweitens interferieren hier die politische Steuerung durch gesetzliche Vorgaben an die Marktwirtschaft und die ökonomische Steuerung von Warenproduktion und -austausch durch Geldflüsse (vgl. hierzu insbesondere Langenohl in diesem Band). Zusammengenommen heißt das, die Konsumenten müssen motiviert werden, ihre wirtschaftlichen Zahlungen für umweltverträgliche Produkte auf dem Elektrizitätsmarkt einzusetzen, wobei die Versorgungsunternehmen der dreifachen Herausforderung begegnen, die Kunden werben, die Konkurrenten ausstechen und bei alledem auch noch profitabel wirtschaften zu müssen.

Dieser Problembeschreibung folgend besteht der Artikel nach dieser Einleitung aus zwei weiteren Abschnitten. Zunächst wird die politische Gestaltung des Elektrizitätsmarktes in jenen Aspekten rekapituliert, die als strukturelle Bedingungen des ökonomischen Handelns bezeichnet werden könnten. Politische Grundlage der untersuchten Entwicklung bilden die Richtlinie 96/92/EG[2] des Europäischen Parlaments über die Schaffung eines Europäischen Elektrizitätsbinnenmarktes von 1996,

---

[2]Richtlinie 96/92/EG des Europäischen Parlaments und des Rates vom 19, Dezember 1996, betreffend gemeinsame Vorschriften für den Elektrizitätsbinnenmarkt.

sowie eine mehrstufige Energierechtsreform in der Bundesrepublik Deutschland in den für die vorliegende Untersuchung relevanten Reformschritten des EnWG von 1998 und 2005 (EnWG 2005).[3] Die hohe Relevanz der Elektrizität findet ihren rechtlichen Niederschlag in der normativen Vorgabe der „Stärkung der Versorgungssicherheit" in der Präambel der EG-Richtlinie, die in der Anforderung an eine „möglichst sichere … Versorgung der Allgemeinheit mit Elektrizität" in § 1(1) EnWG 2005 umgesetzt ist.

Der zweite Abschnitt analysiert die Konstruktion des Marktapparats. Der Umstand, dass ein Vergleich von Elektrizitätsanbietern und der Vollzug eines Wechsels ohne den technischen Zugang zum WWW (World Wide Web) sowohl räumlich sehr eingeschränkt als auch sozial sehr viel komplexer gestaltet ist, strukturiert die Betrachtung vor. Marktapparate bezeichnen hier rechtlich kanalisierte gesellschaftliche Orte, an denen materielle Dispositionen und diskursive Strategien auf kalkulierende Akteure einwirken (Muniesa et al. 2007; Latour 2007; Callon 2007). Das Konzept der Marktapparate wird um die theoretische Unterscheidung von Verbreitungs- und Erfolgsmedien erweitert, deren medialer Kern eine Schlüsselfunktion in finanzialisierten Marktapparaten zugeschrieben wird (Luhmann 1998, S. 302–412, 2000). Die Pointe dieser Erweiterung liegt darin, dass finanzialisierte Marktapparate zwar auf die Einbettung von Akteuren in Netzwerken abzielen, dabei jedoch auf computergesteuerte Mediatoren[4] zurückgreifen, die auf einer extremen sozialen Entkopplung der Kommunikation beruhen, die mitunter sogar als „postsozial" beschrieben wurde, in jedem Falle aber ohne die kommunikativen Potenziale interpersonaler Sozialität auskommen müssen (MacKenzie und Hardie 2009; Luhmann 1998, S. 309; Knorr Cetina 1997; Granovetter 1985). Damit versteht sich die Untersuchung auch als Beitrag zu einer verteilten ethnografischen Wirtschaftssoziologie, die besonderes Augenmerk auf die rechtliche Normierung von Wirtschaftshandeln legt (Edelman und Stryker 2005; Swedberg 2003; Callon 1998a und 1998b; Marcus 1995).

Im Ergebnis zeigen sich hinsichtlich der Energiewende zwei Probleme. Das erste besteht in der Schwierigkeit, individuelle Elektrizitätskonsumenten zu

---

[3]Gesetz über die Elektrizitäts- und Gasversorgung (Energiewirtschaftsgesetz – EnWG). Zum Zwecke der Unterscheidung wird das Energiewirtschaftsgesetz nach der Marktöffnung als „EnWG 2005" bezeichnet, und davor „EnWG 1935/78".

[4]In Referenz auf Latour wird der gängige Begriff der „Medien" in „Mediatoren" und „Intermediatoren" aufgeteilt, um die Verlässlichkeit der Durchleitung von Kommunikationen zu bezeichnen. Erfolgt die Durchleitung zuverlässig und ohne Verzerrung durch weitere Aktanten, wird von „Intermediatoren" gesprochen, sonst von „Mediatoren" (Latour 2007, S. 37–45).

einem Anbieterwechsel zu motivieren, indem er umweltverträgliche Energie abfragt. Diese Motivation soll letztlich durch die Reduzierung auf das einzige Kriterium der Kostenersparnis erreicht werden, also ein politisches Ziel durch einen alleinig ökonomischen Anreiz. Das Kriterium der Umweltverträglichkeit kommt immer erst sekundär – und dann optional – ins Spiel. Zweitens wird der Anbieterwechsel als „einfach", d. h. unaufwendig beschrieben. Tatsächlich handelt es sich aber um eine langfristige Vertragsbindung für ein essenziell wichtiges Industriegut, und eine solche formale Verabredung kann nicht „einfach" gestaltet sein, wenn beide Vertragsparteien fair behandelt werden wollen. Das erlaubt die Schlussfolgerung, dass eine Energiewende, die auf die Bewerbung eines individuellen Anbieterwechsels zu einem umweltverträglichen Elektrizitätsversorger setzt, zum Scheitern verurteilt ist.

1 Der politische Wechsel vom Gebietsmonopol zum Wettbewerb

Die politischen und juristischen Voraussetzungen des Elektrizitätsmarktes sind von zentraler Bedeutung, weil die Bildung einer elektrizitätsproduzierenden Industrie politisch gestaltet ist, und weil die Schaffung eines Verbrauchermarktes staatlich initiiert worden ist.

Die politische Formung einer Elektrizitätsindustrie in Deutschland geht in das Jahr 1935 zurück. Sie konfrontierte einen freien, das heißt unregulierten Markt mit dem volkswirtschaftlichen *Anspruch* auf Elektrizitätsversorgung. In einer Studie über die Entwicklung in den USA hatten Granovetter und McGuire (1998) herausgestellt, dass viele scheinbare Selbstverständlichkeiten des Marktes nur durch lange politische und ökonomische Kämpfe zustande gekommen sind, wie etwa das Konzept der flächendeckenden Zentralversorgung durch Konzerne anstelle der viel naheliegenderen Lösung einer dezentralen Versorgung durch lokale Elektrizitätsproduzenten.[5] Die Prägung anhand politökonomischer Machtverteilung spiegelte sich auch in der deutschen Regelung wider, in der ab 1935 den Elektrizitätsproduzenten einerseits Gebietsmonopole zugesprochen wurden, die sie andererseits dazu verpflichteten, zu öffentlich bekannt gegebenen Tarifen jeden Abnehmer zu versorgen, solange dies wirtschaftlich vertretbar war (§ 6(1) EnWG 1935/78). In

---

[5] „Naheliegend" ist eine dezentrale Versorgung insofern, als sie geringere Erzeugungskapazitäten und kleinere Verteilernetze erfordert; aus der Perspektive einer Profitorientierung gilt dies freilich nicht.

anderen Worten, der Elektrizitätsmarkt war nicht in eine Marktwirtschaft eingebettet, da keine selbstregulierende Dynamik durch volatile Preisbildung vorgesehen war (Polanyi 1978, S. 71–101). Als Energieversorgungsunternehmen galt nach EnWG 1935/78 jedes Energie produzierende Unternehmen, das mehr als nur die Eigenversorgung betrieb. Diese Unternehmen unterlagen ministerieller Aufsicht und mussten nach § 4(1) EnWG 1935/78 „vor dem Bau, der Erneuerung, der Erweiterung oder der Stillegung" die Genehmigung einholen, indem sie beabsichtigte Änderungen anzeigten. Dem Ministerium stand die Beanstandung aus Gründen des Gemeinwohls zu. Damit waren ökonomische Maßnahmen, die der Gewinnsteigerung dienten, durch die Bedingung der Gewährleistung von Versorgungssicherheit zu einem öffentlich legitimierbaren Preis eingeschränkt. Hierzu ist von Bedeutung, dass der Minister nach § 3 „jede Auskunft über die technischen und wirtschaftlichen Verhältnisse verlangen" konnte, und ein Betriebsgeheimnis also nicht bestand, wodurch auch Konkurrenz zum Beispiel durch technologische Neuentwicklungen ausgeschlossen war. Zudem wurden Unternehmen mit einer Nennleistung von mehr als 100 MW gesetzlich verpflichtet, stets genügend Ressourcen zur Elektrizitätsproduktion für den kommenden Monat vorrätig zu halten (§ 14 EnWG 1935/78). Die Aufnahme der Energieproduktion für Dritte war nach § 5(1) EnWG 1935/78 genehmigungspflichtig, und die Absicht zur Selbstversorgung war gemäß § 5(2) EnWG gegenüber dem Gebietsmonopolisten anzeigepflichtig. Zusammenfassend heißt das, dass es sich bei der Elektrizitätsproduktion, -weiterleitung und -versorgung nicht um ein Geschäft handelte, das frei aufgenommen werden konnte, dessen Durchführung an die Erfüllung von Mindeststandards gebunden war, dessen grundlegende Managemententscheidungen der Genehmigung bedurften, und dem keine freie Kundenwahl zustand. Stattdessen wurde ein wachsender Markt unter den bereits bestehenden Elektrizitätsproduzenten und -lieferanten aufgeteilt. Zudem war die Entscheidung, dem Markt nicht als Kunde beizutreten, indem Selbstversorgung betrieben wurde, keine private, sondern musste der Marktaufsicht gemeldet werden.

Die Auswirkungen der Reformen des Energiewirtschaftsgesetzes von 1998 und 2005 und deren Misserfolg sind nur verständlich aus der Versorgungsstruktur, die sich aus dem EnWG 1935/78 ergab. Die tätigen Produktionsunternehmen benötigten gute und regelmäßige Beziehungen zur politischen Exekutive, um das Management ihres Geschäfts betreiben zu können. Auch hoher Kapitaleinsatz war erforderlich, da ständig über den existierenden Bedarf für eine nur eingeschränkt vorhersehbare Zukunft vorgesorgt werden musste. Für Kunden galt, dass die Selbstversorgung mit einem Verzicht auf Belieferung durch den Markt verknüpft war, da § 6 EnWG 1935/78 die Klausel enthielt, dass mit der Errichtung eigener

Produktionsanlagen das Recht erlosch, sich „auf die Allgemeine Anschluss- und Versorgungspflicht nach Abs. 1 [zu] berufen". Die Konsequenz dieser Regelung war die räumlich zugeordnete, verpflichtende Elektrizitätsversorgung durch ein vorgegebenes Unternehmen unter den beiden Ausnahmen, dass „wirtschaftliche Gründe" vorlagen oder eine Selbstversorgung aufgenommen, aber nicht angezeigt worden war (§ 6(2) EnWG 1935/78). Die technische Entwicklung und die Preisgestaltung wurden politisch kontrolliert. Faktisch bestand das Ergebnis der Regelung in der Existenz weniger großer, vertikal integrierter Unternehmen, die von der Energieproduktion über den Transport und die Versorgung bis hin zur Vorgabe für die technischen Details der Elektrizitätsnutzung alle Marktoperationen gestalteten. Durch die gleichzeitige Verpflichtung zur Versorgungssicherheit und zur preisgünstigen Versorgung mit öffentlich angezeigten Tarifen war die Bildung solcher Konzerne politisch nahegelegt; die einzige Alternative bestand in räumlich begrenzten Lokalversorgen, die den zusätzlichen Bedarf von Großerzeugern einkauften. Am Vorabend der politisch intendierten Marktliberalisierung dominierten vier Großkonzerne den Elektrizitätsmarkt, und zwar die 1989 aus vier baden-württembergischen Gebietsmonopolisten hervorgegangene EnBW, die westdeutsche RWE, die ehemals preußisch dominierte VEBA, und die VEAG, die 1990 das ostdeutsche Elektrizitätsnetz von der Treuhandanstalt übernommen hatte.

Dies änderte sich durch die EG-Richtlinie zum Elektrizitätsbinnenmarkt von 1996. Die Auslegung und Intention dieser Richtlinie wurde bestimmt von der normativen Vorgabe aus der Präambel des Vertrags zur Gründung der Europäischen Gemeinschaft (EG-Vertrag, seit 1. Dezember 2009: Vertrag über die Arbeitsweise der Europäischen Union, AEUV). Dort ist feierlich erklärt, „daß zur Beseitigung der bestehenden Hindernisse ein einverständliches Vorgehen notwendig ist, um eine beständige Wirtschaftsausweitung ... und einen redlichen Wettbewerb zu gewährleisten". Ökonomisches Wachstum der Wirtschaft, sowie der freie Wettbewerb aller im Angebot von Waren und Dienstleistungen wurden für den bundesdeutschen Elektrizitätsmarkt umgesetzt mit der Erweiterung der Zielliste des Energiewirtschaftsgesetzes. 1998 war bereits die Umweltverträglichkeit zur Versorgungssicherheit und Preisgünstigkeit addiert worden, und 2005 folgte die „verbraucherfreundliche, effiziente und ... leitungsgebundene Versorgung der Allgemeinheit mit Elektrizität" (§ 1 EnWG 2005). Zentral wurde die Unterscheidung von Energieproduzenten, Elektrizitätsversorgernetzen, Elektrizitätsverteilernetzen und Versorgungsunternehmen, wobei letztere für den Vertragsabschluss mit Verbrauchern zuständig waren.

Energieversorgungsunternehmen waren von nun an zur Erfüllung des gesetzlichen Zwecks verpflichtet, das vor allem hinsichtlich der Umweltverträglichkeit durch Nutzung erneuerbarer Energien und von Kraft-Wärme-Kopplung spezifiziert wurde (§ 2 EnWG 2005). Ansonsten handelte es sich nun aber um ein frei zugängliches Geschäftsfeld. Da die Versorgungssicherheit weiterhin zentrales Anliegen des Gesetzes war, blieb es bei der Genehmigungspflicht für Energieversorgungsnetze, allerdings unter der Umkehrung der Versagungsmöglichkeiten. Hatte zuvor der Nachweis von „Gemeinwohl" zur Beanstandung einer unternehmerischen Initiative ausgereicht, war nun der Nachweis erforderlich, dass interessierte Unternehmen oder intendierte Maßnahmen die Versorgungssicherheit nicht gewährleisten konnten (§ 4(2) EnWG 2005). Damit konnten neue Anbieter den Markt betreten, sofern ihnen nicht nachweislich unterstellt werden konnte, dass sie zu einer Versorgung nicht in der Lage waren.

Die Umsetzung des neu eingeführten Wettbewerbs auf dem Elektrizitätsmarkt wird nun in den von politischen und ökonomischen Akteuren gemeinsam geschaffenen Strukturen, in denen Konsumenten den Anbieterwechsel vollziehen sollen, weitergehend beobachtet.

2   Von der Motivation zur Anbieterwahl

In diesem Abschnitt wird der Anbieterwechsel an einem Webportal experimentell vollzogen. Da es sich um ein in identischer Form an allen an das WWW (World Wide Web) angeschlossenen Interfaces verfügbares Verfahren handelt, kann die durchgeführte empirische Untersuchung als räumlich verteile Ethnografie (Marcus 1995) verstanden werden. Da die interne Konstruktion von Webportalen genauso der permanenten Änderung unterliegen, wie die Angebote der Energieversorgungsunternehmen, ist eine gleichartige Wiederholung der im Mai 2015 durchgeführten Untersuchung nicht möglich. Vermutlich bewegen sich Änderungen aber in einem derart marginalen Bereich, dass sich die hier herausgearbeitete Grundstruktur in einer Wiederholung des Experiments bestätigen ließe.

Um den Anbieterwechsel von Elektrizitätskunden zu befördern, hat die Bundesregierung das „Projekt Energieanbieterinformation" ins Leben gerufen, das zunächst bis 2016 gefördert wird und im WWW Informationen über Energieanbieter sowie den Bedingungen und Optionen des Anbieterwechsels bereit hält. Außerhalb des WWW bleiben den an Anbieterwechsel interessierten Kunden nur wenige Möglichkeiten. Entweder suchen sie eine der bundesweit knapp über 200 Verbraucherzentralen auf – die sich insbesondere in ländlichen Regionen häufig nicht finden lassen – oder sie greifen auf die Printmedien der traditionellen Verbraucherberatung wie etwa der Stiftung Warentest zurück. Da in Verbraucherzentralen in der Regel auch nur Webportale durch die Berater bedient werden, und

Verbraucherinformationszeitschriften zur Einsicht aktueller Angebote auf Webseiten verweisen, stellt dies in aller Regel auch keine Abweichung von dem hier untersuchten Weg dar. Allein Beratung und Abschluss per Telefon oder durch Aufsuchen der Kundenzentrale eines Energieversorgungsunternehmens würden signifikant anders verlaufen.

Im Experiment wurden zunächst Vergleichsportale im WWW aufgesucht. Dieser Schritt war unweigerlich, denn es gab 2015 etwa 1100 aktive Elektrizitätsversorgungsunternehmen, die meist nur regional eingeschränkt aktiv waren. Ohne Vergleichsportal konnten sich Käuferin und Verkäuferin also kaum finden. Der experimentelle Test bei acht Vergleichsportalen entbarg eine hinter vorgespiegelter Einfachheit verborgene Komplexität. Beispielsweise war die Umsetzung der Empfehlung von Verbraucherberatungen, auf verschiedenen Webportalen mit den jeweils gleichen Kriterien zu suchen, nicht ohne weiteres möglich. Die Anzahl der möglichen Suchkriterien schwankte zwischen fünf und vierzehn. Auch blieb oft unklar, ob sich hinter ähnlich lautenden Suchoptionen auch tatsächlich identische Suchkriterien verbargen. Der Nutzerin bot sich hier die Wahl zwischen einer Eingrenzung von Suchoptionen, ohne dabei kontrollieren zu können, welche Angebote sie dadurch systematisch ausschloss, oder den Verzicht auf eine solche Eingrenzung mit der Folge von bis zu 94 Suchergebnissen am lokalen Standort.

Zudem handelte es sich bei den Vergleichsportalen selbst um Marktakteure, die in Konkurrenz zueinander standen. Manche Versorgungsunternehmen zahlten den Vergleichsportalen eine Provision für vermittelte Abschlüsse. Da die meisten sich über Werbeeinnahmen auf ihren Webseiten finanzierten, hing ihr ökonomischer Erfolg davon ab, möglichst viele Interessenten anzuziehen. Die dafür verwendeten Werbebotschaften verzerrten nicht selten die Informationen über den Preisvergleich; sie reichten von Gewinnspielen, zusätzlichen Boni (die vom Portal und nicht vom Elektrizitätsversorgungsunternehmen stammten) und kostenlosen Zeitschriften-Abonnements bis zu Countdown-Uhren, die dem ausgeworfenen Tarif eine Restdauer von weniger als sieben Stunden gaben und den Suchenden damit unter Handlungsdruck setzten. Diese Countdowns waren zumeist fiktiv, das heißt das Angebot bestand auch hinterher noch, was für die Suchenden aber nicht ersichtlich war. Besonders unklar waren wiederholt auftauchende Exklusivangebote, die nur über das gewählte Vergleichsportal abschließbar waren. Zusätzlich gab es auch Meta-Vergleichsportale, die offenbar andere Vergleichsportale auswerteten und dorthin weiterleiteten.

Hinsichtlich der Energiewende waren die sogenannten Ökostrom-Zertifikate, die nachhaltig produzierte Elektrizität signalisieren sollten, von Bedeutung. Der experimentelle Besuch bei Vergleichsportalen offenbarte, dass dort zwischen sechs und neun verschiedene Ökostrom-Zertifikate verwendet wurden. Schon wenige Beispiele mögen die disparaten Maßstäbe dieser Zertifizierungen verdeutlichen. Das „OK-Power-Label" wurde von einem eingetragenen Verein vergeben, der von Umweltverbänden und einer Verbraucherzentrale gegründet worden war. Das „Grüner Strom Label" wurde ebenfalls von einem Verein vergeben, und zur Erläuterung hieß es bei http://www.check24.de: „Die Label des GSL e. V. sind in Deutschland die einzigen Gütesiegel für Ökostrom und Biogas, die von führenden Umweltverbänden getragen werden." Das widersprach jedoch den Angaben zum „OK-Power-Label", welches unter anderem von WWF Deutschland – einem anerkannten Umweltverband – getragen wurde. Nicht von allen Portalen geführt wurde das „KlimaInvest"-Siegel, das von der Aquila Group ins Leben gerufen worden war, einem Asset Management und Investment Unternehmen, bei dem umweltverträgliche Nachhaltigkeit ganz offen als wichtige Marketingkomponente gehandelt wurde. Deshalb bot das Unternehmen so genannte „CO_2-Minderungszertifikate" zum Verkauf an. Die Produzenten erwarben auf diesem Weg unabhängig von ihrer Produktionsweise ein Umweltverträglichkeits-Gütesiegel und KlimaInvest verwendete das Geld zur Unterstützung von marktwirtschaftlich operierenden Klimaschutzprojekten. Dieses Siegel wurde, wie gesagt, nur von einigen Portalen verwendet, verdeutlicht aber die Breite des Spektrums von sogenannten „Ökostrom"-Siegeln und enthüllte dabei aufkommende Orientierungsunsicherheiten. Von allen Portalen geführt wurde das „RECS" (Renewable Energy Certificate System), das explizit zwischen „physisch geliefertem Strom und den Umweltvorteilen" (http://www.check24.de) trennte, also ebenfalls gestattete, Elektrizität aus Atomkraft und Kohle als umweltverträglich zu deklarieren, sofern die entsprechenden Zertifikate käuflich erworben worden waren. Von eindeutigen Hinweisen auf den tatsächlichen umweltverträglichen Gehalt eines Siegels oder Warnungen vor Täuschungen enthielten sich alle besuchten Vergleichsportale gleichermaßen. Der interessierte Verbraucher erhielt also von den regierungsoffiziell empfohlenen Vergleichsportalen keine sachdienlichen Hinweise, sondern musste hierzu in eigener Initiative weitergehend recherchieren.

Bemerkenswert war die Unterschiedlichkeit der angebotenen Folgeschritte nach einer ersten Suchauswahl in der Webmaske. Neben den Angeboten, die entweder zuerst den Preis und die Ersparnis darunter auszeichneten, teilweise aber auch der Ersparnis Priorität gegenüber dem Preis gaben, befanden sich Schaltflächen, die mit „weiter", „Info", „zum Tarif", „Mehr zum Tarif", in einem Fall aber auch mit „Vertrag abschliessen" [sic] beschriftet waren.

Ein Charakteristikum des Online-Vertragsabschlusses bestand in der Sprachlosigkeit der Kommunikationssituation. Die Situation wurde als ein Kollektiv gedeutet, indem mehrere die Situation figurierende Akteure wirkten (Latour 2007, S. 71). Diese Situation war ganz wesentlich durch die illusorische Möglichkeit gekennzeichnet, dass die Kundin sich als einzige, oder doch zumindest als die einzige die Situation steuernde Akteurin wahrnehmen konnte. Das Webportal reagiert scheinbar wie ein Objekt. Tatsächlich handelt es sich jedoch um einen Knotenpunkt in einem Netzwerk von heterogenen Akteuren (Latour 2007, S. 166), und Computerprogramme und Datenbanken agieren in unbeobachtbarer Form hinter der Monitoroberfläche (Luhmann 1998, S. 309–10). Die Person, die sich als steuernd wahrnehmen mag, wird in diesem Netzwerk wiederholt zu einer kalkulierenden Akteurin (Muniesa et al. 2007, S. 5). Dies geschieht, indem ihr eine bestimmte Anordnung von Objekten der Welt als hierarchisierte Auswahl zur Verfügung gestellt wird, und die Fortsetzung der Kommunikation von der Tätigung einer Auswahl, das heißt vom Ausschluss der Alternativen, abhängig gemacht wird (Callon 1998a).

Als erstes Beispiel des experimentellen Versorgungsanbieterwechsels wird der Marktführer zum Zeitpunkt der Studie gewählt, http://www.check24.de. Das Portal bietet den Preisvergleich in sechs Kategorien, deren dritte „Strom & Gas" bildet. Gegründet wurde das Unternehmen im Jahre 1999 zur Vermittlung von Kfz-Versicherungen. Im Laufe der Jahre ergänzten Einnahmen aus der Werbung auf der Webseite die Provisionen, die durch die Vermittlung von Versicherungspolicen erzielt wurden. Ein diesbezüglicher Rechtsstreit aus dem Jahre 2011 offenbarte das grundsätzliche Problem kommerziell betriebener Vergleichsportale. Die Auseinandersetzung mit einem Konkurrenten führte im Ergebnis dazu, dass zwei Anbieter jeweils exklusiv nur noch bei einem der Konkurrenten in die Angebotsermittlung einbezogen wurden. So war der Nutzerin auf der Webseite im Bereich der Kfz-Versicherungen nicht ohne weiteres ersichtlich, dass die HUK Coburg nicht in der Grundgesamtheit der Angebote enthalten war, der große Konkurrent Allsecur aber schon. Im unteren Bereich der jeweiligen Wahlseite wurden die einbezogenen Anbieter alphabetisch mit Firmenlogo eingeblendet. Was in der Kfz-Versicherung noch überschaubar blieb, betraf im Elektrizitätsmarkt über 1000 Anbieter. In beiden Fällen machte die Auflistung der Anbieter jedoch nicht ersichtlich, welche potenziellen Anbieter ausgeschlossen wurden. Ohne ein Beispiel für einen solchen Ausschluss aus dem Elektrizitätsmarkt anführen zu können, muss festgestellt werden, dass bei allen kommerziellen Portalen opak blieb, ob alle verfügbaren Angebote auch tatsächlich durchsucht werden, und ob die Suchkriterien tatsächlich in gleicher Weise angewendet werden. Alle Anbieter warben mit „mehr als 1000 Anbietern", ohne jedoch eine konkrete Liste, oder eine transparente Auflistung der Auswahlverfahren anzubieten. In Fragen der ökonomischen oder politischen Diskriminierung blieb der Verbraucherin nur das Vertrauen.

In der gesuchten Kategorie standen der interessierten Nutzerin dann „Stromvergleich" und „Ökostromvergleich" als erste Wahloption zur Verfügung. Die jeweils gewählte Seite wurde mit „Stromvergleich beim Testsieger" bzw. „Ökostrom vergleichen beim Testsieger" eröffnet, rechts oben ein rotes, auffälliges Feld „TÜV Service Note *sehr gut*", das in einem anklickbaren Informationsfeld die weitergehende Information bot: „Der Service von CHECK24 wurde im TÜV Service Test 2014 zum dritten Mal in Folge mit der Bestnote *sehr gut* ausgezeichnet." Auch dieses Portal bewarb, dass mehr als eintausend Versorgungsunternehmen durchsucht würden, und zwar mehr als 12.500 Tarife im „Stromvergleich" und über 8000 Tarife im „Ökostromvergleich". Im Experiment wurde im Sinne der Energiewende ein „Ökostrom"-Anbieter gesucht.

Erforderlich war nun die Eingabe der Postleitzahl der zukünftig mit Elektrizität zu versorgenden Lokalität. Dann konnte wahlweise eine Anzahl zwischen eins und sechs Personen im Haushalt gewählt werden, die automatisch mit einem Jahresverbrauch in Kilowattstunden kombiniert wurden, oder es konnte alternativ eine Kilowattstundenmenge eingegeben werden. In letzterem Fall änderte sich die Anzahl der Personen im Haushalt automatisch, was einen irritierenden Effekt hervorrufen konnte. So führte die experimentelle Wahl eines Zweipersonenhaushalts automatisch zur Wahl von 3500 kWh. Die Korrektur dieses Werts auf den Erfahrungswert von 2700 kWh änderte die obere Anzeige automatisch in einen Einpersonenhaushalt. Die erneute Korrektur zu einem Zweipersonenhaushalt bewirkte die Anpassung des Verbrauchs auf 3500 kWh. Da der Nutzerin nicht erläutert wurde, ob und welche Konsequenzen die Einstufung als Einpersonenhaushalt bzw. die Wahl einer zu groß bemessenen Elektrizitätsmenge im weiteren Verlauf der Anbieterwahl haben würde, ist dieser Automatismus mindestens störend und mag auch zum Abbruch der Wahl führen, da die Konsumentin den Eindruck gewinnen könnte, das von ihr gesuchte Produkt – nämlich einen Versorger für 2700 kWh in einem Zweipersonenhaushalt – nicht finden zu können.

Dann gab es Filtereinstellungen in drei Kategorien, die obligatorisch waren und daher eine Umsetzung der Empfehlung von Verbraucherzentralen, immer mit den gleichen Kriterien zu suchen, nicht ermöglichten. Das heißt, wie gesagt, dass man wählen *musste;* die Option, sie im weiteren Verlauf unberücksichtigt zu lassen, existierte technisch nicht. Die erste Kategorie hieß „Nutzung" und erforderte die Wahl zwischen „Privat" und „Gewerblich". Die zweite Kategorie hieß „Ökostromtarife" und bot die Wahlmöglichkeiten „Ja"/„Nein" und „Basis"/„Nachhaltig". Die erste Wahl war redundant, denn man hatte ja bereits die Wahl für „Ökostrom" getroffen. Die anklickbare Erläuterung war dennoch interessant: „Nur Ökostrom-Tarife / Es werden nur Ökostrom-Tarife angezeigt. Bei diesen Tarifen wird der Strom aus erneuerbaren Energiequellen bzw.

Kraft-Wärme-Kopplung produziert oder der Stromlieferant verpflichtet sich, für den CO_2-Ausstoß entsprechende Ausgleichsmaßnahmen durchzuführen (Klima-Tarife)". Wählte die Nutzerin „Nein", verschwand die Wahloption „Basis"/ „Nachhaltig". Anderenfalls wurde auch diese Option erläutert: „Nachhaltiger Ökostrom / Es werden nur Stromtarife angezeigt, die mit dem OK-Power-Label oder Grüner Strom Label ausgezeichnet sind oder deren Anbieter nachweisen kann, dass er in signifikantem Umfang in lokale Ökostromproduktion investiert." Hier wurde der Nutzerin offenbart, dass es offenkundig gravierende Unterschiede in der Kategorisierung des Präfixes „Öko" geben kann. Sie konnte diese Optionen hier in diesem Auswahlschritt hinein- oder herausfiltern und musste gegebenenfalls gewünschte genauere Klassifizierungen später wählen. Weitere Begriffserläuterungen, etwa was sich hinter dem „OK-Power-Label" verbarg, wurden unten auf der Seite durch ausführliche Erläuterungen zu den Themen „Ökostrom", „Ökostrom Vergleich beim Testsieger" und „Studien und Downloads" geliefert, jedoch wurden dort nicht alle in der Kurzinformation verwendeten Begriffe erläutert. Diese erforderten also eigene Initiative der Nutzerin, in dem sie weiteren Links unten auf der Seite folgte, das heißt, indem sie die Auswahlseite verließ. Dort fand sich dann allerdings unter anderem eine Seite mit ausführlicher Beschreibung von neun „Ökostrom"-Siegeln.

Zurück im eigentlichen Auswahlprozess, wurde eine dritte Kategorie der Optionen vom „Bonus" gebildet, zunächst mit einer „Ja"/„Nein"-Wahlmöglichkeit, die wie folgt erläutert wurde: „Bonus / Viele Anbieter geben im ersten Jahr einmalige Boni. Dabei kann es sich sowohl um einen Neukundenbonus als auch um einen Sofortbonus handeln. Wenn Sie dieses Feld nicht abwählen, werden die entsprechenden Boni von den Kosten des ersten Jahres abgezogen, da es sich um einen geldwerten Vorteil handelt. Wählen Sie dieses Feld ab, werden einmalige Boni nicht berücksichtigt." Bei Auswahl von „Nein" verschwanden die drei weiteren Wahlmöglichkeiten wieder, die ansonsten eine Spezifizierung mit Ja/ Nein-Wahl ermöglichten hinsichtlich „Neukundenbonus bis max. 15 %", „Nur Sofortbonus" und „Alle Boni". Wie bereits beim vorhergehenden Kriterium wurden der Nutzerin weitere Wahlmöglichkeiten offenbart, jedoch nicht weiter erläutert. Das heißt, der ökonomische Effekt einer vorübergehenden Preissenkung durch die Einbeziehung von Boni in die nachfolgende Tarif-Filterung wurde nicht erläutert und musste der Nutzerin aus anderer Quelle bekannt sein. Auch blieb unerklärt, warum der Neukundenbonus eine Begrenzung bis maximal 15 % hat. Es wurden keine Informationsmöglichkeiten auf der Seite selbst geboten, für die interessierte Kundin wäre ein Verlassen des Portals nötig gewesen.

Im Experiment wurde „Ökostromvergleich" statt „Stromvergleich" gewählt, doch an dieser Stelle des Experiments stach ins Auge, dass der „Ökostrom"-Vergleich keine weiteren Wahloptionen bot, im Gegensatz zum „Stromvergleich", der im selben Schritt individuelle Angaben zur zeitlichen Staffelung der Zahlweise, zur Dauer einer Preisgarantie, zu Laufzeit, Kündigungsfrist und Vertragsverlängerung ermöglichte, sowie die Auswahlmöglichkeiten für Mengenpakete und Tarife mit oder ohne Weiterempfehlung anderer Kunden oder „gemäß der Richtlinien" bot. Die Richtlinien wurden als Verbraucherschutz erläutert: „Verbraucherschutz-Richtlinien von CHECK24 / Einzelne Tarife erfüllen die Ansprüche an den Verbraucherschutz nicht, die CHECK24 als notwendig ansieht. Wenn diese Option aktiviert ist, werden Ihnen derartige Angebote in der Ergebnisliste nicht angezeigt." Viele dieser Optionen könnten einer auf Kostenersparnis fokussierten Nutzerin durchaus entscheidend erscheinen, und die Auslassung dieser Wahlmöglichkeiten beim „Ökostromvergleich" war sehr irritierend, zumal es beim „Stromvergleich" auch die Wahloptionen „Nur Ökostrom" mit den oben geschilderten Verfeinerungen gab. Das heißt, dass die Wahlmöglichkeiten für umweltverträgliche Elektrizität beim „Stromvergleich" umfangreicher waren als beim „Ökostromvergleich", was täuschend wirkte.

Noch bevor eine Auswahl von Elektrizitätsangeboten überhaupt angezeigt wurde, sah sich die Nutzerin also großer Komplexität und einigen irritierenden Optionen und Auslassungen gegenüber. Doch nun wurde die Schaltfläche „vergleichen" betätigt. Daraufhin erschien eine Liste mit den gewählten Optionen Postleitzahl, Verbrauch (wieder automatisch gekoppelt mit der Personenzahl im Haushalt) und den anderen erläuterten Möglichkeiten. Zusätzlich erschienen zwei neue: Im oberen Seitenbereich konnte gewählt werden zwischen „Individuelle Einstellungen max. 436 Tarife" und „Empfohlene Einstellungen 67 von 436 Tarifen". Die erste Option wurde über Betätigung einer Schaltfläche erläutert: „Individuelle Einstellungen / Bei den individuellen Einstellungen können Sie die Filtereinstellungen des Rechners nach Ihren Wünschen anpassen./Wünschen Sie beispielsweise eine längere Preisgarantie? Dann stellen Sie den Filter *Preisgarantie* auf *mind. 24 Monate.*" „Empfohlene Einstellungen" wurde folgendermaßen erklärt: „Mit den empfohlenen Einstellungen schlagen wir Ihnen Filtereinstellungen für die Benutzung des Stromvergleichsrechners vor, die wir für sinnvoll erachten. So sind hier Kriterien voreingestellt wie eine monatliche Zahlweise, keine Paket- und Kautionstarife, eine Laufzeit von höchstens einem Jahr, während der Sie durch eine mindestens ebenso lange Preisgarantie vor Preiserhöhungen geschützt sind. Außerdem werden mit diesen Einstellungen nur Tarife angezeigt, die den CHECK24-Richtlinien für Verbraucherschutz entsprechen und deren Anbieter von den CHECK24-Kunden weiterempfohlen werden. / Unabhängig von unseren empfohlenen Filtereinstellungen können Sie je nach Wunsch die Suche auf Ökostromtarife beschränken oder Neukundenboni nicht in den Gesamtpreis für das erste Jahr miteinberechnen [sic] lassen."

Also wurde im Experiment unter Abwahl von preisverzerrenden Boni der „Ökostromvergleich" vollzogen. Das erste Angebot war doppelt ausgezeichnet mit „TOP Öko" und „Anzeige: Nur bei CHECK24". Letzteres legte den Verdacht von Provisionszahlungen des Anbieterunternehmens an das Vergleichsportal nahe. Unklar war die Bedeutung von „TOP Öko". Darunter fand sich das OK-Power-Label, welches man sich über eine weitere Informationsfläche erläutern lassen konnte: „OK Power-Zertifikat / Gemeinsames Öko-Label von WWF Deutschland, Ökoinstitut e. V. und der Verbraucherzentrale NRW. Stromprodukte, die mit dem OK-Power-Label ausgezeichnet wurden, garantieren einen *zusätzlichen Umweltnutzen.*" Dem Wunsch nach einem umweltfreundlichen Lieferanten wurde also Rechnung getragen.[6] Allerdings war das Label auch bei nachrangig gelisteten Anbietern angebracht. Für die Zusatzauszeichnung „TOP Öko" fand sich keine rationale Erklärung, und mehrere Versuche ergaben, dass diese Auszeichnung stets nur bei Exklusivangeboten des Portals angebracht war. Ebenfalls exklusiv war bei diesem Angebot der markierte „155 € Sofortbonus", obwohl doch alle Boni explizit abgewählt worden waren.

Vor allem überraschte dann aber die Listung als erstgenanntes Angebot auf der Webseite, weil das zweitplatzierte Angebot weniger kostete. Erst genaueres Hinsehen offenbarte, dass das Ranking erst mit dem zweiten Angebot begann. Das visuell zuerst platzierte Angebot gehörte gar nicht zum Vergleichsangebot, sondern war als Werbetrick des Portals gelistet, allerdings in einer Form, in der es optisch zunächst nicht zu unterscheiden war. Diese Listung durch das Vergleichsportal war täuschend.

Mit der Verwendung der Schaltfläche „weiter" bekam der Nutzer die Auswahl, sich das Angebot per E-Mail, PDF-Download und Post zusenden zu lassen, oder

---

[6]Auf der Seite mit Erläuterungen zu den Umweltzertifikaten wurde dieser Nutzen weiter erläutert: „Das heißt der Bezug des zertifizierten Ökostromtarifes führt zum Ausbau erneuerbarer Energien. Der Ökostromanbieter muss den Neubau von Kraftwerken auf der Basis erneuerbarer Energien oder effizienter gasbetriebener Kraft-Wärme-Kopplung aktiv fördern. Mindestens ein Drittel des Ökostroms muss in Anlagen erzeugt werden, die nicht älter als sechs Jahre sind. Ein weiteres Drittel der Kraftwerke darf nicht älter als zwölf Jahre sein. Das Zertifikat ist darauf ausgelegt, dass nur Anlagen finanziert werden, die nicht bereits durch das EEG gefördert sind. So werden Doppelförderungen vermieden und der Ausbau neuer Anlagen wird vorangetrieben. Darüber hinaus gelten weitere Anforderungen an die Umweltverträglichkeit der regenerativen Kraftwerke. So dürfen beispielsweise Windkraftanlagen nicht in Naturschutzgebieten liegen. Auch Strom aus Deponiegas wird ausgeschlossen, da hier Schadstoffe freigesetzt werden."

den Wechsel online zu vollziehen, wobei letztgenannte Option vorausgewählt war. Unter den Tarifdetails wurde neben einer Aufschlüsselung der Kosten auch eine „A[llgemeine] G[eschäfts] B[edingungen]-Bewertung" angeboten, in dem die bestplatzierten Angebote allesamt mit viereinhalb von fünf möglichen Sternen ausgezeichnet waren Darunter konnten alle AGB bequem mit einer Schaltfläche als PDF auf den eigenen Computer herunter geladen werden. Allerdings boten sie im empfohlenen Angebot zwei Seiten buchstäblich Kleingedrucktes, die durch zwei weitere Seiten „Anlage Preise für susiÖkostrom [sic] fix" ergänzt waren.

Statt diesem Pfad auf dem Portal des Marktsiegers zu folgen, wurde ein optisch und vom Verfahren anders funktionierendes Vergleichsportal aufgesucht. Es war ebenfalls von hohem Bekanntheitsgrad, verzichtete aber auf Werbung. Das Interessanteste am Portal http://www.hauspilot.de war jedoch, dass es eine automatisierte Komplexitätsreduktion beinhaltete. Die ausgewählten Vergleichs-angebote waren hier direkt mit der Schaltfläche „Vertrag abschliessen [sic]" versehen. Das Portal befand sich im Mai 2015 in einer Umbauphase. Die Ziel-setzung, aus einem Vergleichsportal ein Serviceportal zu machen, war jedoch gut erkennbar. Das Seitenlayout war überdurchschnittlich aufgeräumt. Wenige und gesetzte Farben, keine zusätzlichen Werbebanner oder Verweisangebote unter-stützten den Eindruck der Schaltfläche, dass es in diesem Portal zum schnörkel-losen Vertragsabschluss ging. Die Signalflächen oben auf der Seite kündigten fünf Schritte bis zum „Abschluss" des Vertrages an: „Servicepauschale", „Lie-feranschrift", „Anschlussdaten", „Option Tarif-Lotse" und „Bankdaten". Der Eindruck der Zielstrebigkeit des Vorgangs wurde durch die erste Information zum Vertragsabschluss im Schritt 2 bestätigt, der die Berechnung einer Service-pauschale von insgesamt 17 EUR im Zuge des Vorgangs bekannt gab; diese sei bei der vorhergehenden Ausweisung des Preises bereits einkalkuliert gewesen. Im dritten Arbeitsschritt wurden Lieferadresse, Kontaktdaten sowie die optional abweichende Rechnungsanschrift eingefordert. Der Begriff „Lieferadresse" ver-stärkte den Eindruck, das hier die Schwelle von informierender zu interagierender Kommunikation überschritten wurde, und dass die Fortsetzung der Kommuni-kation folgenreich sein würde. Bei den Kontaktdaten war eine E-Mail-Adresse obligatorisch, d. h. ein Vertragsabschluss ohne Anbindung an das Internet war nicht möglich. Unter den Anschlussdaten konnte nach der Optionswahl zwischen „Wechsel", „Umzug" oder „Neueinzug" ein erster Liefertermin bestimmt wer-den. Der bisherige Versorger musste aus einer Liste gewählt werden. Kunden-nummer, Kündigungsfrist in Wochen und Kündigungsdatum forderten an dieser Stelle die Auseinandersetzung mit den Vertragsverhältnissen der bestehenden Geschäftsbeziehung. Die Angabe eines Kündigungsdatums vermittelte zudem die Information, dass eine bestehende vertragliche Bindung aufgelöst würde, also dass der Kunde *jemandem kündigt*. Die Angabe einer Frist verwies darauf, dass dies nicht umstands- und bedingungslos möglich sei, und es sich hiermit um Interaktionsverhältnisse handelte, die *binden* und sich *über die Zeit erstrecken*. Zur bisherigen Kundennummer erklärte eine Informationsfläche die Unverzichtbarkeit der Information. Dann zeigte ein Feld die Angabe des Jahresverbrauchs in Kilowattstunden, die auf der Suchseite des Vergleichsportals eingegeben worden war und eine weitere Informationsfläche schränkte die Gültigkeit des Angebots auf die hier eingetragene Zahl ein, wies aber auf die Option der Änderung im nächsten Schritt hin. Weiters wurde die Angabe einer Zählernummer verlangt, und damit erstmals die Verbindung zur eigenen Wohnung hergestellt: Im vorliegenden Vorgang handelte es sich nicht um eine reine Sozialbeziehung, denn sie veränderte Bedingungen in der materialen Umwelt der Akteurin. Die von ihr vollzogene Aktion, die an einer Tastatur und vor einem Bildschirm stattfand, bezog nicht nur andere Zeiten und andere Sozialverhältnisse mit ein, sondern würde einen Effekt auf die dinghaften Verhältnisse haben, in die sie dauerhaft eingebettet ist. Dies wurde klar durch die Aufforderung einer Informationsfläche, die Nummer des heimischen Elektrizitätszählers abzulesen, d. h. den Computer vorübergehend zu verlassen.

Hinzugefügt werden musste ein Ablesedatum und der Zählerstand. Am letztgenannten Punkt tauchte erstmals ein Paragrafensymbol auf, dass auf die Rechtsordnung verwies: „Nur Eintarifzähler oder elektronischer Zähler nach § 21b EnWG" hieß es dort. Sollte die Kundin diesem Pfad folgen, würde sie mit dem aus vier Absätzen bestehenden Gesetzesabschnitt zum „Messstellenbetrieb" konfrontiert, dessen Komplexität hier nur angedeutet werden kann. Satz 1 von § 21b(1) EnWG2005 unterrichtete die Kundin dann, dass eigentlich der Betreiber des Energieversorgungsnetzes für den Betrieb der Messstelle (häufig und auch hier im weiteren „Zähler" genannt) verantwortlich ist, ihr durch Absatz 2 jedoch eine Wahlalternative eröffnet wird:

> Auf Wunsch des betroffenen Anschlussnutzers kann anstelle des nach Absatz 1 verpflichteten Netzbetreibers von einem Dritten der Messstellenbetrieb durchgeführt werden, wenn der einwandfreie und den eichrechtlichen Vorschriften entsprechende Messstellenbetrieb, zu dem auch die Messung und Übermittlung der Daten an die berechtigten Marktteilnehmer gehört, durch den Dritten gewährleistet ist, sodass eine fristgerechte und vollständige Abrechnung möglich ist, und wenn die Voraussetzungen nach Absatz 4 Satz 2 Nummer 2 vorliegen.

Und dort heißt es weiter: „Der Messstellenbetreiber hat einen Anspruch auf den Einbau von in seinem Eigentum stehenden Messeinrichtungen oder

Messsystemen. Beide müssen den von dem Netzbetreiber einheitlich für sein Netzgebiet vorgesehenen technischen Mindestanforderungen und Mindestanforderungen in Bezug auf Datenumfang und Datenqualität genügen."

Die Verfolgung dieses Pfades ist deshalb von Bedeutung, weil die zum Anbieterwechsel motivierte Elektrizitätskundin hier mit einer weiteren Auswahlmöglichkeit konfrontiert wird, die weitere Akteure ins Spiel bringt. Denn sie hat nicht nur die Auswahl, sondern befindet sich offenkundig in einem Netz, in dem neben Versorgungsbetrieben auch Betreiber von Elektrizitätsverteilernetzen aktiv sind (sie findet deren Unterscheidung in § 3 EnWG2005), des Weiteren eichrechtliche Vorschriften, Routinen der Datenübertragung zwischen verschiedenen Akteuren, sowie Standards, die Qualität und Umfang dieser Daten eingrenzen, sowie weitere Verpflichtungen zur Einhaltung von Fristen und Abrechnungen, die diese Elemente betreffen.

Eine reflektierte Betrachtung dieses kurzen Pfadabschnitts verdeutlicht, dass der Entschluss zum Wechsel eines Elektrizitätsanbieters als einzelne Veränderung inmitten eines großen und dynamischen Netzwerks stattfindet, indem Elektrizitätsnetze erstellt wurden und erhalten werden, in dem Messgeräte den Durchfluss von Elektrizität messen, und Daten über diesen Fluss gesammelt und weitergegeben werden. Dieses hinter dem Begriff der Infrastruktur verschwindende Kollektiv, bei Latour (2007, S. 128) *„assemblage"* genannt, wird von Organisationen, teilweise anderen Unternehmen der Elektrizitätsindustrie und teilweise öffentlichen Verwaltungseinheiten, in Gang gehalten. Und weiter eröffnet sich der Kundin, dass diese Verbindungen technologisch und juristisch *bestimmt* sind, womit freilich andere Akteure am Horizont der Szenerie auftauchen. Dieser Pfadabschnitt soll nicht weiter verfolgt werden. Aber zum einen macht er deutlich, dass die Wahlmöglichkeit zum Anbieterwechsel kein einzelner, von Individuen (oder einem Duo von Vertragspartnern) vollzogener isolierter Akt darstellt, sondern ein zwischenzeitliches Element in einem weitaus größeren und fluiden Netzwerk darstellt, und zum anderen, daraus schlussfolgernd, dass der Entschluss zu einem Wechsel ein Akt ist, der dieses Netzwerk *reaktualisiert* und fortsetzt. Die Bedingungen, unter denen die gegenwärtige Kundin von Elektrizitätsversorgern eine Wahl hat, das heißt, zu einer Akteurin *gemacht wird,* die *wählen kann,* sind Details einer sehr viel größeren Konstellation, die vor allem dafür sorgt, dass Gesetzgeber und Großkonzerne die Entwicklungsrichtung der Bedingungen bestimmen (Callon 1998a).

Zurück auf den Wechsel-Pfad des Webportals. Im dritten Schritt wurde der Kundin nun die kostenpflichtige „Option Tarif-Lotse" geboten, wobei es sich um einen „Vertragsmanagement-Service" handelte, in dem für 24,50 EUR pro Jahr die Auswahlmöglichkeiten im Auge behalten werden: „Dazu überwachen wir die Marktveränderungen und die Kündigungsfristen Ihrer Verträge. Bei Bedarf melden wir uns rechtzeitig mit konkreten Vorschlägen. Dabei machen wir Ihnen transparent, wie wir zu unseren Bewertungen kommen. Alle 6 Monate erhalten Sie einen Energiereport. Überzeugen Sie sich mit einem Blick, wie gut Sie gefahren sind, und ob es Handlungsbedarf gibt. Die Entscheidung bleibt immer bei Ihnen." Der Tarif-Lotse wird auf Erläuterungsseiten als Reaktion auf die Komplexität der Angebote beworben: „Was man nicht im Auge behält ist bald schon zu teuer." Interessanterweise wird hier also die neu gewonnene Wahlmöglichkeit der einzelnen Bürgerin, mit dem Europäische Union und Bundesregierung dessen Autonomie stärken wollten, sogleich wieder an ein dienstleistendes Unternehmen abgetreten und aufgegeben – angesichts der tatsächlichen Komplexität, die sich hinter der einfachen Fassade verbirgt, keineswegs irrational. Im Gegenteil, die Auslagerung der fortwährenden Beobachtung dieser Rationalität an einen Dienstleister scheint ein Schritt zur Wahrung der Rationalität (wenn auch nicht der Autonomie). Die zweite interessante Schlussfolgerung ist, dass es sich beim Wechsel des Elektrizitätsanbieters nicht um einen einmaligen Akt handelt, sondern die Kundin der Notwendigkeit einer permanenten Kalkulation ausgesetzt wird. Durch den Wechsel des Elektrizitätsanbieters wird eine Finanzialisierung des Alltagslebens der Kunden herbeigeführt (Heuer und Schraten 2015).

Anschließend sind lediglich die Angabe der Bankverbindung und die Erteilung einer Abbuchungsermächtigung nötig, um den Wechsel zu beauftragen. Hinter diesem Akt stehen freilich weitere Akteure bereit. Eine Bank wickelt nicht nur den Zahlungsverkehr ab, sondern kontrolliert auch die Deckung monatlicher Ausgaben und Einnahmen. Ihrerseits bindet sie die monetären Flüsse an andere Geldströme, die unter der sozialen Form der Person der jeweiligen Kundin zusammenlaufen.

Die Ermächtigung zur Abbuchung wiederum ist ein Rechtsakt, der gesetzlich verankert und geregelt ist. In der Abbuchungsermächtigung kreuzen sich die Rollen von Vertragsnehmer und Vertragsgeber. In der Buchung eines Elektrizitätsanbieters ist die Kundin Vertragsgeberin, erwartet also die Leistung. In der Erteilung der Abbuchungsermächtigung wird sie zur Leistungsbringerin. Aufseiten des Elektrizitätsanbieters verhält sich das umgekehrt und der Zirkel der wechselseitigen Verpflichtungen schließt sich unter Einbeziehung der Bank.

Das Gesamtangebot von hauspilot.de, im Unterschied zu check24.de, erspart in der vorliegenden Untersuchung, sich mit dem konkreten rechtlichen Umfeld des Anbieterwechsels auf dem Elektrizitätsmarkt auseinander zu setzen. Diese Lösung von http://www.hauspilot.de war elegant, weil sie den Weg in irritierend komplizierte Verhältnisse erspart – dem potenziellen Kunden genauso wie dieser Untersuchung.

Als abschließende Bemerkung ist für das Experiment noch von Bedeutung, dass die Aufforderung des Portals, den Zählerstand nicht von einer Rechnung, sondern vom Zähler selbst abzulesen, und im Zuge dessen auf die Wahlmöglichkeit bei der Zählerablesung hinzuweisen, die Aufmerksamkeit in jene Verhältnisse zurückführte, die vom Status vor dem Wettbewerb auf dem Elektrizitätsmarkt geprägt waren. Der Wechsel eines Elektrizitätsanbieters vollzieht sich in einem heterogenen Netz von vielschichtigen Netzwerken. Es betrifft die lokale Infrastruktur genauso, wie die vertraglichen Bindungen der Akteure zueinander, die sich in ihren Zeitrahmen überlappen und durchkreuzen.

Die vermittelte Idee, der Wechsel des Elektrizitätsversorgers sei einfach, ist eine Illusion.

3 Die mangelnde Steuerbarkeit eines rein marktwirtschaftlichen Verhaltens

Die empirische Untersuchung hat, auf der Grundlage historisch geronnener materieller, rechtlicher und ökonomischer Struktur, den sozialen Ort untersucht, an dem sich eine der Energiewende entsprechende Wahl des Elektrizitätsversorgers vollziehen soll. Die politische Modellierung dieses Prozesses zielt auf vereinfachte Idealannahmen ab, in der ein Anreiz zur Kostenersparnis bei Konsumenten die Motivation zum Anbieterwechsel auslösen soll. Dieser Wechsel soll als Vorgang einfach gemacht werden und dabei gewissermaßen eine Feinsteuerung der rationalen Entscheidung für eine ökologisch nachhaltige Anbieterwahl mit sich bringen.

Tatsächlich findet dieser Prozess jedoch in einem sehr komplexen Umfeld statt, und die Situation ist durch eine *assemblage* von materiellen, rechtlichen, ökonomischen und diskursiven Strängen strukturiert, die auf einem Webinterface als Marktapparat auftaucht. Die Illusion, eine Kundin befinde sich vor einer Trivialmaschine, die berechenbar reagiert, ließ sich im Experiment nicht aufrechterhalten.

Bereits die Startoberfläche der Webportals wurde von drei funktionalen Erfordernissen verzerrt: Zum einen mussten die Webseiten massenmediale Aufmerksamkeit erregen, was bei den meisten Vergleichsportalen durch überbordende Anreize und Versprechungen erreicht werden sollte. Zum zweiten mussten sie die funktionale Anforderung der Beratung durch Preisvergleich erfüllen, und die Analyse stieß hier zum ersten Mal auf den Konflikt autonome Kundenentscheidung fördernde Präzision und Entscheidungsanreiz liefernde Einfachheit, die zugunsten der Einfachheit aufgelöst wurde. Den Konsumenten blieb verborgen, wie vollständig und unbeeinflusst die zugrunde liegende Anbieterauswahl verlief. Schließlich sind die Webportale auch Dienstleister für die Elektrizitätsversorger und konnten sich der ökonomischen Einflussnahme offensichtlich nicht immer entziehen. Ob durch optisch täuschende Platzierung von Angeboten oder die Offerte eines eigentlich als Suchoption ausgeschlossenen Bonus, die ökonomische Macht der Elektrizitätsversorger gewann tendenziell die Oberhand über das auf diesbezügliche Neutralität angewiesene Beratungsvorhaben der Webportale.

Im weiteren Verlauf experimentell durchgeführter Entscheidungsprozeduren, die das Ziel verfolgten, das allgemein gültige Dispositiv zu skizzieren, dem wechselwillige Kunden ausgesetzt sind, wiederholte sich die Erfahrung der zugunsten der Einfachheit in den Hintergrund gedrängten Komplexität. Dennoch brachen sich jene diskursiven Stränge, die Kunden insbesondere in die Netze von vertraglichen Bindungen und monetären Zahlungsströmen einarbeiten, immer wieder Bahn. Der Informationsverlust des standardisierten Vertragsabschlusses konnte an einigen Stellen nicht aufrechterhalten werden, um die Rechtsgültigkeit des Verfahrens nicht zu gefährden. Diese Stellen mit aufscheinender Komplexität sind Einfallstore für die Autonomie der Entscheidung. Kunden könnten das Bedürfnis der Abweichung vom vorgesehenen Pfad verspüren oder sich schlicht und ergreifend überfordert fühlen und aufgeben.

Eine signifikante Ausnahme wurde bei http://www.hauspilot.de festgestellt, weil hier die massenmediale Aufmerksamkeitserregung stark reduziert und das Verfahren zielführender gestaltet war. Diese höhere Seriosität hinsichtlich des Beratungsanspruchs wurde buchstäblich erkauft, indem man sich als gebührenpflichtige Managementdienstleisterin anbietet, die den Kunden die gerade gewonnene Entscheidungsfreiheit wieder abnimmt. Vor der ersten Reform des Energiewirtschaftsgesetzes fällten Gebietsmonopolisten die Entscheidung für ihre Kunden und am Ende der Marktliberalisierung treten Servicedienstleister auf, die kostenpflichtig dieselbe Funktion erfüllen.

Insgesamt wird aus dem Experiment deutlich, dass sich eine rein marktwirtschaftlich gesteuerte Anbieterwahl auf dem Elektrizitätsmarkt nur als komplexe und verteilte Interaktion realisieren lässt. Verschiedene Akteursgruppen beeinflussen den technisch zu einem einzigen Marktapparat zusammengeschmolzenen Prozess und machen ihre mitunter konkurrierenden Ansprüche auf die Nutzer des Webinterfaces spürbar geltend. Die politische Modellierung eines sehr einfachen Ursache-Motivations-Wirkungszusammenhangs scheitert an dieser Komplexität. Täuschung, Überforderung und Konflikte konnten durch den Versuch der Bereitstellung eines einfachen, standardisierten Verfahrens nicht eliminiert werden.

Literatur

Bundesnetzagentur, & Bundeskartellamt. (2014). *Monitoringbericht 2014.* Bonn: Bundesnetzagentur und Bundeskartellamt.

Callon, M. (1998a). The embeddedness of economic markets in economics. In M. Callon (Hrsg.), *The laws of the markets* (S. 1–57). Oxford: Blackwell.

Callon, M. (1998b). An essay on framing and overflowing: Economic externalities revisited by sociology. In M. Callon (Hrsg.), *The laws of the markets* (S. 244–269). Oxford: Blackwell.

Callon, M. (2007). An Essay on the Growing Contribution of Economic Markets on the Proliferation of the Social. *Theory, Culture & Society 24*(7–8), 139–163.

Edelmann, L. B., & Stryker, R. (2005). A sociological approach to law and the economy. In R. Swedberg & N. J. Smelser (Hrsg.), *Handbook of economic sociology* (S. 527–551). Princeton: Princeton University Press.

Eickhof, N., & Holzer, V. L. (2006). *Die Energierechtsreform von 2005. Ziele, Maßnahmen und Auswirkungen* (Volkswirtschaftliche Diskussionsbeiträge Bd. 83). Potsdam: Universität Potsdam.

Granovetter, M. (1985). Economic action and social structure: The problem of embeddedness. *American Journal of Sociology, 91*(3), 481–510.

Granovetter, M., & McGuire, P. (1998). The making of an industry: Electricity in the United States. In M. Callon (Hrsg.), *The laws of the markets* (S. 147–173). Oxford: Blackwell.

Heuer, J. O., & Schraten, J. (2015). Finanzialisierung des Alltags als Herausforderung für den Sozialstaat. *Zeitschrift für Sozialreform, 61*(3), 229–238.

Knorr Cetina, K. (1997). Sociality with objects: Social relations in postsocial knowledge societies. *Theory, Culture and Society, 14*(4), 1–30.

Latour, B. (2007). *Reassembling the social. An introduction to actor-network-theory.* Oxford: Oxford University Press.

Luhmann, N. (1998). *Die Gesellschaft der Gesellschaft* (Bd. 1). Frankfurt a. M.: Suhrkamp.

Luhmann, N. (2000). *The reality of the mass media.* Stanford: Stanford University Press.

MacKenzie, D., & Hardie, I. (2009). Assembling an economic actor. In D. MacKenzie (Hrsg.), *Material markets, how economic agents are constructed* (S. 39–62). Oxford: Oxford University Press.

Marcus, G. E. (1995). Ethnography in/of the world system: The emergence of the multi-sited ethnography. *Annual Review of Anthropology, 24,* 95–177.

Muniesa, F., Millo, Y., & Callon, M. (2007). An introduction to market devices. In F. Muniesa, Y. Millo, & M. Callon (Hrsg.), *Market Devices* (S. 1–12). Oxford: Blackwell-Publishing.

Polanyi, K. (1978). *The Great Transformation. Politische und ökonomische Ursprünge von Gesellschaften und Wirtschaftssystemen.* Frankfurt a. M.: Suhrkamp.

Swedberg, R. (2003). The case for an economic sociology of law. *Theory and Socitey, 32,* 1–37.

Energiewende und Erwartungskonflikte

„Erwartung" als Schlüsselbegriff wirtschaftssoziologischer Analysen

Sebastian Giacovelli

Der vorliegende Beitrag schlägt vor, Erwartungsstrukturen in den Mittelpunkt wirtschaftssoziologischer Analysen zu stellen. Strukturelle Konflikte, wie sie am empirischen Fall der Energiewende beobachtbar sind, werden in diesem Sinne als Erwartungskonflikte verstanden. Die Form des Marktwandels und die resultierende Marktstruktur spiegeln wider, welche Erwartungen sich auf der Marktebene und innerhalb von Organisationen durchgesetzt haben und damit in Form von Erwartungserwartungen strukturell wirksam geworden sind. Dies setzt voraus, dass Erwartungen nicht als innerpsychischer Vorgang, sondern als Sinnform verstanden werden. Und es sind Erwartungserwartungen, die struktur-bildend wirken und Kommunikation sowie Handlung vorstrukturieren. Diesen Ausgangsannahmen folgend werden die zentralen Charakteristika des soziologischen Erwartungsbegriffs und die bislang noch zurückhaltende Berücksichtigung von Erwartungsstrukturen in der aktuellen wirtschaftssoziologischen Forschung herausgearbeitet. Im Anschluss an diese konzeptionelle Diskussion werden erste analytische Zugänge zur empirischen Untersuchung struktureller Kon-flikte der Energiewende in Deutschland vorgestellt, die Erwartungsstrukturen als

Für hilfreiche Hinweise zur Schärfung des vorliegenden Beitrags danke ich insbesondere Guido Möllering und Andreas Langenohl.

S. Giacovelli (✉)
Institut für Soziologie, Schwerpunkt Allgemeiner Gesellschaftsvergleich,
Justus-Liebig-Universität Gießen, Gießen, Deutschland
E-Mail: Sebastian.Giacovelli@sowi.uni-giessen.de

© Springer Fachmedien Wiesbaden 2017
S. Giacovelli (Hrsg.), *Die Energiewende aus wirtschaftssoziologischer Sicht*,
DOI 10.1007/978-3-658-14345-9_9

Ausgangspunkt der Untersuchung struktureller Konflikte nehmen. Um solcherlei Analysen systematisch durchführen zu können, werden abschließend Empfehlungen zur Ausarbeitungen eines differenzierteren Analysekonzepts formuliert.

1   Einleitung

So vielfältig, wie die Gesellschaftsbereiche sind, auf die die Energiewende Einfluss hat und noch haben wird, so vielfältig sind auch die Disziplinen und Subdisziplinen, die sich mit bereits beobachtbaren und erwarteten Folgen auseinandersetzen. Solcherlei wissenschaftliche Beobachtungen und Analysen erfolgen aus der jeweiligen disziplinären Perspektive, die im großen Maße vorgibt, was überhaupt gesehen werden kann – dies gilt auch für die wirtschaftssoziologische Perspektive. Angeregt durch die Feststellung Richard Swedbergs, dass auch nach 30 Jahren Neuer Wirtschaftssoziologie noch immer nicht klar sei, was ein Markt überhaupt sei (Swedberg 2007, S. 12), wird in diesem Beitrag der Vorschlag unterbreitet, Marktstrukturen in erster Linie als Erwartungsstrukturen und Marktwandel als einen Wandel von Erwartungserwartungen zu verstehen. Diese Sichtweise gibt folgelogisch eine Sensibilität für Erwartungen im wirtschaftlichen Kontext vor. Mit anderen Worten: Dort, wo die einen in erster Linie spezifische Preisentwicklungen, einen Wandel der Stromproduktion und des Handels oder ähnliches sehen, stellt der vorliegende Beitrag spezifische, wechselseitig-antizipierte Erwartungen in den Vordergrund. Hierzu werden zunächst die Grund- und Vorzüge des soziologischen Erwartungsbegriffs für wirtschaftssoziologische Analysen diskutiert, um dann erste mögliche analytische Zugänge zum Themenfeld der Energiewende und vor allem potenziellen strukturellen Konflikten, die einem gelingenden Wandel von einer fossil-atomaren zu einer regenerativen Stromwirtschaft entgegenstehen könnten, vorzuschlagen.

Der Begriff der „Erwartung" erweist sich für wirtschaftssoziologische Analysen im Allgemeinen und für die Untersuchung eines Wandel, also sich verändernder sozialer Strukturen, im Besonderen aus vier Gründen als besonders geeignet: *Erstens* sind es Erwartungen, die auf der Mikroebene antizipiert werden, Kommunikationen als auch Handlungen anleiten und auf diese Weise Unsicherheit reduzieren (vgl. Beckert 2014; Galtung 1959). *Zweitens* bringt der Begriff der Erwartungen automatisch das temporale Element mit ins Spiel: Der Wandel von Marktstrukturen wird als Wandel von Erwartungsstrukturen interpretiert; also als ein Wandel mit Blick auf antizipierte, zukünftige Entwicklungen. Zugleich, und dies wird insbesondere am Fall der Energiewende deutlich, erfolgt dieser Wandel selten konfliktfrei: Neue Erwartungen kollidieren mit etablierten Erwartungen.[1]

---

[1]So spricht sich beispielsweise Andreas Langenohl dafür aus, dass der Erwartungsbegriff besonders geeignet ist, um soziale Dynamiken in Finanzmärkten zu erklären (Langenohl 2010, S. 18).

Und *drittens* werden Erwartungen erst dann strukturbildend wirksam, wenn sie die Form von erwartbaren Erwartungen annehmen (Luhmann 1984; vgl. Begriff der *„wechselseitigen Verhaltenserwartungen"* bei Mead 1934/1967). Erst wenn sich Akteure an den erwartbaren Erwartungen orientieren, erlangt etwa ein Markt (vorläufige) Stabilität. Und *viertens,* den Aspekt des Konflikts wieder aufgreifend, setzen sich in sozialen Situationen spezifische Erwartungen durch und werden in Form von Erwartungserwartungen strukturwirksam. Das heißt, dass der Begriff der Erwartungserwartungen, spätestens in wettbewerblichen Kontexten, Machtaspekte impliziert.[2] Wer davon ausgehen kann, dass seine spezifischen Erwartungen erwartet werden können und dass diese die Erwartungshaltung anderer prägt, prägt damit zugleich ihr Kommunizieren und ihr Handeln. Denn, so etwa Niklas Luhmann, Kommunikation und Handlung werden durch Erwartungen vorstrukturiert und die Möglichkeit zu handeln, ergibt sich erst aus der Art und Weise, wie Handlungszusammenhänge über Erwartungen von Erwartungen koordiniert sind (Luhmann 1984, S. 413; vgl. Mead 1934/1967; Galtung 1959, S. 228).[3]

Erwartung, darauf ist deutlich hinzuweisen, wird als ein soziologischer und nicht als ein psychologischer Gegenstand behandelt, auch wenn mancherlei soziologische Definitionen den Verdacht einer psychologisierten Begriffsauslegung nahelegen könnten.[4] Demgegenüber ist Erwartung, so etwa bei Luhmann, als eine Sinnform und nicht etwa als innerpsychischer Vorgang zu verstehen (1984, S. 399; vgl. Blumer 1953, S. 195 ff.). Wenn aber Systemstrukturen aus Erwartungen, genauer: aus Erwartungserwartungen, gebildet werden (Luhmann 1984, S. 399), dann ist es nur folgerichtig, soziale Strukturen, wie Märkte, ihren Wandel sowie den Wandel begleitende strukturelle Konflikte nicht mit Blick auf

---

[2]Auf die Kompatibilität eines *„concepts of control"* von Neil Fligstein und dem hier vorgeschlagenen dominierender/dominierter Erwartungserwartungen gehe ich an späterer Stelle ein.

[3]Im systemtheoretischen Zuschnitt müssen zwei Phasen der Vorstrukturierung unterschieden werden. Erwartungen strukturieren Kommunikation vor und Kommunikation wiederum Handlungen (vgl. Luhmann 1983, S. 153).

[4]Wie etwa die Definition von Johan Galtung: *„Expectations will be conceived of as standards of evaluation, located in the mind of one individual and used to evaluate attributes and actions of oneself and other individuals"* (Galtung 1959, S. 214). Und auch Blumer weist darauf hin, dass Erwartungen nicht per se ein soziologischer Gegenstand sind, sondern ursprünglich in den Forschungsbereich der Psychologie gehörten (Blumer 1953). Und auch in der modernen Wirtschaftssoziologie wird der Verdacht schnell laut, dass Begriffe wie Jens Beckerts *„cognitions"* oder *„cognitive frames"* zu einer Psychologisierung der Soziologie führen (Beckert 2010; kritisch hierzu: Roth 2010, S. 49).

Kommunikation oder Handlung, sondern hinsichtlich der zugrunde liegenden Erwartungsstrukturen zu analysieren.

Vor diesem Hintergrund werden im vorliegenden Beitrag im ersten Schritt die grundsätzlichen soziologischen Charakteristika von Erwartungen und Erwartungserwartungen sowie der Aspekt der Erwartungskonflikte herausgearbeitet (Abschn. 2). Im Anschluss daran wird gezeigt, inwieweit der Erwartungsbegriff in aktuellen wirtschaftssoziologischen Ansätzen Berücksichtigung findet. Dem Stellenwert akteursspezifischer Erwartungen, insbesondere dem Einfluss von Politik und Konsumenten auf Marktstrukturen, wird hier besonderes Augenmerk geschenkt (Abschn. 3). Anschließend werden erste Ansatzpunkte einer wirtschaftssoziologischen Analyse struktureller Konflikte der Energiewende mit dem Fokus auf konfligierende Erwartungserwartungen vorgestellt. Die zentrale These ist, dass die strukturellen Konflikte der Energiewende auf konfligierende Erwartungserwartungen zurückzuführen sind (Abschn. 4). Der Beitrag schließt mit einem Ausblick auf das Potenzial und die Notwendigkeit weiterer konzeptioneller Ausarbeitungen des Begriffs der Erwartungserwartungen für systematische Analysen (Abschn. 5).

2   Erwartungen, Erwartungserwartungen und Erwartungskonflikte

2.1   Erwartungen und Erwartungserwartungen

Bevor auf die Frage eingegangen werden kann, was unter Erwartungen auf der Marktebene zu verstehen ist, werden zentrale Aspekte des Erwartungsbegriffs vorgestellt, um auf diesem Wege das Rüstzeug zu erarbeiten, das für die Analyse struktureller Konflikte benötigt wird.

Wittes prägnanter Definition zufolge, drücken Erwartungen *„eine Vorstellung über zukünftige Ereignisse oder Handlungen"* aus (Witte 2002, S. 115). Die Erwartungen unterliegen einer mehr oder weniger stark aufgeprägten Unsicherheit: Denn ob sich die Erwartungen erfüllen, lässt sich in der Regel nicht sicher voraussagen. Dass Erwartungen nicht als ein sicherer *„preview of a future present"* charakterisiert werden können, betont auch Jens Beckert mit seinem Zusatz: *„fictional"*. Erwartungen seien generell als fiktionale Erwartungen zu verstehen, denn es handle sich um Vorstellungen, die Akteure mit Blick auf zukünftige Zustände formen und, dies ist der entscheidende Unterschied zum wirtschaftswissenschaftlich geprägten Begriff der rationalen Erwartungen,

Entscheidungen in der Gegenwart prägen, *obwohl* der tatsächliche Ausgang nicht sicher unterstellt werden kann (Beckert 2014, S. 9).[5] Unter der Bedingung von Unsicherheit können Erwartungen keine sichere Vorhersage zukünftiger Zustände oder Ereignisse sein. Sie sind eher eine Vorstellung oder Imagination dessen. Aber es sind eben Imaginationen *„upon which actors base their behaviour ‚as if'* *these expectations actually did describe future states and causal relations"* (Beckert 2013b). Diese Imaginationen prägen unsere Erwartungen in der Gegenwart und dies nur, wie Luhmann betont, aus der Gegenwart heraus: Erwartungsstrukturen *„durchgreifen die Zeit nur im Zeithorizont der Gegenwart, die gegenwärtige Zukunft mit der gegenwärtigen Vergangenheit integrierend"* (Luhmann 1984, S. 399)[6] und prägen damit unser Handeln und demzufolge soziale Strukturen. Erwartungen, so Luhmann, *„gelten uns als die Zeitform, in der Strukturen gebildet werden"* (1984, S. 411).

Bereits an dieser Stelle wird deutlich, dass der Erwartungsbegriff nicht ohne den der Zeit und den der Ungewissheit denkbar ist. Die Zukunft ist offen und ungewiss.[7] Der Begriff der doppelten Kontingenz bringt genau dies zum Ausdruck: Kontingent, so heißt es etwa bei Niklas Luhmann, bedeutet, das alles, wie es ist (war, sein wird), sein kann, auch anders möglich ist. Unter doppelter Kontingenz ist wiederum zu verstehen, dass Kontingenz jeweils für Alter und Ego aus Sicht von Alter und Ego angenommen wird (Luhmann 1984, S. 152 ff., 1996,

---

[5]Die Erklärungsansätze könnten nicht unterschiedlicher sein: Während SoziologInnen in der Gegenwart eintretende Ereignisse als Resultat der Vergangenheit begreifen (Vergangenheit → Gegenwart), erklären ÖkonomInnen Entscheidungen in der Gegenwart auf Basis des aktuellen Wertes *„of expected future rewards";* in diesem Sinne also rückwärts von der Zukunft, wie es Beckert formuliert (Gegenwart ← Zukunft) (Beckert 2014, S. 7; vgl. Abbott 2005, S. 406). Diese Überlegungen machen zudem deutlich, dass eine Analyse der Temporalitäten etwa in der ökonomischen Theorie (Giacovelli und Langenohl 2016) immer auch den Erwartungsbegriff berücksichtigen sollte.

[6]Mit dem Hauptfokus auf den Interaktionsbegriff heißt es bei Johan Galtung: *„In a sense, the most important element in any analysis of the concept is time. In interaction, the perceptions of the present are mingled with the more or less conscious memories of the past and the more or less explicit expectations of the future"* (1959, S. 214).

[7]Im systemtheoretischen Verständnis gilt Ungewissheit als Grundvoraussetzung für Systembildung. Entscheidend für die Stabilität des Wirtschaftssystems ist gerade nicht das Durchschauen und sichere Treffen von Verhaltensvorhersagen von in doppelter Kontingenz stehenden Systemen, sondern die Stabilisierung von Erwartungen, die durch das System vorstrukturiert werden. Die Reduktion von Ungewissheit erfolgt im Bezug auf das eigene Verhalten und setzt an den eigenen Erwartungen an (Luhmann 1984, S. 157–158).

S. 236 ff.).[8] Erwartungen sind folglich nur dann als Struktur sozialer Systeme zu verstehen, wenn sie ihrerseits erwartet werden können, wenn also Reflexivität mit Bezug auf andere und einen selbst einbezogen wird (vgl. Mead 1934/1967). Erst dann lässt sich der Erwartungsbegriff mit dem der doppelten Kontingenz im oben genannten Sinne verbinden (Galtung 1959, S. 228; Luhmann 1984, S. 412).[9] Dies voraussetzend geht Luhmann noch einen Schritt weiter, in dem er die These formuliert, dass *„Strukturen sozialer Systeme in Erwartungen bestehen, daß sie Erwartungsstrukturen sind und daß es für soziale Systeme, weil sie Elemente als Handlungsereignisse temporalisieren, keine anderen Strukturbildungsmöglichkeiten gibt"* (Luhmann 1984, S. 398).[10]

Grundsätzlich ist dabei eine Fülle potenzieller Zukunftserwartungen vorstellbar. Wenn Ego erwarten können muss, was Alter von ihm erwartet, um sein eigenes Erwarten und Verhalten mit den Erwartungen des anderen abzustimmen (Luhmann 1984, S. 412), dann setzt dies (temporäre) Selektionen voraus. Erwartungen können nur Orientierung geben, wenn sie *in Bezug auf Objekte, Individuen, Ereignisse, Werte, Begriffe oder Normen konkretisiert werden* (vgl. Baraldi 1998, S. 46). Witte spricht in diesem Zusammenhang von der Möglichkeit, Sicherheit über eine *„subjektive Wahrscheinlichkeit"* zu operationalisieren (Witte 2002, S. 115). Erwartungen bieten über die Selektion von Möglichkeiten in Verbindung mit der Generalisierung von Erwartungen über die Grenze der jeweiligen Situation hinaus das Potenzial einer temporär stabilen Orientierung. Vermittels dieser generalisierten Erwartungen ist es dem System möglich, trotz oder gerade wegen der Komplexität und Kontingenz seiner Umwelt Erwartungsstrukturen zur Orientierung und Strukturierung der eigenen Kommunikation und Handlung aufzubauen. Zugleich bleibt das, was in der externen Wirklichkeit geschehen wird, unbestimmbar und unvorhersehbar. Erwartungen gehen mit einer fortlaufenden *Erwartungsunsicherheit* einher.

---

[8]Hierdurch entsteht eine Situation der Unbestimmtheit für beide Partner jeder Aktivität, die strukturbildende Bedeutung für soziale Systeme hat. Soziale Systeme entstehen nur durch doppelte Kontingenz. Dies, so Luhmann, ist mit dem Begriff der Handlung nicht zu fassen (Luhmann 1984, S. 152 ff., 400 ff., 1996, S. 236 ff.).

[9]Bereits Galtung ergänzt den Aspekt der *„expectations about expectations"* (second-order expectations) um third-order expectations und veranschaulicht dies mit einem Zitat aus einer Norwegischen Novelle: *„The important thing was not that he knew she was in Paris, but that he didn't know she knew that he knew it."* (1959, S. 220).

[10]So ist in Luhmanns Systemtheorie in der logischen Folge zu beobachten, das sämtliche zentralen Begriffe, wie etwa Sinn, Entscheidung, Kommunikation, Autopoiesis, Systeme, Umwelt etc., immer in Anschluss an den Erwartungsbegriff definiert werden.

2.2 Erwartungskonflikte: Erwartungsstabilität und Erwartungswandel

Für alles menschliche Handeln, so Heinrich Popitz mit Blick auf das Phänomen der Macht, ist die Fähigkeit des Veränderns konstitutiv (1992, S. 22). Die Frage ist dann, wessen Erwartungen sich bezüglich der Vorstrukturierung dieses *„Andersmachens der Welt"* (Popitz 1992, S. 22) im Zeitverlauf durchsetzen. Sie setzt damit vor der Handlung an, also an der Verhandlung auf der Erwartungsebene. Insbesondere mit Blick auf einen selektionsfähigen Alter muss Variabilität und Unvorhersehbarkeit erwartet werden (Baraldi 1998, S. 46). Die Erwartungen von Ego und Alter können voneinander abweichen und im Zeitverlauf können sich die Erwartungen jeweils von Ego und Alter wandeln bzw. von anderen Erwartungen ersetzt werden. Ego und Alter können ihre Erwartungen frei variieren, sie können sich auch hinsichtlich antizipierter Erwartungen irren oder den anderen gezielt täuschen (S. 46–47). Dies gefährdet die Stabilität sozialer Strukturen, denn nur wenn jeder von dem anderen erwarten kann, was der andere von ihm erwartet, wenn also die Selektivität des jeweils anderen in die eigene Orientierung eingeführt werden kann, wird Stabilität erreicht (S. 47). Damit stellt sich zugleich die zentrale Frage, auf welche Weise Erwartungskonflikte bewältigt werden beziehungsweise eine *„complementarity of expectations"* erzielt wird (Parsons und Shils 1951, S. 153; Galtung 1959, S. 225 ff.).

Noch bevor das antizipierte Ereignis, auf das sich Erwartungen beziehen, eintritt, können divergierende Erwartungen zwischen Alter und Ego ein Problem darstellen.[11] Dies setzt die Beobachtbarkeit, indem Erwartungen in Kommunikation oder Handlung überführt werden, und ein permanentes Vergleichen von Erwartungen voraus.[12] Problematisch ist eine Divergenz der Erwartungen insbesondere in Situationen koordinierter Handlung, da unterschiedliche Erwartungshaltung unterschiedliche Handlungsweisen nahelegen können und frühzeitig absehbar ist, dass eine koordinierte Handlungsweise nicht umsetzbar ist. Auf der Ebene der reflexiven Erwartungen, also der Erwartungserwartungen, so Luhmann, bestehen demnach eine Empfindlichkeit und ein Kontrollproblem der besonderen Art

---

[11]Zugleich stellt ein solcher Konflikt aber auch, mit Blick auf die Identitätsbildung, eine Form der Lösung dar (s. Fußnote 13).

[12]Galtung zufolge ist Interaktion ein permanenter Vergleichsprozess: *„We shall then conceive of interaction as a process where comparisons being made, between expectations and the objects of the expectations, so as to adjust the objects or adjust the expectations until consonance is reached"* (1959, S. 222).

(1984, S. 412; vgl. Galtung 1959): Nimmt Ego ein Verhalten Alters hin, das seine eigenen Erwartungen enttäuscht, muss er damit rechnen, dass Alter zukünftig nicht die enttäuschten Erwartungen Egos erwartet, sondern diejenigen, die seinem eigenen Verhalten entsprechen. Der erwartete Toleranzbereich wird erweitert.[13] Um dies zu vermeiden, kann etwa die eigene Erwartung klargestellt werden und damit für den Adressaten sichtbar gemacht werden (Luhmann 1984, S. 412, 437).

Grundsätzlich stellt sich in diesem Zusammenhang die Frage, ob man im Enttäuschungsfalle die eigene Erwartung aufgeben oder ändern würde. Erwartungsenttäuschungen sind nichts anderes als eine Differenz zwischen erwarteter und beobachtbarer Realität. Diesbezüglich werden zwei Erwartungsmodi unterschieden: Das Anpassen von Erwartungen, im Sinne von Lernen, um sich an die enttäuschende Realität anzupassen, wird unter kognitive Erwartungen gefasst. Unter normativen Erwartungen wird hingegen verstanden, das an den bestehenden Erwartungen, etwa weil man sich im Recht fühlt, festgehalten wird; sie erweisen sich also gegenüber Enttäuschungen resistenter als kognitive Erwartungen (Galtung 1959, S. 216 ff.; Luhmann 1984, S. 437; Baraldi 1998, S. 48–49).[14] Allerdings ist hinsichtlich dieser analytischen Unterscheidung zu beachten, dass sich kognitive zu normativen Erwartungen wandeln können: *„expectations may start out as purely cognitive, but over time gradually take on a normative character"* (Galtung 1959, S. 227; vgl. Parsons und Shils 1951, S. 153; Luhmann 1984, S. 438 ff.).[15] Demnach ermöglichen Erwartungserwartungen zum einen sich wechselseitig und zeitübergreifend zu orientieren (vgl. Parsons et al. 1951, S. 15).[16] Und zum anderen geben Erwartungen Strukturen einen revidierbaren

---

[13]Erwartungen, dies sei der Vollständigkeit halber erwähnt, richten sich selbstverständlich nicht nur an andere (Personen, Dinge etc.). Erwartungen beziehungsweise der Vergleich verschiedener Erwartungen sind selbst- und fremdbezüglich (*„Selbst-/Fremderwartungen"*, Luhmann 1984, S. 429; *„intra-actor/inter-actor comparisons"*, Galtung 1959, S. 230). Die Zunahme verschiedenartiger Selbst- und Fremderwartungen, so Luhmann, steigert die Komplexität einer Person (1984, S. 429). Identitäten, die eigene und fremde, bilden sich gerade durch abweichende Erwartungen heraus. Identität wird in diesem Zusammenhang als *„hochselektiver Ordnungsaspekt von Welt"* verstanden (S. 427; vgl. Galtung 1959).

[14]Galtung spricht in diesem Zusammenhang von einer Dissonanz, mit all seinen sozial-psychologischen Implikationen, und führt das Argument Arne Næss' an, demzufolge der Begriff *„dissonance-avoiding activities"* den Adjektiven *„normative"* und *„cognitive"* vorzuziehen sei (Galtung 1959, S. 217–218, Næss 1959, S. 44, 53).

[15]Dennoch führe diese Differenz dazu, dass Sensibilitäten ausgebildet werden und spezifische Entscheidungen erzwingen (Luhmann 1984, S. 438 ff.).

[16]Auf diese Weise, so Luhmann, wird verhindert, dass soziale Systeme als bloße Reaktionsketten gebildet werden, in denen ein Ereignis mehr oder weniger vorhersehbar wäre – dies würde *„sehr rasch aus dem Ruder laufen"* (Luhmann 1984, S. 414).

Inhalt. Erwartungen verpflichten zwar, insbesondere dann, wenn sie irreversibel geäußert wurden. Grundsätzlich ist es dennoch möglich, diese vorgezogene Festlegung bis zum erwarteten Ereignis zu revidieren (Luhmann 1984, S. 414).

Gerade in Situationen höherer Komplexität und der Ausrichtung der Erwartung auf etwas Unsicheres ist die Wahrscheinlichkeit von Erwartungsenttäuschungen relativ hoch. Dies gilt insbesondere, wenn die Verhaltensmöglichkeiten von der Begrenzung einer Einzelperson gelöst werden und sich auf Organisationen oder Märkte richten. Die Ebene des Erwartens von Erwartungen, dies ist der hier entscheidende Gedanke, kann demzufolge als eine Quelle von Konflikten angesehen werden: Die Beteiligten werden motiviert, Erwartungen zu stoppen oder abzudrängen, von denen erwartet wird, dass sie unbequeme Folgen mit sich bringen. In der Folge sind strategische Positionierungen oder etwa symbolische Stabilisierungen von Gegensätzen zu beobachten (Luhmann 1984, S. 417). Erwartungskonflikte sind, insbesondere mit Blick auf Marktwandel, aber nicht per se kritisch zu bewerten: Sie stellen die Voraussetzung für einen Wandel, oder wie es bei Luhmann heißt: die Voraussetzungen für eine *„Restrukturierung des sozialen Erwartungszusammenhangs"*, dar (Luhmann 1984, S. 412; Galtung 1959, S. 223). Diese Vorüberlegungen zu Erwartungserwartungen, dem Festhalten an oder dem Revidieren der eigenen Erwartung, dem strategischen Positionieren sowie zu Erwartungskonflikten als Grundlage strukturellen Wandels werden nachfolgend auf der Ebene von Märkten weitergeführt.

3 Erwartungsbegriff in soziologischen Marktkonzepten

3.1 Marktstrukturen und Erwartungen

Der Erwartungsbegriff spielt in einer Fülle wirtschafts- und marktsoziologischer Analysekonzepte eine tragende, wenn auch nicht immer besonders prominent herausgestellte Rolle.[17] Die Bedeutung des Erwartungsbegriffs für das Verständnis der marktlichen Strukturbildung und des Strukturwandels wird nachfolgend, geordnet nach drei zentralen Strängen der Neuen Wirtschaftssoziologie

---

[17]Der Erwartungsbegriff spielt selbstverständlich auch in anderen Disziplinen wie etwa der Ökonomik eine zentrale Rolle (exemplarisch: Lucas und Sargent 1981; Brodbeck 1998, S. 96 ff.). Innerhalb der Soziologie finden sich insbesondere Arbeiten aus der Techniksoziologie, die sich mit Erwartungen im Kontext von technologischem Wandel auseinandersetzen (exemplarisch: Brown und Michael 2003; Borup et al. 2006; Lente 2012).

(Netzwerke, Institutionen, Performativität/Kognition), ergänzt um einen system-theoretischen Zugang, diskutiert.

Netzwerke: Neben allen Unterschiedlichkeiten zwischen diesen drei Zugängen besteht der Minimalkonsens darin, dass es sich bei Märkten um sozial konstruierte Strukturen handelt und das Märkte nicht herausgelöst von Nicht-Marktlichem gesehen werden können, sondern vielmehr kulturell, kognitiv und politisch eingebettet sind (Granovetter 1985; White 1981a, b, 2002). Der Aspekt der Einbettung schließt damit zugleich unter anderem die mikroökonomische Annahme homogener Wettbewerbsstrukturen aus: Märkte und Marktteilnehmer sind inhomogen. Märkte sind, wie White es formuliert hat, mit Industrien vergleichbar, die in regionalen, nationalen und internationalen sozialen und ökonomischen Räumen verwurzelt sind (White und Godart 2007, S. 197).[18] Demzufolge kann es keine sozial, räumlich und ökonomisch allgemeingültige optimale Marktstruktur geben (Fligstein 2011, S. 80). Marktstrukturen resultieren zudem eben nicht aus einem rationalen Optimierungskalkül, sondern sind die Folge einer netzwerkförmigen Abstimmung, wie Mark Granovetter und Patrick McGuire anhand ihrer Analyse der Entwicklung in der US-amerikanischen Stromindustrie verdeutlichen. Entscheidend seien: *„friendships, similar experiences, common dependencies, corporate interlocks, and active creation of new social relations"* (Granovetter und McGuire 1998, S. 167).[19] Auch White betont, dass Marktstrukturen nicht dem neoklassischen Marktparadigma entsprechend durch das Aufeinandertreffen von Angebot und Nachfrage geprägt werden, sondern durch die wechselseitige Orientierung der Anbieter geformt werden. Die von White geprägte Leitmetapher des Marktes als Spiegel, durch den sich die Produzenten nur selbst, nicht aber die Konsumenten, beobachten (1981a, S. 543), erfreut sich trotz seines sehr spezifischen Zuschnitts auf oligopolistisch geprägte Produzentenmärkte hoher

---

[18]In Abgrenzung zu mathematisierten Wirtschaftswissenschaften heißt es pointiert: *„Märkte sind keine mathematisierte Abstraktion, sie sind Bestandteil der sozialen Welt und durch die Evolution sozialer Netzwerke historisch strukturiert"* (White und Godart 2007, S. 203).

[19]Diese Netzwerke haben aus ihrer Sicht weiterhin Bestand, da sie in die Formalstrukturen der Marktteilnehmer, in Allianzen im interorganisationalen Verhältnis, in standardisierte Marktpraktiken und Industrienormen überführt wurden (Granovetter und McGuire 1998, S. 168).

Beliebtheit (kritisch hierzu: Aspers 2009, S. 23).[20] Die Stärke dieser Argumentation liegt darin, dass Produzenten nur auf diese Weise Unsicherheit reduzieren können: Sie positionieren sich im Verhältnis zu strukturell äquivalenten Wettbewerbern, suchen Unternehmensidentitäten und Nischen und versuchen diese einzunehmen, um sich dem direkten Wettbewerb zu entziehen (White und Godart 2007, S. 201–202, 208). In gewisser Weise treten sie also als Kollaborateure auf, die versuchen, durch wechselseitige Beobachtung und Ausrichtung, einen direkten Wettbewerb zu vermeiden, statt diesen einzugehen (vgl. Hedtke 2014, S. 144).

Dieser netzwerktheoretische Analysezugriff auf Märkte ist handlungstheoretisch angelegt: Märkte werden durch Interaktion geformt.[21] Die marktlichen Interaktionen, und dies ist der hier entscheidende Punkt, werden jedoch vorstrukturiert: *„Markets are tangible cliques of producers oberving each other"* (White 1981a, S. 543). Vor einer marktlichen Neu- oder Umpositionierung steht zum einen die Beobachtung der Konkurrenz und zum anderen die Wahrnehmung von upstream-determinierten Kostenfunktionen, eines aus einem Trial-and-Error-Suchprozess resultierenden Marktprofils, üblichen Preisen, Qualitätsordnungen, Umsätzen, Produktionsvolumina und Preisen der Wettbewerber. Demzufolge regulieren *„Beobachtungen und Beobachtbarkeit"*, so White und Godart, *„den Marktmechanismus als geordnete Zusammenstellung von Unternehmen"* (S. 206); dies unter Berücksichtigung der jeweiligen Rollen und Identitäten, die die Produzenten ein- bzw.

---

[20]So führt Patrik Aspers vier zentrale Kritikpunkte an, die auf die Begrenztheit des Analysekonzepts Fligsteins, der wiederum Whites Konzept zugrunde legt, hinweisen: 1) keine spontane Marktbildung und erste Phase (Orientierung) wird nicht beachtet und das Zutreffen vieler Voraussetzungen für Märkte wird unterstellt – aber nicht begründet, 2) Fligstein wendet Whites Spezialmodell eines Produzentenmarktes (wenige Anbieter) auf Weltmärkte an, 3) Fligstein berücksichtigt nicht Märkte ohne Produktdifferenzierung oder mit unendlich vielen Marktteilnehmern, 4) Fligstein macht Marktkonstituierung immer von der Zustimmung des Staates abhängig (Aspers 2009, S. 23–25).

[21]Wenn auch das Grundprinzip der wechselseitigen Orientierung vielerorts aufgegriffen wird, ist damit nicht zwangsläufig eine handlungstheoretische Rahmung verbunden. Besonders deutlich ist dies in der Marktkonzeption Niklas Luhmanns zu beobachten. Auf die systemtheoretische Konzeption übertragen heißt dies dann, dass sich jedes partizipierende System mit seinen am Preis gemessenen Partizipationsmöglichkeiten im Spiegel der durch alle anderen partizipierenden Systeme erzeugten Partizipationsmöglichkeiten beobachten kann. Das Beobachten der Konkurrenz verläuft demnach über Preise und nicht über die Konkurrenten selbst und benötige keine Interaktion zwischen verschiedenen Marktteilnehmern (1996, S. 64, 92 ff., 101 ff.).

annehmen (White 1981a, b, 2002, 2008, S. 82–84). Produzenten legen sich auf Basis etablierter Entscheidungsmuster und in Relation zum Marktumfeld fest, signalisieren damit ihre eigene Position auf dem Marktprofil und realisieren auf diese Weise Beobachtbarkeit (White und Godart 2007, S. 206). Die netzwerkförmige, wechselseitige Orientierung, das Zusammenspiel von Signaling und Beobachtung/Wahrnehmung, führt zu einer Reduktion von Unsicherheit, indem, dies wird von White et al. an anderer Stelle in Auseinandersetzung mit Niklas Luhmanns Sinnbegriff deutlicher ausgeführt, Erwartungsstrukturen (*„configuration of expectations"*, *„expectational structures"*) fortlaufend stabilisiert werden (White et al. 2007, S. 545, 549).[22] Märkte, so Patrik Aspers, gelten daran anknüpfend dann als organisiert, wenn Handlungen, Angebote oder Preise zu einem gewissen Grad *erwartbar* sind (Aspers 2009, S. 8).

Innerhalb der Märkte dienen *„stories"* dazu, kollektiv geteilte Bedeutungen zu schaffen (White 2008; White et al. 2007, siehe auch Reischauer in diesem Band). Für Sophie Mützel sind solcherlei Stories das fundamentale Element, das marktkoordinierend und damit strukturbildend wirkt; im Kontext der kognitiven Wahrnehmungs- und Interpretationsaufgaben also heterogene Marktakteure trennt oder verbindet (2010, S. 88). Geschichten werden mit Signalen gleichgesetzt. Die Interpretation dieser Signale bleibt aufgrund von nicht kontrollierbaren Zuschreibungen unsicher und ein narrativer Wettbewerb um Bedeutungen bleibe bestehen. Diese Unsicherheit führe dazu, dass sich Märkte verändern können (Mützel 2007, S. 93). Mützel zeigt in ihrer empirischen Analyse, dass Märkte nicht nur den Austausch von fertigen Produkten koordinieren, sondern auch *„als Strukturen des Wettbewerbs um Erwartungen, die sich aus erzählten Geschichten ergeben"*, verstanden werden können (2010, S. 101).[23]

Institutionen: Die Voraussetzung dafür, dass Marktteilnehmer sich organisieren, dass sie konkurrieren und kooperieren, und noch weiter gefasst: dass (Produktions-)Märkte überhaupt existieren, sieht Neil Fligstein in sozialen Institutionen, wie property rights, governance structures, concepts of control und rules of

---

[22]Für White et al. zeichnen sich Netzwerke gerade dadurch aus, dass Erwartungen und Identitäten über lange Zeiträume stabil gehalten werden können. Der Begriff des *„netdoms"* verweist auf die Netzstrukturen (*„net"*) und zugleich auf die Domäne der *„stories, symbols, and expectations"* (*„dom"*) (White et al. 2007, S. 549).

[23]Hierbei stehen jedoch technologische Erwartungen (Erwartungen bezüglich möglicher Innovationen in der Brustkrebstherapieforschung) im Sinne eines Handelsgutes und nicht die durch Stories geprägten Erwartungen der Marktteilnehmer im Vordergrund. Ich komme an späterer Stelle auf den Term *„Markt der Erwartungen"* (Mützel 2010, S. 89) zurück.

exchange (Fligstein 1996, S. 658 ff.). Zudem knüpft Fligstein bezüglich der Fokussierung auf Produzentenmärkte und der netzwerktheoretischen Auffassung an White und dem erweiterten *„embeddedness of markets"*-Konzept von Mark Granovetter an, distanziert sich aber gleichermaßen von ihnen. Die Forschungsliteratur zu diesen Ansätzen lege nahe, so Fligstein, dass noch immer nicht genau geklärt sei, was soziale Einbettung von Märkten theoretisch genau bedeute (2011, S. 80–81). Stattdessen legt er den Schwerpunkt auf den Feldbegriff: Märkte, im Sinne von strukturiertem Austausch, seien als Felder zu verstehen. Felder sind kulturelle Konstruktionen, aufgrund derer die dominierenden Akteure Vorstellungen darüber teilen, was eine Gruppe von Organisationen zu dominierenden Organisationen macht. Die dominierenden Akteure streben eine Reproduktion ihrer Vorteile an und ihre Größe sei ein entscheidender Erfolgsfaktor. Den dominierten Akteuren, also alle weiteren Marktteilnehmern, bleiben nur zwei Optionen: die Dominierenden herauszufordern oder ihre Rolle zu akzeptieren (Fligstein 2011, S. 80). Dies und insbesondere der Term des *„concepts of control"* heben den Aspekt der Macht in der Beziehung der Marktteilnehmer hervor. Zugleich wird deutlich, wenn auch bei Fligstein nicht explizit ausgeführt, dass die Kontrollkonzepte im Sinne geteilter Vorstellungen darüber, was bestimmte Organisationen zu dominierenden und andere zu dominierten Organisationen macht (Fligstein 2011, S. 80), eng mit dem Begriff der Erwartungen verbunden sind. Denn das Durchsetzen und Antizipieren bestimmter Kontrollkonzepte kommt in der Logik erwartbaren Erwartungen gleich. Und so, wie dominierende Kontrollkonzepte einen Orientierungspunkt für Marktteilnehmer darstellen, prägen sie Kommunikation und Handlung – werden also strukturell wirksam; was das Konzept anschlussfähig für Überlegungen zu reflexiven Erwartungen macht.

Neben den Arbeiten von White und Fligstein schreiben Raimund Hasse und Georg Krücken (2005) einer Studie der Hotelindustrie in Manhattan von Theresa Lant und Joel Baum (1995) eine zentrale Rolle zur Schärfung der neoinstitutionalistischen Perspektive zu.[24] Lant und Baum ergänzen die Arbeiten der erstgenannten um eine Mikrofundierung von Marktstrukturen (Hasse und Krücken 2005, S. 58). Sie zeigen, dass Kognitionen und Interaktionen von Organisationsmitgliedern wichtige Ursache für das Herausbilden gemeinsamer Überzeugungen, Strukturen, Praktiken und Beziehungsnetze sind (Lant und Baum 1995, S. 16; zit.

---

[24]Ebenfalls in Anschluss an White weisen Hasse und Krücken auch aus institutioneller Perspektive darauf hin, dass es für Anbieter nicht ratsam sei, sich am Nachfrageverhalten zu orientieren. Mit Rückgriff auf die o. g. empirische Hotelstudie von Lant und Baum unterstreichen sie die Orientierung von Anbietern an anderen Anbietern (Hasse und Krücken 2005, S. 59–60; Lant und Baum 1995).

nach Hasse und Krücken 2005, S. 58). Anders formuliert verbinden sie damit das Teilen gemeinsamer Kognitionen und Interaktionen innerhalb von Organisationen mit geteilten Überzeugungen auf der Marktebene; ähnlich wie es auch White (1981a, b) und Fligstein (2011) vorschlagen, nur mit dem Unterschied, dass es sich um das Hotelgewerbe und nicht um Produzentenmärkte handelt. Die neoinstitutionalistische Perspektive hat also, wie es Peter Walgenbach und Renate Meyer pointiert formulieren, *„institutionalisierte Erwartungsstrukturen"* im Blick (2008, S. 11), auch wenn in den Beiträgen nicht immer explizit von *Erwartungen* gesprochen wird.[25]

Performativität/Kognition: Den skizzierten institutionen- und netzwerktheoretischen Perspektiven auf Märkte ist nicht nur gemeinsam, dass der Erwartungsbegriff in der Regel eher am Rande thematisiert wird. Darüber hinaus gehen beide Ansätze zu ökonomischen Theorien und ihren neoklassischen Grundannahmen in Opposition. Die Kritik lautet, dass die Ökonomik nur unzureichend die empirische Realität von Märkten abbilde (Aspers und Beckert 2008, S. 240).

Die Vertreter der Performativitätsthese nehmen einen davon abweichenden Standpunkt ein. Sie stellen ganz unabhängig von den Modellqualitäten die gestalterische Kraft der ökonomischen Theorie in den Mittelpunkt: *„economics in the broad sense of the term, performs, shapes and formats the economy, rather than observing how it functions"* (Callon 1998, S. 2). Im Vordergrund steht also die Frage, wie ökonomische Theorie zur Konstruktion von Märkten beiträgt (MacKenzie und Millo 2003; MacKenzie 2006).[26] Einen der frühen Beiträge hierzu legte Garcia-Parpet mit ihrer empirischen Arbeit über den Erdbeermarkt in Fontaines-en-Sologne vor. Sie zeigt, wie mithilfe der ökonomischen Theorie als

---

[25]In der neoinstitutionalistischen Organisationstheorie wird die bedeutsame Rolle von Erwartungen hingegen häufig hervorgehoben. Erwartungen, Annahmen und Vorstellungen, die in der Gesellschaft etabliert sind, legen auch fest, wie Organisationen gestaltet sein sollen. Erwartungen und institutionalisierte Regeln konstituieren gar Akteure und ihre Interessen (vgl. Walgenbach und Meyer 2008, S. 49; Scott und Meyer 1994; DiMaggio und Powell 1983).

[26]Damit ist zugleich die Brückenfunktion der Ökonomik angesprochen: Die Ökonomik muss zugleich Erwartungen aus der eigenen Wissenschaftsdisziplin und Erwartungen aus der Wirtschaft gerecht werden, was gerade durch die häufig in der Kritik stehenden algebraisch-mathematischen Modellierungen erreicht wird: Sie sind Dank ihres abstrakten Formalismus anschlussfähig für Kalkulationen in der Wirtschaftspraxis und halten zugleich die Ökonomik als Disziplin zusammen (Porter 1994, S. 160; Giacovelli und Langenohl 2016; Giacovelli 2014b).

Blaupause ein Erdbeermarkt geschaffen wurde (Garcia-Parpet 1986/2007).[27] Analog zu dem Beispiel Garcia-Parpets lässt sich mithilfe der Performativitätsthese auch der Einfluss der energiewirtschaftlichen Fachliteratur auf die Wahrnehmung von Risiken und die von Marktteilnehmern eingesetzten Instrumente zum Umgang mit diesen Risiken im Stromgroßhandel aufzeigen. Solcherlei Quellen kann eine prägende, eine performative Wirkung auf die Erwartungen und die Entscheidungen der Marktteilnehmer und damit auf die Preisentwicklung sowie die Marktstruktur zugeschrieben werden (Giacovelli 2014a, S. 287–289).

Insbesondere in den Social Studies of Finance werden nicht nur die prägende Wirkung ökonomischen Wissens, sondern darüber hinaus in ersten Ansätzen die besondere Rolle von Erwartungen und Erwartungserwartungen aufgegriffen (exemplarisch: Kalthoff 2004). So bemerkt Andreas Langenohl, dass die Finanzsoziologie bislang kein dezidiertes Interesse an dem Begriff der Erwartung zeige und stellt diesen in das Zentrum seines Beitrags (Langenohl 2010). Erwartungen können Langenohl zufolge als sogenannte *„meaning devices"*, beziehungsweise als ein Modus sozialen Sinns und sozialer Zuschreibungen in Finanzmärkten, angesehen werden. Es geht in dem Beitrag Langenohls weniger um die Frage, weshalb Finanzmärkte durch Erwartungen geprägt sind, sondern: *„why market observers prefer to see expectations in these markets and to ascribe them to other market participants"* (Langenohl 2010, S. 24).[28] Langenohl hebt vier Eigenschaften von Erwartungen respektive Erwartungserwartungen im Kontext von Finanzmärkten hervor: 1) Die Interpretation, dass etwas entsprechend den getroffenen Erwartungen eintritt, führe einen dann erreichten Sollzustand als Referenzpunkt

---

[27]Die zentrale Aussage Garcia-Parpets fasst Callon wie folgt zusammen: *„Wie Garcia sagt, ist es kein Zufall, dass die ökonomische Praxis der Erdbeerproduzenten von Sologne mit denen der ökonomischen Theorie korrespondiert. Diese ökonomische Theorie diente als Referenzrahmen, um jedes Element des Marktes zu erschaffen"* (Callon 1999/2006, S. 556). Einen weiteren instruktiven Beitrag zur Performativität ökonomischen Wissens legten MacKenzie und Millo vor. Sie zeigen, wie die Options Price Theory von Black, Scholes und Merton erst die Preiskalkulation für Optionen ermöglichte und damit die Marktgestaltung und das Marktverhalten der Optionshändler entscheidend prägte (MacKenzie und Millo 2003).

[28]Allerdings weist Langenohl ebenso darauf hin, dass Normen und Erwartungen in erster Linie Interpretationsrahmen darstellen, die Situationen strukturieren (2010). Solcherlei Interpretationsrahmen, mit ihren jeweils spezifischen kulturellen Ausprägungen, liefern Uwe Schimank zufolge erst die Grundlage für den westlichen Kapitalismus und eben nicht nur für ökonomische Prozesse allein (2001).

der Interpretation ein, 2) Anders als im Falle von Ahnungen oder Verdächtigungen seien Erwartungen konkret und spezifisch, sodass in der Folge mögliche Zukünfte nach solcherlei konkreten und spezifischen Ereignissen hin beleuchtet werden, 3) Erwartungen seien nicht nur handlungsanleitend, sondern provozieren geradezu Entscheidungen und Handlungen: *„the meaning structure of an expectation does not permit inactivity"*, 4) Erwartungen setzen Erwartungserwartungen voraus, genauso wie die Handlungen anderer für die Wahl der eigenen Handlung entscheidend sei. Und insbesondere in Finanzmärkten, mit ihren im Vergleich zu Face-to-Face-Interaktionen deutlich beschränkten Beobachtungsmöglichkeiten, werden die beobachtbaren Konsequenzen antizipierter Entscheidungen und Handlungen ausnahmslos den Erwartungen der jeweiligen Marktakteure zugeschrieben, da nur von Erwartungen sicher erwartet wird, dass sie Handlungen provozieren (Langenohl 2010, S. 24). So verwundere es in der Folge nicht, dass Marktteilnehmer Marktereignisse den spezifischen Erwartungen und daraus resultierenden Handlungen der Marktteilnehmer zuschreiben, denn: *„market actors have no cognitive choice but to reduce the other market participants to carriers of expectations, inferring their (expectations of) expectations, for only (expectations of) expectations can be expected to leave trace in the market"* (Langenohl 2010, S. 25).

Systemperspektive: Die Interaktionsfreiheit und die Relevanz von Erwartungen (sowie Erwartungserwartungen) werden insbesondere in systemtheoretischen Konzeptionen stärker in den Blick genommen. Hierbei geht es dann weniger darum, Erwartungsstrukturen als naheliegende Erklärung für das Stattfinden spezifischer Marktereignisse heranzuziehen (Erwartungen als Objekt der Zuschreibung), sondern darum, dass solcherlei Erwartungsstrukturen tatsächlich maßgeblich die Marktstrukturen prägen (Erwartungen als Strukturbilder). Erwartungen stellen in sozialen Systemen in der Weise für die Handelnden eine Struktur dar, dass sie durch ihre Vorselektion von alternativen Anschlussoperationen den Möglichkeitsspielraum einschränken und damit die Handlung von Selektionsdruck befreien.[29] Mit Blick auf Märkte werden solcherlei Vorstrukturierungen durch die Erwartbarkeit von Preisbildungen und sich darauf reflexiv beziehende Erwartungen sichergestellt. Märkte werden in der systemtheoretischen Lesart als Beobachterkonstrukte verstanden und anhand beobachtbarer Preise schätzen

---

[29]So bildet etwa der Reproduktionsmechanismus des Wirtschaftssystems den Rahmen für die Beobachtungen der partizipierenden Systeme. Das heißt, dass Geld als symbolisch generalisiertes Kommunikationsmedium und das Anknüpfen von Zahlungen an Zahlungen als einziger Reproduktionsmechanismus des Wirtschaftssystems dem Markt bereits komplexitätsreduzierend vorgegeben sind (Luhmann 1996, S. 8, 302 ff.).

Marktteilnehmer, in Anlehnung an Whites Spiegelmetapher, wechselseitig und interaktionsfrei ihre Partizipationsmöglichkeiten ein (Luhmann 1996, S. 94 ff., 101 ff.). Das heißt, dass Marktteilnehmer auf der Basis von Preisen und weiteren Marktinformationen Erwartungen ausbilden, die ihre Kommunikation anleiten. Preise, so Niklas Luhmann, stellen damit ein *„erwartungs- und kommunikationsfähiges Gemisch aus Stabilität und Instabilität"* dar (Luhmann 1983, S. 164). An diesen antizipierten, in Preisen beobachtbaren Erwartungen können wiederum andere ihre Erwartungsbildung ansetzen. So kann etwa, Dirk Baecker zufolge, das Spekulieren auf die Erwartungen Dritter lukrativer sein, als auf die Preisentwicklungstendenzen auf den Endabnehmermärkten zu setzen (Baecker 1999, S. 296). Damit ist das Herausbilden von Erwartungen auf der Basis von Erwartungen anderer gemeint, welches sich besonders deutlich in Finanzmärkten beobachten lässt; etwa dann, wenn der Handel von Terminprodukten auf dem kurzfristigen Handel (Giacovelli 2014a, S. 180 ff., 255–272) bzw. der spekulative Handel auf dem investitionsorientierten Handel aufsetzt (Esposito 2010, S. 110 ff.).[30]

Der Schritt hin zu der Annahme, dass auf Märkten keine Güter sondern Erwartungen gehandelt werden, ist dann nicht mehr fern. So wird hier die These vertreten, dass Erwartungen nicht nur ein wichtiges Beiwerk zur Stabilisierung von Märkten darstellt, bzw. das Durchsetzen abweichender Erwartungen zu einem Marktwandel führt, sondern dass Märkte selbst nur als Erwartungsstrukturen, genauer: als Strukturen reflexiver Erwartungen, verstanden werden können. Eine solche Annahme berücksichtigt zugleich den Aspekt doppelter Kontingenz und steht im deutlichen Widerspruch zur Annahme eines mechanistischen Aufeinandertreffens von Angebot und Nachfrage.[31]

3.2 Akteursspezifische Erwartungen und ihr Einfluss auf Marktstruktur

Bevor dies weiter ausgeführt werden kann, ist auf zwei Besonderheiten wirtschaftssoziologischer Zugänge und ihrer Implikationen für den Erwartungsbegriff einzugehen. Damit ist die Rolle von *Politik* und *Konsumenten* angesprochen. Beide werden in der politischen Kommunikation als hoch relevant für das Gelingen der

---

[30]Zum Spekulanten als idealen und populären, aber auch umkämpften homo oeconomicus siehe Urs Stäheli (2007).

[31]Dies gilt nicht zuletzt für die zugrunde gelegten Homogenitätsbedingungen, deren Formulierung auf das Erfordernis der mathematischen Problembearbeitung in der Ökonomik zurückgeführt werden kann (vgl. Giacovelli 2016).

Energiewende adressiert, während die Bewertung der Strukturrelevanz von Politik und Konsumenten in wirtschaftssoziologischen Konzeptionen nicht unterschiedlicher ausfallen könnte. Um den Einfluss dieser zwei Akteurtypen auf die Markt- und damit auf Erwartungsstrukturen soll es nun gehen.

Die zentrale Bedeutung der *Politik* für die Herausbildung und den Wandel von Märkten ist in den wirtschaftssoziologischen Beiträgen unbestritten (exemplarisch: DiMaggio und Powell 1983; Fligstein 1996, 2011; Bourdieu 2005) und führt so weit, dass Guido Möllering die Politik unter dem Begriff der *„secondary market actors"* fasst. Selbst wenn dieser Akteurtypus selbst nicht am Markthandel partizipiert, so beeinflusse er die Art und Weise, wie Käufer und Verkäufer zueinander in Beziehung treten: *„These secondary market actors must be recognized, too, particulary the state as a regulator, which is not a detached entity, but a proper market actor"* (Möllering 2009, S. 10; vgl. Möllering in diesem Band). In diesem Zusammenhang mag man zunächst an staatlich durchgesetzte Institutionen wie das Kartellrecht oder das Arbeitsrecht denken, die als wettbewerbliches Regulativ Märkte prägen (vgl. Beckert et al. 2007, S. 33). Aber nicht nur auf der allgemeinen kartell- oder arbeitsrechtlichen Ebene, sondern auch mit Blick auf hoch spezialisierte Märkte wie Börsen konnte der entscheidende Einfluss des Staates auf die Etablierung und Ausgestaltung nachgezeichnet werden (Weber 1894/1988; Abolafia und Biggart 1991; Giacovelli 2014a). Das heißt mit anderen Worten, dass die Politik in erheblichem Umfang Einfluss darauf hat, wie der Handel vollzogen werden kann, und auch, welche Güter überhaupt marktlich gehandelt werden. Dies lässt sich leicht an der politisch initiierten Verknappung atomar produzierten Stroms durch Atomkraftwerksabschaltungen im Sinne der aktuellen Nachhaltigkeits- und ressourcenschonenden Energiepolitik aufzeigen (siehe Langenohl in diesem Band). Und nicht zuletzt anhand entsprechender Förderprogramme zur Produktion von Strom aus erneuerbaren Energien wird deutlich, wie sich das Produktionsverfahren, als substanzielle qualitative Eigenschaft eines ansonsten homogenes Gutes, in eine quantitative Größe und damit in einen Preise übersetzt wird. Politik ist also an der Herstellung von Kommensurabilität essenziell beteiligt (vgl. Engels 2007, S. 2, 2009, S. 72). In diesem Sinne prägt Politik Marktstrukturen, setzt dominante Erwartungserwartungen durch und schafft damit Rahmenbedingungen für Marktbeziehungen und für das wechselseitige Orientieren an Erwartungen oder Erwartungszuschreibungen aufgrund beobachtbarer Marktereignisse (vgl. Langenohl 2010).

Während also der Politik eine machtvolle Rolle hinsichtlich der Struktur und des Strukturwandels von Märkten zugedacht wird, nehmen die *Konsumenten* in wirtschaftssoziologischen Konzepten, die sich auf Whites Konzept der wechselseitig aneinander orientierenden Produzenten beziehen, eine äußerst inferiore Position ein. Marktstrukturen werden, wie zuvor skizziert, durch die wechselseitige Orientierung der Anbieter geprägt und eben nicht durch das Aufeinandertreffen von Angebot und Nachfrage. Mit anderen Worten: Die Konsumenten haben in diesem sehr spezifischen Konzept keinen maßgeblichen Einfluss auf die Marktstruktur, denn *„Produzenten achten auf ihre Rivalen, nicht auf ihre Kunden"* (White und Godart 2007, S. 212). Die Erwartungen der Konsumenten seien für die Produzenten schlicht schwer zu fassen und unter den Bedingungen von *„bounded rationality"* und radikaler Unsicherheit können die antizipierten Konsumentenbedürfnisse nebst möglicher Reaktionen auf Preis- und Volumenvariationen nicht zu angemessenen Marketingstrategien führen (White und Godart 2007, S. 212).[32]

Die soziologisch-wissenschaftsstrategische Attraktivität dieses Konzepts besteht in dem fundamentalen Gegenentwurf zum neoklassischen Gleichgewichtsparadigma. Die entscheidende Frage ist nur, ob die Wirtschaftssoziologie mit der Festlegung auf eben diesen Gegenentwurf, etwa mit dem Ziel der Abgrenzung von neoklassisch geprägten Wirtschaftswissenschaften und zugleich zur eigenen Identitätsbildung (vgl. Zafirovski 1999; Fourcade 2007, S. 1017–1018), langfristig wirklich gut beraten ist. Denn neben dem Umstand, dass diese Gegenposition ausschließlich auf oligopolistisch-geprägten Produzentenmärkten basiert (s. Fußnote 20), steht damit ein Wirtschaftssektor im Mittelpunkt, der im Verhältnis zu dem Dienstleistungs- und Informationssektor seit Jahrzehnten an Bedeutung verliert (Knorr-Cetina 2004, S. 142). Umso kritischer ist es zu beurteilen, wenn Erkenntnisse über solcherlei Spezialmärkte blindlings auf Weltmärkte übertragen werden (kritisch hierzu: Aspers 2009, S. 23–25). Es ist aber gerade auch die ausschließliche Fokussierung auf die Produzenten und damit das Ignorieren der Abnehmerseite, die Kritik hervorgerufen hat. So insistiert etwa Karin Knorr-Cetina darauf, dass eine realistische Markttheorie eben nicht die unternehmerische Orientierung an den Kundenbedürfnissen, sowie die Ausrichtung an Innovationspotenzialen und politischen Rahmenbedingungen vernachlässigen dürfe (2004, S. 142 ff.).

Zudem legte Ezra Zuckerman bereits im Jahr 1999 eine Studie vor, die zeigt, dass professionelle Beobachter, also nicht direkte Handelsteilnehmer, von Finanzmärkten einen Einfluss auf die Preisbildung haben. Diese Beobachtung führte zu

---

[32]Immerhin sprechen White und Godart dem unternehmerischen Marketing die Funktion zu, das Entstehen neuer Märkte rechtzeitig beobachten zu können und ein frühzeitiges Ausrichten strategischer Entscheidungen zu begünstigen (2007, S. 212).

der Forderung, dass in Marktanalysen das Publikum vermittels „*models of consumer decision making*" Berücksichtigung finden sollte (1999, S. 1403). Auch wenn die Beobachtung Zuckermans nicht im direkten Widerspruch zu Whites Argumentation steht, denn er konzentrierte sich auf Produktions- und nicht auf Finanzmärkte, wird diese Kritik von Martin Bühler und Tobias Werron (2014) aufgegriffen und dahin gehend erweitert, dass die Erwartungen des „*Abnehmer- oder Käuferpublikums*" in marktsoziologischen Analysen berücksichtigt werden müssen. Sie beziehen sich dabei auf Simmels triadisches Wettbewerbskonzept (1903/1995) – zwei Anbieter konkurrieren um die Gunst eines Dritten –, wobei dieser Dritte deutlich weiter als nur mit Blick auf die Konsumentenrolle gefasst wird. Ihre These ist, dass es sich bei Konkurrenz um eine soziale Konstruktion um „*die als knapp wahrgenommene Aufmerksamkeit, Zahlungs- und Investitionsbereitschaft Dritter*" handelt (2014, S. 278). Diese Konzeptionalisierung berücksichtigt eben nicht *den* kaum einschätzbaren *Konsumenten,* sondern ebenso universalisierte Dritte, wie Wirtschaftsjournalisten, Börsenanalysten, Finanzdienstleister usw., als potenziell strukturrelevante Akteure (S. 289). Jenseits der Politik und der Anbieter respektive Produzenten sind es demnach die Erwartungen des Publikums, die relevant für den Wandel von Marktstrukturen sein können, da sie die Konkurrenz am Markt rahmen (S. 279).[33] Bühler und Werron sehen in eben diesem Publikum den „*mysteriösen Dritten*", dessen Erwartungen zu berücksichtigen sind, um die Erwartungen potenzieller Abnehmer einschätzen zu können (S. 279–280). Die alleinige Fokussierung auf Produktionsmärkte und die Vernachlässigung der Konsumseite, so symptomatisch sie für die Neue Wirtschaftssoziologie Knorr Cetina zufolge sei (2007, S. 5), scheint einen zur Untersuchung von Märkten und von Marktwandel relevanten Aspekt vernachlässigt zu haben.

4   Zurück zur Energiewende: Marktwandel und Erwartungskonflikte

Die Fäden rund um den Begriff der Erwartungen und Erwartungserwartungen werden nun im Zusammenspiel mit möglichen analytischen Zugängen zu strukturellen Konflikten der Energiewende zusammengeführt. In dem vorliegenden

---

[33]Besonders deutlich und überzeugend wird dieser Einbezug des Publikums am zuvor skizzierten Beitrag Mützels. Das Vermitteln von Stories und dass damit verbundene Schüren von Erwartungen macht eben nur vor dem Hintergrund zahlungskräftiger Beobachter Sinn, die die Stories vergleichen und bewerten und damit den Markt mit konstituieren.

Beitrag erfolgt, dies sei noch einmal betont, eine Engführung dessen, was unter „Energiewende" verstanden werden kann, auf den Wandel von Markstrukturen im Sinne eines Wandels von Erwartungsstrukturen. Strukturelle Konflikte werden in dieser Perspektive verstanden als ein Konflikt von Erwartungen, genauer von Erwartungserwartungen. Erwartungserwartungen stellen in dem Sinne die soziale Struktur eines Marktes dar, in dem ein antizipierter zukünftigen Zustand erwartbar gemacht wird und auf diese Weise spezifische Kommunikationen und Handlungen in der Gegenwart vorstrukturiert werden. Bezogen auf die im Wettbewerb stehenden Marktakteure lässt sich dann von einem Wettbewerb um das Durchsetzen von Erwartungen sprechen. Und um den Machtgehalt kommunizierter Erwartungen hervorzuheben, kann im Anschluss an Fligstein von dominierenden Erwartungen gesprochen werden, die, wenn sie sich allgemein durchsetzen und zur Ausgangslage von Beobachtungsweisen, Kommunikationen und Handlungen werden, in Form von Erwartungserwartungen mit einer Marktstruktur gleichzusetzen sind. Denn wer Erwartungen prägt, prägt damit Kommunikationen und Handlungen in der Gegenwart, erlangt also eine Deutungshoheit über einen zukünftigen Zustand – und zwar einen ganz spezifischen Zukunftszustand – und setzt damit eine Entwicklung in Richtung einer ganz bestimmten, von vielen möglichen Zukunftszuständen in Gang.

Diese vorgenannten Überlegungen sollen nun genutzt werden, um das Konfliktpotenzial der Energiewende mit besonderem Fokus auf politisches, produzentenseitiges und konsumenteninduziertes Konfliktpotenzial zu verdeutlichen.

Politisches Konfliktpotenzial: Das politische Leitmotiv der Nachhaltigkeit (vgl. Langenohl in diesem Band) und der Stromproduktion aus regenerativen Energien verbunden mit der angestrebten Reduktion von CO_2-Emissionen wird erst durch rechtliche Eingriffe in die Stromproduktion und den Handel strukturell wirksam. Die Art und Weise, wie die Stromproduktion in der Vergangenheit politisch gefördert wurde, beförderte u. a. eine Konfliktlinie, die auf den Unterschied zwischen Zentralität/Dezentralität zurückgeführt werden kann. Im ersten Schritt bestand das vordringliche politische Interesse darin, der weitestgehend zentral organisierten fossil-atomaren Stromproduktion eine dezentrale organisierte regenerative Stromproduktion entgegenzusetzen. Auf dieser Basis und in Kombination mit entsprechenden Subventionszahlungen betraten eine Reihe neuer Marktteilnehmer (Challengers) die Bühne, während die Incumbents einer in der Vergangenheit bewährten zentralisierten Logik nachhingen. Schon allein aufgrund des Skaleneffekts wäre ein direkter Wettbewerb zwischen diesen ungleichen Marktteilnehmern zuungunsten der Challenger ausgegangen. Spätestens jedoch seit der

Novellierung des Erneuerbaren-Energien-Gesetzes (EEG 2014) zeichnet sich auch in der regenerativen Stromproduktion eine *„Zentralisierung des Dezentralen"* ab, also eine Errichtung immer größerer Anlagen zur regenerativen Energieerzeugung. Dies wird insbesondere auf den Kostensenkungsdruck der Einspeisevergütung, im Sinne von formalisierten Erwartungserwartungen, zurückgeführt.[34] Durch diese (sich wandelnde) Subventionierungspolitik übt das politische Systeme einen erheblichen Einfluss auf die Art und Weise aus, wie sich Marktteilnehmer, und hier insbesondere Produzenten, wechselseitig im Hinblick auf die jeweiligen Partizipationsmöglichkeiten beobachten und aneinander orientieren können. Die für die Forschung interessante Einstiegsfrage wäre dann etwa, inwiefern politische Entscheidungen konfligierende Erwartungspositionen erst in die Marktstruktur einbringen. Diese Form des politisch-motivierten Zugriffs auf eine antizipierte Zukunft kann als *eine* Quelle struktureller, im Markt wirksam werdender Konflikte verstanden werden.

Produzentenseitiges Konfliktpotenzial: Insbesondere bei den etablierten Marktteilnehmern besteht per se großes Interesse daran, ihre bislang den Markt dominierenden Erwartungserwartungen als Leitlinie für die potenzielle Konkurrenz aufrecht zu erhalten. So ist es wenig verwunderlich, dass Energieversorgungsunternehmen zur Vermeidung von Erwartungsenttäuschungen und potenzieller Konflikte versuchen, frühzeitig auf Gesetze Einfluss zu nehmen. So arbeitet Steffen Dagger (2009) in einer umfassenden Untersuchung der Novellierung des Erneuerbaren-Energien-Gesetzes im Jahr 2009 heraus, dass sich insbesondere Unternehmen der etablierten Energiewirtschaft sowie Vertreter großindustrieller Stromabnehmer am Gesetzgebungsverfahren maßgeblich beteiligt hatten. Der gesamte Bereich des Lobbyismus ist ein Paradebeispiel für die Herstellung möglichst erwartungskonformer Rahmenbedingungen aus Sicht einflussreicher Marktteilnehmer. Gerade für Incumbents sei es typisch, so Raimund Hasse und Georg Krücken, dass diese ihren Einfluss auf (politisch-rechtliche und marktliche) Rahmenbedingungen geltend machen, die für den Markteinstieg von Newcomern in der Regel ungünstig sind (2005, S. 57). Man könnte diese Einflussnahme auch umgekehrt, wie im Abschn. 2.1 genannten Sinne interpretieren: Der Verzicht auf eine Einflussnahme, und die damit einhergehende Toleranz einer den eigenen Erwartungen entgegenstehenden Rechtslage, würde dazu führen, dass von

---

[34]So ist bereits in den vergangenen Jahren zu beobachten, dass Windkraftanlagen zu Windparks und Solaranlagen zu Freiland-Solarparks zusammengefasst wurden (Mautz et al. 2008, S. 104 ff.).

politischer Seite zukünftig nicht die enttäuschten Erwartungen erwartet werden, sondern diejenigen, die der dann geltenden Rechtslage entsprechen.[35] Wird eine Einflussnahme verpasst, werden die Incumbents mit einem dann geltenden Recht konfrontiert, das im Sinne generalisierter normativer Erwartungen keine (Gesetzes-)Änderung vorsieht (Baraldi 1998, S. 49), sondern statt dessen betroffene Rechtssubjekte zur Anpassung zwingt.

Ein solcher politisch forcierter Wandel der marktlichen Umwelt führt zu einer konfliktgeladenen Situation. So ist seit der Strommarktliberalisierung zu beobachten, wie etablierte Energieversorgungsunternehmen den Wandel von der Produktions- zur Marktlogik, von der Versorger- zur Wettbewerbslogik, zögerlich mit verschiedensten Reorganisationsmaßnahmen zu bewältigen versuchen (vgl. Jacobsen et al. in diesem Band; Giacovelli 2014a, S. 273–296). Hierbei treffen Erwartungserwartungen, die auf Wettbewerb, Wandel und Grünstrom setzen, auf interne Strukturen, die vergangenen Logiken entstammen und insbesondere auf Beständigkeit, fossil-atomare Stromproduktion und Ingenieursdenken setzten. Ein solches Denken entstammte nicht zuletzt einer Aufteilung des Stromproduktionsmarktes in Deutschland, die, ganz im Sinne Whites, oligopolistisch geprägt war. Bis vor wenigen Jahren entfielen 90 % der Kraftwerkskapazitäten in Deutschland auf die sogenannten *„Big-4“*: namentlich RWE, E.ON, Vattenfall und EnBW. Im Jahr 2013 lag der Anteil der Kapazitäten bei 68 %, Tendenz sinkend, da sich die Produktionskapazitäten zunehmend in Richtung Erneuerbare-Energien-Anlagen verschieben. Eine Neuausrichtung, die die großen Vier weitestgehend verpasst haben (Bontrup und Marquardt 2015).[36] Und wenn auch die oligopolistische Prägung der Stromproduktion zunehmend schwindet, und damit auch die Passung des Whiteschen Analysezuschnitts, scheint die Geschäftsausrichtung der großen Vier ungeachtet der Umweltveränderungen ein sehr gutes Beispiel für den Wandel von lange Zeit äußerst resistenten, normativen zu kognitiven Erwartungen zu

---

[35]Weitere Beispiele hierzu liefern etwa Sascha Adamek und Kim Otto, die auf die Einflussmöglichkeiten von Energiekonzernen auf Bundesministerien vermittels personeller Verflechtungen hinweisen (Adamek und Otto 2013). Zudem zeigt Irina Michalowitz, auf welche Weise die etablierten Energiekonzerne über Verbände, über Arbeitsgruppen oder über Kontakte mit Funktionsträgern auf unterschiedlichen Ebenen in der Europäischen Kommission Einfluss auf die europäische Umweltpolitik nehmen (2007, S. 132–135).

[36]Bontrup und Marquardt zufolge beschränken sich die großen Vier in ihrer wirtschaftlich angeschlagenen Situation auf Kompensationsforderungen, Rationalisierungen und zuletzt auch, mit deutlicher Verzögerung im Vergleich zu den Herausforderern, mit einer Neujustierung ihrer Geschäftsschwerpunkte auf die Stromproduktion aus erneuerbaren Energien (Bontrup und Marquardt 2015, S. 206–256).

sein.[37] Wie die kurzen Ausführen zu organisationsinternen Konflikten zeigen, muss diese Beharrlichkeit aber nicht zwangsläufig auf eine schwach ausgeprägte Lernfähigkeit zurückzuführen sein, sondern kann aus internen Hürden eines Organisationswandels (Bontrup und Marquardt 2010, S. 324 ff.), wider der Erkenntnis, dass dieser notwendig sei, oder einer zu starken Fokussierung auf die anderen, ebenfalls erstarrten Etablierten resultieren (vgl. Fligstein 2011, S. 93). Auch hier stellt sich die Fligsteinsche Frage, wie durchsetzungsstark bestimmte Kontrollkonzepte im Sinne von Interpretationsrahmen (S. 81), und damit nichts anderes als Erwartungserwartungen, im organisationsinternen Verhältnis sind und in welchem Verhältnis diese zu erstarrten Organisationsstrukturen stehen.

Publikumsseitiges Konfliktpotenzial: Kommen wir zu der strukturprägenden Rolle des Publikums und hier im ersten Schritt zum Konsumentenpublikum. Versucht man etwa den Erfolg der Energiewende von der Wechselbereitschaft des Stromkunden, entweder zu einem anderen Lieferanten oder zu einem Ökostromprodukt des aktuellen Lieferanten, abhängig zu machen, muss dies zwangsläufig zu pessimistischen Erfolgserwartungen führen (vgl. Schraten in diesem Band). Zumindest legen dies Zahlen zur allgemeinen Wechselbereitschaft der Stromhaushaltskunden nahe.[38] Eine Präferenz von Ökostromverträgen ist hierbei noch nicht einmal berücksichtigt. Dem Ökonomen Nicholas Stern zufolge sei allerdings davon auszugehen, dass ein Großteil der Konsumenten nicht bereit sei, für Ökostrom mehr zu zahlen, da es sich per se um ein homogenes Gut handle (2007, S. 402). Die Erwartung klimaschädlicher Folgen der atomar-fossilen Stromproduktion reiche dieser Ansicht nach nicht aus, um die Konsumentscheidungen der Endverbraucher in Richtung regenerativ produziertem Strom zu bewegen.

---

[37]Diese Richtung eines Wandels von normativen zu kognitiven Erwartungen wird ebenfalls in Finanzmärkten beobachtet: „cognitive, adaptive, and learning-oriented expectations have clearly become prominent while normative and prescriptive expectations are fading out" (Strulik 2007, S. 17).

[38]Aus dem gemeinsamen Monitoringbericht der Bundesnetzagentur und des Bundeskartellamtes geht hervor, dass sich die Vertragsstruktur der Haushaltskunden im Jahr 2013 wie folgt zusammen setzt: 20,9 % der Haushaltskunden haben einen Sondervertrag mit einem anderen Lieferanten, 45 % haben einen Sondervertrag mit ihrem lokalen Grundversorger abgeschlossen, aber rund ein Drittel (34,1 %) werden über einen Grundversorgungsvertrag mit Strom versorgt (BN/BK 2014, S. 146). Das heißt, dass ein Drittel der Haushalte nicht nur den Lieferanten nicht gewechselt hat, sondern bei dem Grundversorger geblieben ist und dort zu dem teuersten Tarif versorgt wird; und dies fünfzehn Jahre nach der Strommarktliberalisierung. Eine Differenzierung nach Atom- und Ökostromverträgen wurde hier nicht berücksichtigt.

Allerdings, und dieser Aspekt ist bei der Diskussion um die Rolle der Konsumenten dringend zu berücksichtigen, ist die Finanzierung der Energiewende, im Sinne einer finanziellen Förderung der Stromproduktion aus erneuerbaren Energien, ganz unabhängig von den Erwartungen und dem Wechselverhalten des Endverbrauchers organisiert: *Jeder* Stromverbraucher wird über die Stromabrechnung verpflichtet, die sogenannte EEG-Abgabe zu zahlen; wobei private und gewerbliche Endverbraucher durchaus unterschiedlich behandelt werden.[39] Die Finanzierung der Energiewende wird also unabhängig von der einzelnen Konsumentscheidung auf politischem Wege sichergestellt; mit anderen Worten: die individuellen Erwartungen werden durch generalisierte und formalisierte politische Erwartungserwartungen ersetzt, die auf diese Weise einen Zahlungsstrom in der Größenordnung des Länderfinanzausgleichs garantieren (Buchal et al. 2013, S. 128, BDEW 2015). Allerdings ist an der letzten EEG-Novellierung erkennbar, dass zunehmend vom Subventionsprinzip Abstand genommen wird und die EE-Produzenten sukzessive dem Marktprinzip überlassen werden sollen.[40]

Das von Bühler und Werron ausgearbeitete Konzept des *„Abnehmer- oder Käuferpublikums"* ermöglicht es zudem, in weiterführenden Studien zur Energiewende, die Rolle von Marktanalysten, einflussreichen (Erzeuger- sowie Verbraucher-)Verbänden, Marktanbietern und Gutachtern, die spezifische Marktarchitekturen legitimieren, hinsichtlich ihrem Prägen von Markt- und damit von Erwartungsstrukturen herauszuarbeiten.

---

[39]In der Diskussion zum Klimawandel wird die Auffassung vertreten, dass dieser erhebliche Auswirkungen auf soziale Ungleichheiten habe, da von den Folgen des Klimawandels ärmere Staaten und ärmere Menschen stärker betroffen seien, als wohlhabendere Staaten und Menschen (Stern 2007, S. XVII; Beck 2008, S. 25–36; Beck und van Loon 2011, S. 121–124). Soziale Ungleichheit ist aber bereits in der Gegenwart hinsichtlich der Finanzierung der Energiewende zu beobachten, da gewerbliche Stromkunden, die bestimmte Voraussetzungen erfüllen, von Vergünstigungen der EEG-Abgabe profitieren können. Würden, so Thorsten Lenck, privilegierte Großkunden keinen Gebrauch von den verschiedenen Sondervergünstigungen machen, läge der EEG-Satz bei 4,875 Cent/kWh statt bei aktuell 6,24 Cent/kWh, da die Finanzierung des erzeugten Ökostroms auf weniger Schultern verteilt werde (Lenck 2014, S. 20).

[40]Das Ziel der Novellierung besteht darin, den Anstieg der EEG-Abgabe einzudämmen, indem die Direktvermarktung von Ökostrom für Neuanlagen schrittweise verpflichtend wird, die finanzielle Förderung ab 2017 über Ausschreibungen ermittelt werden soll und, dies ist an dieser Stelle besonders hervorzuheben, vorwiegend kosteneffizientere Anlagen protegiert werden (EEG 2014; Monopolkommission 2013, S. 112–113).

5   Fazit und Ausblick

Der vorliegende Beitrag hat zum Ziel, die zentrale Rolle von Erwartungsstrukturen bei der Analyse von Märkten und ihrem Wandel herauszuarbeiten. Hierzu wurden die zentralen Charakteristika des Erwartungsbegriffs und des Begriffs der Erwartungserwartungen im Hinblick auf Temporalität, Wandel und Konflikte herausgearbeitet. Erwartungen antizipieren zukünftige Zustände und leiten dadurch Kommunikation und Handlung in der Gegenwart an. In diesem Sinne resultieren soziale Strukturen aus Erwartungen; und zwar genau dann, wenn Erwartungen erwartet werden können. Ein Wandel sozialer Strukturen, wie etwa der von Märkten, ist demzufolge als ein Wandel von Erwartungserwartungen anzusehen, was nahelegt, genau auf dieser Ebene mit der Analyse anzusetzen.

Umso überraschender ist die bisherige Zurückhaltung in der Wirtschafts- und Marktsoziologie hinsichtlich einer systematischen Berücksichtigung von Erwartungsstrukturen in der theoretischen und empirischen Forschung. Dies überrascht auch deshalb, da eine Fokussierung auf Erwartungsstrukturen höchst anschlussfähig ist. Dies gilt nicht nur für wirtschafts- und machtrelevante Fragestellungen, wie etwa der in Anlehnung an Fligstein formulierte Begriffsvorschlag dominierender/dominierter Erwartungsstrukturen zum Ausdruck bringt. Der Begriff der Erwartungen bzw. Erwartungserwartungen ist prinzipiell für die Untersuchung jeglicher sozialer Strukturen und ihres Wandels offen. Dies setzt jedoch eine Reihe weiterer Ausarbeitungen konzeptioneller Art voraus. Spätestens dann, wenn verschiedene gesellschaftliche Teilbereiche in den Blick genommen werden, stellt sich etwa die Frage, ob neben normativen und kognitiven Erwartungen weitere spezifische Erwartungstypen zu unterscheiden sind und in welchem Verhältnis sie zueinander stehen. Das über diesen Beitrag hinausgehende Ziel besteht dann darin, ein anleitendes und differenziertes Analyseschema zu entwickeln, dass nicht nur für Erwartungsstrukturen auf der Marktebene, sondern zudem eine Mikro-, Meso- und Makrodifferenzierung beinhaltet und damit über Wirtschaftsprozesse hinaus einen Beitrag zur Allgemeinen Soziologie leistet.[41] Förderlich für die praktische Anwendung eines solchen Analyseschemas wäre es zudem, wenn von einer hier fokussierten eher allgemeineren Erwartungsebene auf eine spezifischere Ebene, etwa mithilfe einer feineren Erwartungstypologie, zu wechseln:

---

[41]Nicht zuletzt bietet eine gründlichere Auseinandersetzung mit Erwartungsstrukturen die Möglichkeit, interdisziplinäre Gemeinsamkeiten und Unterschiede aufzuzeigen, wie es bereits in der Abgrenzung zum Begriff rationaler Erwartung in der orthodoxen Ökonomik oder dem der irrationalen Erwartungen der Behavioral Economics praktiziert wird (vgl. Langenohl 2010; Beckert 2013a; Giacovelli 2015).

etwa die Unterscheidung von Erwartungsinhalten (beispielsweise Produkte, Verhalten, Regeln, Beziehungen), marktspezifischen Erwartungen (Konkurrenz, Tausch, Preis) und energiemarktspezifischer Erwartungen (Ziele, Investitionen, Subventionen).

Die Energiewende wurde in diesem Beitrag als ein Markwandel interpretiert. Dies aus dem Grund, da die politisch initiierte Energiewende ihre Folgen insbesondere auf den Energiemärkten, in spezifischen Marktarchitekturen, Handelspraxen, Marktteilnehmern, Publika, Preisentwicklungen und den mit ihr verbundenen strukturellen Konflikten beobachtbar wird. Ein systematisches Analysekonzept sollte aber zudem verschiedensten Formen des Wandels Rechnung tragen. Damit ist etwa die aus der Innovationsforschung bekannte Unterscheidung disruptiver und inkrementeller Innovationen angesprochen. Hier stellt sich die Frage, in welchem Verhältnis Erwartungsstrukturen zu verschiedenen Formen des Wandels stehen (vgl. Brown und Michael 2003). Bei solchen generellen Überlegungen sind dann gerade Analysekonzepte von Vorteil, die nicht bei strukturellen Prämissen der Makroebene verbleiben, sondern individuelle Bedingungen auf der Meso- und Mikroebene einbeziehen. So zeigt sich gerade am Beispiel der Energiewende, dass die verschiedenen Marktteilnehmer, insbesondere der fossilatomar ausgerichteten Etablierten im Vergleich zu den Ökostrom produzierenden Herausforderern, andere Voraussetzungen mitbringen, um dem Marktwandel zu begegnen und damit auch über andere Möglichkeiten verfügen, um ihre Erwartungen durchzusetzen.

Literatur

Abbott, A. (2005). Process and temporality in sociology. The idea of outcome in U.S. sociology. In G. Steinmetz (Hrsg.), *The politics of method in the human sciences* (S. 393–426). Durham: Duke University Press.

Abolafia, M. Y., & Biggart, N. W. (1991). Competition and markets. An institutional perspective. In A. Etzioni & P. R. Lawrence (Hrsg.), *Socio-economics. Toward a new synthesis* (S. 211–231). London: Armonk.

Adamek, S., & Otto, K. (2013). *Der gekaufte Staat. Wie Konzernvertreter in deutschen Ministerien sich ihre Gesetze selbst schreiben.* Köln: Kiepenheuer & Witsch.

Aspers, P. (2009). *How Are Markets Made?* (MPIfG Discussion Paper 09/2). Köln: Max-Planck-Institut für Gesellschaftsforschung.

Aspers, P., & Beckert, J. (2008). Märkte. In A. Maurer (Hrsg.), *Handbuch der Wirtschaftssoziologie* (S. 225–246). Wiesbaden: Springer VS.

Baecker, D. (1999). Die Preisbildung an der Börse. *Soziale Systeme, 50*(2), 287–312.

Baraldi, C. (1998). Erwartungen. In C. Baraldi, G. Corsi, & E. Esposito (Hrsg.), *GLU. Glossar zu Niklas Luhmanns Theorie sozialer Systeme* (S. 45–49). Frankfurt a. M.: Suhrkamp.

Beck, U. (2008). *Die Neuvermessung der Ungleichheit unter den Menschen: Soziologische Aufklärung im 21. Jahrhundert* (Eröffnungsvortrag zum Soziologentag „Unsichere Zeiten" am 6. Oktober 2008 in Jena). Frankfurt a. M.: Suhrkamp.

Beck, U., & Loon, J. van. (2011). Until the last ton of fossil fuel has burnt to ashes: Climate change, global inequalities and the dilemma of green politics. In D. Held, A. Hervey, & M. Theros (Hrsg.), *The governance of climate change. Science, economics, politics and ethics* (S. 111–134). Cambridge: Polity.

Beckert, J. (2010). How do fields change? The interrelations of institutions, networks, and cognition in the dynamics of markets. *Organization Studies, 31,* 605–627.

Beckert, J. (2013a). Capitalism as a system of expectations. Toward a sociological microfoundation of political economy. *Politics and Society, 41*(3), 323–350.

Beckert, J. (2013b). Imagined futures: Fictional expectations in the economy. *Theory and Society, 42,* 219–240.

Beckert, J. (2014). *Capitalist dynamics. Fictional expectations and the openness of the future* (MPIfG Discussion Paper 14/7). http://www.mpi-fg-koeln.mpg.de/pu/dp_abstracts/dp14-7.asp. Zugegriffen: 21. Jan. 2015.

Beckert, J., Diaz-Bone, R., & Ganßmann, R. (2007). Einleitung: Neue Perspektiven für die Marktsoziologie. In J. Beckert (Hrsg.), *Märkte als soziale Strukturen* (S. 19–39). Frankfurt a. M.: Campus.

Blumer, H. (1953). Psychological import of the human group. In M. Sherif & M. O. Wilson (Hrsg.), *Group relations at the crossroads: The university of oklahoma lectures in social psychology* (S. 185–202). New York: Harper and Brothers.

Bontrup, H. J., & Marquardt, R. M. (2010). *Kritisches Handbuch der deutschen Elektrizitätswirtschaft. Branchenentwicklung, Unternehmensstrategien, Arbeitsbeziehungen.* Berlin: edition sigma.

Bontrup, H. J., & Marquardt, R. M. (2015). Die Zukunft der großen Energieversorger. Studie im Auftrag von Greenpeace. https://www.greenpeace.de/sites/www.greenpeace.de/files/publications/zukunft-energieversorgung-studie-20150309.pdf. Zugegriffen: 13. Juli 2015.

Borup, M., Brown, N., Konrad, K., & Lente, H. van. (2006). The sociology of expectations in science and technology. *Technology Analysis & Strategic Management, 18*(3/4), 285–298.

Bourdieu, P. (2005). *The social structures of the economy.* London: Polity.

Brodbeck, K. H. (1998). *Die fragwürdigen Grundlagen der Ökonomie. Eine philosophische Kritik der modernen Wissenschaften.* Darmstadt: Wissenschaftliche Buchgesellschaft.

Brown, N., & Michael, M. (2003). A sociology of expectations: Retrospecting prospects and prospecting retrospects. *Technology Analysis and Strategic Management, 15*(1), 3–18.

Buchal, C., Wittenberg, P., & Oesterweind, D. (2013). *Strom. Die Gigawatt-Revolution. Geschichte, Energiewende, Technik, Markt, Zukunft* (Herausgegeben von der TÜV Rheinland AG). Köln: MIC.

Bühler, M., & Werron, T. (2014). Zur sozialen Konstruktion globaler Märkte. Ein kommunikationstheoretisches Modell. In A. Langenohl & D. J. Wetzel (Hrsg.), *Finanzmarktpublika. Moralität, Krisen und Teilhabe in der ökonomischen Moderne* (S. 271–299). Wiesbaden: Springer VS.

BN/BK (Bundesnetzagentur und Bundeskartellamt). (2014). Monitoringbericht 2014 der Bundesnetzagentur für Elektrizität, Gas, Telekommunikation, Post und Eisenbahnen und des Bundeskartellamtes. Stand: 14. November 2014. http://www.bundesnetzagentur.de/SharedDocs/Downloads/DE/Allgemeines/Bundesnetzagentur/Publikationen/Berichte/2014/Monitoringbericht_2014_BF.pdf?__blob=publicationFile&v=4. Zugegriffen: 30. Dez. 2014.

BDEW (Bundesverband der Energie- und Wasserwirtschaft e. V.). (2015). Erneuerbare Energien und das EEG: Zahlen, Fakten, Grafiken (2015). Anlagen, installierte Leistung, Stromerzeugung, Marktintegration der erneuerbaren Energien, EEG-Auszahlungen und regionale Verteilung der EEG-induzierten Zahlungsströme. Stand: 11.5.2015. https://www.bdew.de/internet.nsf/id/foliensatz-erneuerbare-energien-und-das-eeg-ausgabe-2015-de/$file/Foliensatz%20Energie-Info_Erneuerbare_Energien_und_das_EEG_2015_11.05.2015_final.pdf. Zugegriffen: 14. Juli 2015.

Callon, M. (1998). Introduction: The embeddedness of economic markets in economics. In M. Callon (Hrsg.), *The laws of the markets* (S. 1–57). Oxford: Blackwell.

Callon, M. (1999/2006). Akteur-Netzwerk-Theorie: Der Markttest. In A. Belliger & D. J. Krieger (Hrsg.), *ANThology. Ein einführendes Handbuch zur Akteur-Netzwerk-Theorie* (S. 545–559). Bielefeld: transcript.

Dagger, S. B. (2009). Energiepolitik und Lobbying. Die Novelle des Erneuerbare-Energien-Gesetzes (EEG) 2009. In D. Reiche (Hrsg.), *Ecological Energy Policy* (Bd. 12). Stuttgart: ibidem.

DiMaggio, P. J., & Powell, W. W. (1983). The iron cage revisited: Institutional isomorphism and collective rationality in organizational fields. *American Sociological Review, 48*, 147–160.

EEG. (2014). Gesetzentwurf der Bundesregierung. Entwurf eines Gesetzes zur grundlegenden Reform des Erneuerbaren-Energien-Gesetzes und zur Änderung weiterer Bestimmungen des Energiewirtschaftsrechts. http://www.bmwi.de/BMWi/Redaktion/PDF/Gesetz/entwurf-eines-gesetzes-zur-grundlegenden-reform-des-erneuerbare-energien-gesetzes-und-zur-aenderung-weiterer-bestimmungen-des-energiewirtschaftsrechts,property=pdf,bereich=bmwi2012,sprache=de,rwb=true.pdf. Zugegriffen: 11. Apr. 2014.

Engels, A. (2007). Die Konstituierung und institutionelle Absicherung von Marktteilnehmerschaft. Beitrag zur Konferenz „Die institutionelle Einbettung von Märkten", 1.–3. Februar 2007, Max-Planck-Institut für Gesellschaftsforschung, Köln. http://www.mpifg.de/maerkte-0702/papers/Engels_Maerkte2007.pdf. Zugegriffen: 5. Febr. 2010.

Engels, A. (2009). Die soziale Konstitution von Märkten. In J. Beckert & C. Deutschmann (Hrsg.), *Wirtschaftssoziologie. Sonderheft 49 der Kölner Zeitschrift für Soziologie und Sozialpsychologie* (S. 67–86). Wiesbaden: Springer VS.

Esposito, E. (2010). *Die Zukunft der Futures. Die Zeit des Geldes in Finanzwelt und Gesellschaft*. Heidelberg: Carl-Auer-Systeme.

Fligstein, N. (1996). Markets as politics. A political and cultural approach to market institutions. *American Sociological Review, 61*, 656–673.

Fligstein, N. (2011). *Die Architektur der Märkte*. Wiesbaden: Springer VS.

Fourcade, M. (2007). Theories of markets and theories of society. *American Behavioral Scientist, 50*, 1015–1034.

Galtung, J. (1959). Expectations and interaction processes. Inquiry. *An Interdisciplinary Journal of Philosophy and the Social Sciences 2*(1–4), 213–234 (Reprinted 1966).

Garcia-Parpet, M.-F. (1986/2007). The social construction of a perfect market: The strawberry auction at fontaines-en-sologne. In D. MacKenzie, F. Muniesa, & L. Siu (Hrsg.), *Do economics make markets? On the performativity of economics* (S. 20–53). Princeton: Princeton University Press.

Giacovelli, S. (2014a). *Die Strombörse. Über Form und latente Funktionen des börslichen Stromhandels aus marktsoziologischer Sicht.* Marburg: Metropolis.

Giacovelli, S. (2014b). *Formula ideals: The aisthesis of mathematical formulas in pure mathematics, mathematical economics and economy.* Vortrag auf der 26. Jahreskonferenz der European Association for Evolutionary Political Economy in Nikosia/Zypern, 8. November 2014.

Giacovelli, S. (2015). *Survival of the fittest? Expectations and concepts of time in economic models and their political impact.* Vortrag auf der 27. Jahreskonferenz der European Association for Evolutionary Political Economy an der Universität Genua, 17.–19. September 2015.

Giacovelli, S. (2016). Formelideal und Problemlösung – Über den Gebrauch mathematischer Formeln in der reinen Mathematik und der mathematisierten Ökonomik. *Forum Interdisziplinäre Begriffsgeschichte, 5*(1), 115–124.

Giacovelli, S., & Langenohl, A. (2016, i. E.). Temporalitäten in der wirtschaftswissenschaftlichen Modellbildung: Die Multiplikation von Zeitlichkeit in der Neoklassik. In J. Maeße, H. Pahl, & J. Sparsam (Hrsg.), *Die Innenwelt der Ökonomie. Wissen, Macht und Performativität in der Wirtschaftswissenschaft.* Wiesbaden: Springer VS.

Granovetter, M. (1985). Economic action and social structure. A theory of embeddedness. *American Journal of Sociology, 91,* 481–510.

Granovetter, M., & McGuire, P. (1998). The making of an industry: Electricity in the United States. In M. Callon (Hrsg.), *The laws of the markets* (S. 147–173). Oxford: Blackwell.

Hasse, R., & Krücken, G. (2005). *Neo-Institutionalismus.* Bielefeld: transcript.

Hedtke, R. (2014). *Wirtschaftssoziologie.* Konstanz: UVK.

Kalthoff, H. (2004). Finanzwirtschaftliche Praxis und Wirtschaftstheorie. *Zeitschrift für Soziologie, 33,* 154–175.

Knorr Cetina, K. (2004). Capturing markets? A review essay on Harrison White on producer markets. *Socio-Economic Review, 2*(1), 137–147.

Knorr Cetina, K. (2007). Economic sociology and the sociology of finance. *Economic Sociology. The European Electronic Newsletter, 8*(3), 4–10.

Langenohl, A. (2010). Analyzing expectations sociologically: Elements of a formal sociology of the financial markets. *Economic Sociology. The European Electronic Newsletter, 12*(1), 18–27.

Lant, T. K., & Baum, J. (1995). Cognitive sources of socially constructed competitive groups: Examples from the Manhattan hotel industry. In W. R. Scott & S. M. Christensen (Hrsg.), *The institutional construction of organizations* (S. 15–38). Thousand Oaks: Sage.

Lenck, T. (2014). EEG-Umlage und die Kosten der Energiewende. Ein Rückblick und Ausblick. Manuskript zum Vortrag. Tagung „Energietreff" am 20.5.2014 in Düsseldorf.

Lente, H. van. (2012). Navigating foresight in a sea of expectations: Lessons from the sociology of expectations. *Technology Analysis & Strategic Management, 24*(8), 769–782.

Lucas, R. E., & Sargent, T. J. (1981/1982). *Rational expectations and econometric practice*. New York: HarperCollins.

Luhmann, N. (1983). Das sind Preise. Ein soziologisch-systemtheoretischer Erklärungsversuch. *Soziale Welt, 34*(2), 153–170.

Luhmann, N. (1984). *Soziale systeme*. Frankfurt a. M.: Suhrkamp.

Luhmann, N. (1996). *Die Wirtschaft der Gesellschaft*. Frankfurt a. M.: Suhrkamp.

MacKenzie, D. (2006). *An engine, not a camera. How financial models shape markets*. Cambridge: MIT Press.

MacKenzie, D., & Millo, Y. (2003). Constructing a market, performing theory: The historical sociology of a financial derivatives exchange. *American Journal of Sociology, 109*(1), 101–145.

Mautz, R., Byzio, A., & Rosenbaum, W. (2008). *Auf dem Weg zur Energiewende. Die Entwicklung der Stromproduktion aus erneuerbaren Energien in Deutschland*. Göttingen: Universitätsverlag.

Mead, G. H. (1934/1967). *Mind, self, and society. Herausgegeben von Charles Morris*. Chicago: University of Chicago Press.

Michalowitz, I. (2007). *Lobbying in der EU*. Wien: Facultas.

Möllering, G. (2009). *Market constitution analysis. A new framework applied to solar power technology markets* (MPIfG Working Paper 09/7). Köln: Max Planck Institut für Gesellschaftsforschung.

Monopolkommission. (2013). Energie 2013: Wettbewerb in Zeiten der Energiewende, Sondergutachten 65, September 2013. http://www.monopolkommission.de/sg_65/s65_volltext.pdf. Zugegriffen: 27. Apr. 2014.

Mützel, S. (2007). Marktkonstituierung durch narrativen Wettbewerb. *Berliner Journal für Soziologie, 17*, 451–464.

Mützel, S. (2010). Koordinierung von Märkten durch narrativen Wettbewerb. In J. Beckert & C. Deutschmann (Hrsg.), *Wirtschaftssoziologie. Kölner Zeitschrift für Soziologie und Sozialpsychologie, Sonderheft 49/2009* (S. 87–106). Wiesbaden: Springer VS.

Næss, A. (1959). Do we know that basic norms cannot be true or false. *Theoria, 25*(1), 31–53.

Parsons, T., & Shils, E. A. (1951). Values, motives, and systems of action. In T. Parsons & E. A. Shils (Hrsg.), *Toward a general theory of action* (S. 47–275). Cambridge: Harvard University Press.

Parsons, T., Shils, E. A., Allport, G. W., Kluckhohn, C., Murray, H. A., Sears, R. R., et al. (1951). The general theory of action. In T. Parsons & E. A. Shils (Hrsg.), *Toward a general theory of action* (S. 3–44). Cambridge: Harvard University Press.

Popitz, H. (1992). *Phänomene der Macht*. Tübingen: Mohr Siebeck.

Porter, T. M. (1994). Rigor and practicality: Rival ideas of quantification in nineteenth-century economics. In P. Mirowski (Hrsg.), *Natural images in economic thought. „Markets read in tooth & claw"* (S. 127–170). Cambridge: University Press.

Roth, S. (2010). *Markt ist nicht gleich Wirtschaft. These zur Begründung einer allgemeinen Marktsoziologie*. Heidelberg: Carl-Auer.

Schimank, U. (2001). Against all odds: The ‚loyality' of small investors. *Socio-Economic Review, 9*, 107–135.

Scott, W. R., & Meyer, J. W. (1994). Developments in institutional theory. In W. R. Scott & J. W. Meyer (Hrsg.), *Institutional environments and organizations: Structural complexity and individualism* (S. 1–8). Thousand Oaks: Sage.

Simmel, G. (1903/1995). Soziologie der Konkurrenz. In G. Simmel (Hrsg.), *Aufsätze und Abhandlungen 1901-1908* (Bd. I, S. 221–246). Frankfurt a. M.: Suhrkamp.

Stäheli, U. (2007). *Spektakuläre Spekulation. Das Populäre der Ökonomie*. Frankfurt a. M.: Suhrkamp.

Stern, N. (2007). *The economics of climate change: The Stern Review*. Cambridge: University Press.

Strulik, T. (2007). Introduction. In T. Strulik & H. Willke (Hrsg.), *Towards a cognitive mode in global finance: The governance of a knowledge-based financial system* (S. 9–32). Frankfurt a. M.: Campus.

Swedberg, R. (2007). Vorwort. In J. Beckert, R. Diaz-Bone, & H. Ganßmann (Hrsg.), *Märkte als soziale Strukturen* (S. 11–18). Frankfurt a. M.: Campus.

Walgenbach, P., & Meyer, R. (2008). *Neoinstitutionalistische organisationstheorie*. Stuttgart: Kohlhammer.

Weber, M. (1894/1988). Die Börse. In M. Weber (Hrsg.), *Gesammelte Aufsätze zur Soziologie und Sozialpolitik* (S. 256–322). Tübingen: Mohr Siebeck.

White, H. C. (1981a). Where do markets come from? *American Journal of Sociology, 87*, 517–547.

White, H. C. (1981b). Production markets as induced role structures. *Sociological Methodology, 12*, 1–57.

White, H. C. (2002). *Markets from networks: Socioeconomic models of production*. Princeton: Princeton University Press.

White, H. C. (2008). *Identity and control. How social formations emerge*. Princeton: Princeton University Press.

White, H. C., & Godart, F. C. (2007). Märkte als soziale Formationen. In J. Beckert, R. Diaz-Bone, & H. Ganßmann (Hrsg.), *Märkte als soziale Strukturen* (S. 197–215). Frankfurt a. M.: Campus.

White, H. C., Fuhse, J., Thiemann, M., & Buchholz, L. (2007). Networks and meaning: Styles and switchings. *Soziale Systeme, 13*(1/2), 543–555.

Witte, E. H. (2002). Erwartung. In G. Endruweit & G. Trommsdorff (Hrsg.), *Wörterbuch der Soziologie* (S. 115–117). Stuttgart: Lucius & Lucius.

Zafirovski, M. (1999). Economic sociology in retrospect and prospect. In search of its identity within economics and sociology. *The American Journal of Economics and Sociology, 58*(4), 583–627.

Zuckerman, E. W. (1999). The categorial imperative: Securities analysts and the illegitimacy discount. *The American Journal of Sociology, 104*(5), 1398–1438.